天然气数字管道技术与应用研究

张叶芳　著

南开大学出版社
NANKAI UNIVERSITY PRESS

天津出版传媒集团
天津科学技术出版社

图书在版编目（ＣＩＰ）数据

天然气数字管道技术与应用研究 /张叶芳著. -- 天津：南开大学出版社；天津科学技术出版社,2024.1
ISBN 978-7-310-06548-6

Ⅰ．①天… Ⅱ．①张… Ⅲ．①数字技术－应用－天然气管道－管道工程 Ⅳ．①TE973-39

中国国家版本馆 CIP 数据核字(2023)第 248773 号

天然气数字管道技术与应用研究
TIANRANQI SHUZI GUANDAO JISHU YU YINGYONG YANJIU

南开大学出版社 出版发行

天津科学技术出版社

出版人：刘文华

地址：天津市南开区卫津路 94 号　邮政编码：300071
营销部电话：（022)23508339　营销部传真：（022）23508542
https://nkup.nankai.edu.cn

北京宝莲鸿图科技有限公司印刷　全国各地新华书店经销
2024 年 1 月第 1 版　2024 年 1 月第 1 次印刷
787 毫米*1092 毫米　16 开本　15.75 印张　350 千字
定价：86.00 元

如遇图书印装质量问题，请与本社营销部联系调换，电话：（022)23508339

前　言

天然气属于重要资源，作为清洁能源及城市主要能源之一，对大气环境改善、能源效率提高、社会生活进步都有着重要的促进作用，且对于人民的生活及生产具有重要影响。伴随着我国社会经济的飞速发展，人们生活水平得到极大提升，天然气能源在生产生活中的地位愈发突显。天然气热值高，且燃烧过程不会产生大量的污染物质，对环境较好，且储量庞大，在当前能源市场拥有极为广阔的发展前景。在此背景下，天然气管道施工项目日益增多，天然气管道施工管理问题备受关注，其直接影响着天然气管理的施工质量。天然气管道的施工管理工作涉及诸多内容，加强施工管理，既可以提高管道施工安全，又可以保证管道施工质量，加之对相关保护技术的研究，有助于提高天然气使用的安全性。对天然气管道进行数字化、信息化管理，是推动天然气管道未来发展的重要手段。

自信息时代到来以后，数字技术已经延伸至国民经济的各个领域，尤其在天然气管道建设过程中。管道铺设质量直接影响天然气输送质量，为了保证天然气管道建设符合城镇居民日用需求，需加强数字管道信息化管理。本书通过对天然气和数字管道的基础分析，对油气管道的信息系统建设的相关技术进行了论述，利用全方位网络数字技术，构建综合信息管理系统，使数字信息采集做到统一管理与调配，为天然气管道安全运行管理提供客观可靠的基础数据，然后针对油气长输数字管道和城市天然气供应数据采集及控制做了重点阐述，最后探讨了燃气管道的管理和天然气的管理应用，本书可为天然气管道工程建设和管理的相关人员提供参考。本书在写作的过程中参考了大量的文献资料，在此向文献的作者表示崇高的敬意。由于水平有限，书中难免存在很多不足之处，恳请各位专家和读者，能够提出宝贵意见，以便进一步改正，使之更加完善。

目 录

第一章 天然气与数字管道的基础理论

第一节 天然气的基本性质

一、天然气的组成

天然气是由多种可燃和不可燃的气体组成的混合气体。以低分子饱和烃类气体为主，并含有少量非烃类气体。在烃类气体中，甲烷（CH_4）占绝大部分，乙烷（C_2H_6）、丙烷（C_3H_8）、丁烷（C_4H_{10}）和戊烷（C_5H_{12}）含量不多，庚烷以上烷烃含量极少。另外，天然气所含的少量非烃类气体一般有二氧化碳（CO_2）、一氧化碳（CO），氮气（N_2）、氢气（H_2），硫化氢（H_2S）和水蒸气（H_2O）以及微量的惰性气体氦气（He）、氩气（Ar）等。

天然气中单一气体的特性是计算其混合气体特性的基础数据。气体的特性与气体所处的状态有关。

二、天然气的平均参数

天然气由互不发生化学反应的多种单一组分气体混合而成。它的平均参数可由单一组分气体的性质按混合法则求得。

（一）天然气的平均摩尔质量

标准状态下 1 mol 天然气的质量定义为天然气的平均摩尔质量。

$$M = \sum y_i M_i \tag{1-1}$$

式中：M——天然气的平均摩尔质量，g/mol；

y_i——天然气中第 i 组分的摩尔分数；

M_i——天然气中第 i 组分的摩尔质量，g/mol。

（二）天然气的密度

1. 天然气的平均密度

天然气的平均密度指单位体积的天然气的质量，按不同的情况计算。

0℃标准状态：

$$\rho = \frac{1}{22.414}\sum y_i M_i \tag{1-2}$$

20℃标准状态：

$$\rho = \frac{1}{24.055}\sum y_i M_i \tag{1-3}$$

任意温度与压力下：

$$\rho = \frac{\sum y_i M_i}{\sum y_i V_i} \tag{1-4}$$

式中：ρ——天然气的平均密度，kg/m³；

y_i——天然气中第 i 组分的摩尔分数（对理想气体，其体积分数与摩尔分数相等）；

M_i——天然气中第 i 组分的摩尔质量，g/mol；

V_i——天然气中第 i 组分的摩尔体积，m³/mol。

2. 天然气的相对密度

在标准状态下，气体的密度与干空气的密度之比称为气体的相对密度。

对单组分气体：

$$\Delta = \rho / \rho_a \tag{1-5}$$

式中：Δ——气体的相对密度；

ρ——气体密度，kg/m³；

ρ_a——空气密度，kg/m³。

对混合气体（如天然气）：

$$\Delta = \sum y_i \Delta_i \tag{1-6}$$

式中：Δ——混合气体的相对密度；

y_i——混合气体中第 i 组分的体积分数；

Δ_i——混合气体中第 i 组分的相对密度。

（三）天然气的虚拟临界参数和对比参数

1. 天然气的虚拟临界参数

在计算天然气的某些物性参数时，常常要用到虚拟临界参数（临界压力、临界温度、临界密度）。任何气体在温度低于某一数值时都可以等温压缩成液体，但当高于该温度时，无论压力增加到多大，气体都不能液化，这一可以使气体压缩成液体的极限温度称为该气体的临界温度。当温度等于临界温度时，将气体压缩成液体所需的压力称为临界压力，此时气体的状态称为临界状态。气体在临界状态下的温度、压力、密度分别称为临界温度、临界压力、临界密度。天然气的虚拟临界温度、虚拟临界压力和虚拟临界密度可按天然气中各组分的摩尔分数及其临界温度、临界压力和临界密度求得。

$$T_c = \sum y_i T_{ci} \tag{1-7}$$

$$p_c = \sum y_i p_{ci} \tag{1-8}$$

$$\rho_c = \sum y_i \rho_{ci} \tag{1-9}$$

式中：T_c——天然气的虚拟临界温度，K；

p_c——天然气的虚拟临界压力（绝对压力），Pa；

ρ_c——天然气的虚拟临界密度，kg/m^3；

T_{ci}——天然气中第 i 组分的临界温度，K；

p_{ci}——天然气中第 i 组分的临界压力（绝对压力），Pa；

ρ_{ci}——天然气中第 i 组分的临界密度，kg/m^3；

y_i——天然气中第 i 组分的摩尔分数。

2. 天然气的对比参数

天然气的压力、温度、密度与其临界压力、临界温度和临界密度之比称为天然气的对比压力、对比温度和对比密度，它们是天然气的对比参数。

$$p_r = p / p_r \tag{1-10}$$

$$T_r = T / T_r \tag{1-11}$$

$$\rho_r = \rho / \rho_c \tag{1-12}$$

式中：p_r——天然气的对比压力；

T_r——天然气的对比温度；

ρ_r——天然气的对比密度。

三、天然气的 pVT 关系

可压缩气体的压力 p、密度 ρ（或摩尔体积 V）和温度 T 之间的关系式是十分重要的。表达这种关系的方程叫作状态方程。对于 1 mol 的理想气体，其状态方程表

示为

$$pV = RT \qquad (1-13)$$

式中：R——摩尔气体常数，约为 8.314 J/（mol·K）。

尽管这个方程在本质上是一个经验方程，但是基于某些假设，它可以根据简单动力论从理论上推导出来。其假设主要有两点：分子是质点；分子间没有相互作用力。这两个假设对于压力为零的气体是合理的。但是，当压力升高或密度增大时，气体分子本身占据的体积变大，其影响越来越重要，而且分子间的相互作用力也变得越来越明显。

四、天然气的热值

1 m³ 燃气完全燃烧所放出的热量称为该燃气的体积热值，以下简称热值，单位为 kJ/m³。天然气的热值有高热值和低热值。高热值是指在压力为 101.325 kPa，温度为 25℃，燃烧所生成的水蒸气完全凝成水的条件下天然气的热值；低热值是指在天然气初始温度与燃烧后所生成产物的温度相同，燃烧生成的水蒸气保持气相的条件下天然气的热值。

在实际燃烧中，烟气排放温度均比水蒸气冷凝温度高得多，水蒸气并没有完全冷凝，其冷凝热得不到利用，所以在工程计算中，一般采用低热值。

理想热值：

$$H^0 = \sum y_i H_i^0 \qquad (1-14)$$

真实热值：

$$H = H^0 / Z \qquad (1-15)$$

式中：H_i^0——天然气中第 i 组分的理想热值，kJ/m³；

H^0——天然气的理想热值，kJ/m³；

H——天然气的真实热值，kJ/m³；

Z——气体压缩系数。

五、天然气的爆炸极限

可燃气体在空气中的体积分数低于某一极限时，氧化反应产生的热量不足以弥补散失的热量，使燃烧不能进行；当其体积分数超过某一极限时，由于缺氧也无法燃烧。前一体积分数称为着火（爆炸）下限，后一体积分数称为着火（爆炸）上限，二者统称为着火极限，又称为爆炸极限。对于不含氧或惰性气体的天然气，其爆炸极限估算式为：

$$L = \sum_i \frac{V_i}{L_i} \qquad (1\text{-}16)$$

式中：L——天然气的爆炸上（下）限，%；

V_i——天然气中第 i 组分的体积分数，%；

L_i——天然气中第组分的爆炸上（下）限，%。

对于含有惰性气体的天然气，其爆炸极限范围将缩小，估算式为：

$$L' = L \frac{\left(1 + \dfrac{u_i}{1 - u_i}\right) \times 100}{100 + L\left(\dfrac{u_i}{1 - u_i}\right)} \qquad (1\text{-}17)$$

式中：L'——含有惰性气体的天然气的爆炸上（下）限，%；

L——不含有惰性气体的天然气的爆炸上（下）限，%；

u_i——惰性气体的体积分数，%。

六、天然气含水量和露点温度

（一）天然气含水量及水露点温度

天然气中往往含有水蒸气。天然气的含水量与天然气的压力、温度和组成等因素有关。一定条件下，天然气与液态水达到相平衡时气相中的含水量称为天然气的饱和含水量。天然气含水量可由绝对湿度和相对湿度来描述。

绝对湿度是指单位体积天然气中含有的水量，单位为 mg/m^3。在一定温度和压力下，天然气含水量若达到饱和，则这个饱和时的含水量称为饱和湿度。

相对湿度是指天然气绝对湿度和饱和湿度之比。

天然气的水露点温度是指在一定压力下天然气中水蒸气开始冷凝结露的温度，简称水露点。

天然气的饱和含水量和水露点温度可以通过计算得到。

天然气含水量可按下述公式计算：

$$W = 1.6017 A B^{(1.8T+32)} \qquad (1\text{-}18)$$

式中：W——天然气水含量，mg/m^3；

T——系统温度，℃；

A、B——与压力有关的系数，且

$$A = \sum_{i=1}^{4} a_i \left(\frac{0.145p - 350}{600} \right)^{i-1} \tag{1-19}$$

$$B = \sum_{i=1}^{4} b_i \left(\frac{0.145p - 350}{600} \right)^{i-1} \tag{1-20}$$

式中： p ——系统压力，kPa；

a_i 、 b_i ——计算系数。

（二）天然气的烃露点温度

天然气的烃露点温度(简称烃露点)是指一定组成的气相天然气在一定压力下冷凝，当开始凝出第一滴液珠时的温度，其计算式为：

$$y_i = K_i x_i \tag{1-21}$$

$$\sum_i x_i = \sum_i y_i / K_i = 1 \tag{1-22}$$

$$\sum_i y_i = 1 \tag{1-23}$$

$$K_i = f\left(p, T, x_1, x_2, \cdots, y_1, y_2, \cdots \right) \tag{1-24}$$

式中： x_i ——天然气冷凝液相中第 i 组分的摩尔分数；

y_i ——天然气气相中第 i 组分的摩尔分数；

K_i —气相液相平衡常数；

p ——天然气压力，Pa；

T ——天然气烃露点温度，K。

气相液相平衡常数 K_i 是进行相平衡计算的关键参数。目前关于它的确定有三种方法。第一种是会聚压法，这种方法是使用曲线图版进行计算的，较为烦琐；第二种方法是列线图法，这种方法是将烃类系统看作接近理想溶液进行简化再进行计算的，工程上使用较为普遍；第三种方法是根据热力学原理进行相平衡计算的。

第二节　天然气的净化工艺

一、城市天然气质量要求

城市天然气的质量要求是根据经济效益、安全卫生和环境保护等三方面的因素综合考虑制定的。城市天然气的主要技术指标及其概念如下。

（一）最小热值

为了使天然气用户能根据天然气燃烧热值适当地确定其加热设备规格、型号，确定最小热值是必须的。这项规定主要要求控制天然气中的 N_2 和 CO_2 等不可燃气体的含量。

（二）含硫量

主要是为了控制天然气的腐蚀性和出于对人类自身健康和安全的考虑。常以 H_2S 含量或总硫（H_2S 及其他形态的硫）含量来表示。一般而言，H_2S 含量不高于 6 ~ 24 mg/cm^3。

（三）烃露点

在一定压力下天然气中析出第一滴液态烃类时的温度，它与天然气的压力和组分有关。

（四）水露点

在一定压力下，天然气饱和绝对湿度对应的温度。也可以这样描述，天然气的水露点是指天然气中的水蒸气在一定压力下，凝结出第一滴水时天然气的温度。

二、天然气除尘净化

（一）天然气除尘的意义

从地层中开采出的天然气中混有砂和铁锈等固体杂质，以及水、水蒸气、硫化物和二氧化碳等杂质。砂、铁锈等尘粒会随着天然气气流的运动，磨损压缩机、管道和仪表等部件，甚至对设备造成破坏。有时还会聚集在一些部位，影响输气过程的正常进行。

天然气输送系统中的液体和固体杂质主要来自以下三个方面。

第一，采气时井下带来的凝析油、凝析水、岩屑粉尘等。

第二，管道施工时留下的垃圾和焊渣。

第三，管道内的锈屑和腐蚀产物。

输气管道中气体的含尘量一般为 $1 \sim 2 \, mg/m^3$，除尘不好的可高达 $7 \sim 10 \, mg/m^3$。粉尘中以氧化铁最多，占 90% 以上。天然气的含尘量有标准规定：生活用气含尘量为 $1 \, mg/m^3$，工业用气含尘量为 $4 \sim 6 \, mg/m^3$。但是天然气压缩机的要求远比这些规定要严格得多，一般是含尘量小于 $0.5 \, mg/m^3$，最大粒径不超过 $5 \, \mu m$。

为了减少粉尘，防止仪表、调压装置等因为堵塞失灵，常采用如下措施

第一，脱除天然气中的水蒸气、氧、硫化物、二氧化碳等组分，减少管内腐蚀。

第二，采用内壁防腐蚀涂层，减轻管内腐蚀，保护管材。

第三，定期进行清管和扫线。

第四，在条件允许的情况下，采用所能达到的最低气流速度输气，减少气流的冲击腐蚀，降低气流的携尘能力。

第五，在集气站、配气站、调压计量站等处安装分离器、除尘器和过滤器等除尘设备，用来脱除天然气中的各类固（液）体杂质。

（二）天然气除尘设备

下面介绍几种常用的分离除尘设备。

1. 重力式分离器

重力式分离器有立式和卧式两类。各种重力式分离器原理都基本相同，整体装置由分离、沉降、除雾和储存四个部分组成。

分离段：气体从天然气进气口进入重力式分离器，在离心力的作用下，气体中的固体、液体微粒初步得到分离。在卧式重力式分离器中，气体从中心进入分离器，经弯头喷向伞形板，气体中的微粒被黏附而实现分离。

沉降段：气体得到初步分离后，由于分离器的流动截面大，气体流速降低，当气体的上升速度低于微粒的沉降速度时，气体中的微粒就会向下沉降，进而达到分离尘粒的目的。沉降段是重力式分离器清除大尘粒的主要阶段。

除雾段：该段安装了捕雾器。捕雾器有两种结构，一种为板翼状，一种为网垫。板翼状捕雾器利用曲折通道，改变气流方向，使固液体微粒碰撞在翼板上而附着，实现分离。网垫捕雾器由金属丝或化学纤维丝编织成网，再不规则折叠成网垫，厚为 $100 \sim 150 \, mm$，主要靠碰撞捕集油雾。捕雾器一般能除去直径为 $10 \sim 30 \, \mu m$ 的微粒。

储存段：目的是储存前三部分所分离出来的固液体微粒，故储存段要有足够的容积，

并装有液面指示装置。储存段应避免与上升的气流接触而将沉淀下来的固液体微粒带走。

2. 旋风分离器

旋风分离器又称离心式分离器，是一种处理能力大、分离效果好的干式除尘设备，结构良好的旋风分离器可将直径大于 $5\mu m$ 的尘粒基本除去，因而在工业上得到广泛应用。其结构示意图如图 1-1 所示，气体从箭头所指方向进入旋风分离器，并做回转运动，由于气体和固液体微粒的密度不同，产生的离心力就不一样，密度大的微粒被抛向外圈，并在重力作用下向下运动，从下方的排灰管排出，密度小的净化气体在内圈，并上升至出口从排气管排出。

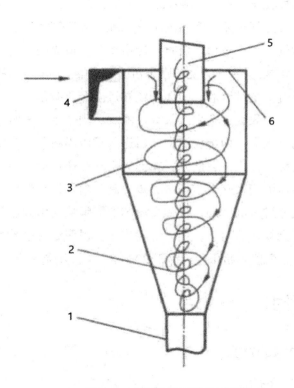

图1-1　旋风分离器结构示意图

1—排灰管；2—内旋气流；3—外旋气流；4—进气管；5—排气管；6—旋风顶板

目前常用的旋风分离器还有多管旋风分离器。多管旋风分离器的基本原理与普通旋风分离器相同，它只是多个微型旋风分离器的组合，旋风子装在一个外壳之中。气体进入筒体后，从两层隔板之间进入旋风子，在旋风子中得到净化，净化后的气体向上溢出从排气口排出，尘粒向下沉淀到容器的底部从排灰口排出。多管旋风分离器较之普通旋风分离器，不但处理能力增强，而且净化度也有所提高，它可以脱除直径

$8\mu m$ 以上的全部尘粒，并可脱除约 50% 的直径约 $2\mu m$ 的尘粒。多管旋风分离器是一种干式的分离效果良好的分离器，尤其适用于含尘量大而含液量小的气体处理。

3. 天然气过滤分离器

天然气过滤分离器是以离心分离、丝网捕沫和凝聚拦截的机理，对天然气进行过滤除尘的设备，是去除气体中的固体杂质和液体杂质的高效净化装置。天然气过滤分离器净化效率高，容尘量大，运行平稳，投资运行费用低，安装使用简便。由输气管道输来的原料天然气，首先进入过滤段，通过过滤管将粉尘、少量液体和雾沫夹带水过滤掉（该过程能去除 99% 的粉尘和 97% 的液体），然后进入分离段，通过重力沉降和丝网捕沫将剩余的粉尘和液体清除。过滤和分离得到的粉尘和液体通过连通管进入储液段，并在适当的时候进行清污或排入污水处理系统。

下面具体介绍一下天然气过滤分离器的工作原理。天然气首先进入进料布气腔，撞击在支撑滤芯的支撑管（用于避免气流直接冲击滤芯，造成滤材的提前损坏）上，较大的固液颗粒被初步分离，并在重力的作用下沉降到容器底部（定期从排污口排出）。接着气体从外向里通过过滤聚结滤芯，固体颗粒被过滤介质截留，液体颗粒则因过滤介质聚结功能而在滤芯的内表面逐渐聚结长大。液滴达到一定尺寸时，会因气流的冲击作用从内表面脱落而进入滤芯内部流道，而后进入汇流出料腔。在汇流出料腔内，较大的液滴依靠重力沉降分离出来，此外，在汇流出料腔还设有分离元件，它能有效地捕集液滴，以防止出口液滴被夹带，可进一步提高分离效果。最后洁净的气体流出过滤分离器。随着燃气通过量的增加，沉积在滤芯上的颗粒会引起燃气过滤分离器压差的增加，当压差上升到规定值时（从压差计读出），说明滤芯已被严重堵塞，应该及时更换。天然气过滤分离器起始压差不高于 20 kPa，更换压差不高于 100 kPa。

三、天然气脱水

（一）天然气脱水的意义

天然气中的水分有以下危害。

第一，天然气在输气管道中将逐渐冷却，天然气中的饱和水蒸气逐渐析出，形成水和凝析液体。该液体伴随天然气流动，并在管线较低处蓄积起来，造成阻力增大。当液体蓄积到形成段塞时，其流动具有巨大的惯性，将使管线末端分离器的液体捕集器损坏。

第二，管道中有液体存在，会降低管线的输送能力。

第三，水和其他液体在管道中与天然气中的硫化氢、二氧化碳形成腐蚀液，会造成管道内腐蚀，缩短管道的使用寿命，同时增大了爆管的频率。

第四，水在管道中容易和其他杂质形成水合物，堵塞管道，影响天然气输送。

为了保护天然气的长输管道，提高管线输送效率，天然气进入输气管道之前，必须进行脱水处理。

（二）天然气脱水的方法

1.冷却（低温）法

冷却法是利用当压力不变时，天然气的含水量随温度降低而减少的原理实现天然气脱水的方法。此方法只适用于大量水分的粗分离。

对于气体，增加气体的压力和降低气体的温度，都会促使气体的液化。天然气这种多组分的混合物，各组分的液化温度都不同，其中水和重烃是较易液化的两种物质，所以采用加压和降温措施，可促使天然气中的水分冷凝析出。天然气的水露点随气体中水分减少而下降。脱水的目的就是使天然气的水露点足够低，从而防止低温下水冷凝、冻结及水合物的形成。

冷却法脱水可分为空冷法脱水、冷剂制冷脱水、膨胀法脱水。

（1）空冷法脱水

冬季气温比埋地管线的温度低10℃以上时，可使用空冷法直接对饱含水分的天然气进行部分冷凝脱水。空冷器应根据天然气的处理规模、配电情况、运行管理等实际情况进行综合经济比较后选用。温度较高的低压天然气可先冷却至温度高于生成水合物温度5～7℃，分离出凝液后再进行处理。

（2）冷剂制冷脱水

该方法适用于压差可利用的场合。冷剂制冷脱水装置包括进气分离器、贫富气换热器、蒸发器、低温分离器、制冷设备、凝液稳定设备等。冷剂制冷脱水装置宜与联合站建在一起，水、电、污水处理等辅助系统可共用。

（3）膨胀法脱水

膨胀法脱水只限用于气源有多余压力可利用，膨胀后不需要再增压的场合。膨胀法脱水一般是指在气源压力很高时采用节流阀制冷脱水，节流阀前可注入水合物抑制剂。如不注入水合物抑制剂，节流阀应紧靠分离器进口法兰，使水合物直接喷入分离器内，分离器底部设置加热盘管。膨胀法脱水装置一般包括进气分离器、换热器、节流阀和低温分离器等。

膨胀法既可以从井口高压流物中脱除较多的水，又能比常温分离法分离更多的烃类，故一些高压凝析气井口经常使用。

通常用冷却法脱除水分的过程中，还会脱除部分重烃。

2. 吸收法

吸收法是用吸湿性液体（或活性固体）吸收水分，脱除气流中的水蒸气的方法。

用作脱水吸收剂的物质应具有以下特点：对天然气有很强的脱水能力，热稳定性好，脱水时不发生化学反应，容易再生，黏度小，对天然气和液烃的溶解度较低，起泡和乳化倾向小，对设备无腐蚀性，同时还应价格低廉，容易得到。

吸收法常采用甘醇类物质作为吸收剂，在甘醇的分子结构中含有羟基和醚键，能与水形成氢键，对水有极强的亲和力，具有较强的脱水能力。

（1）甘醇胺溶液

甘醇脱水工艺主要由甘醇高压吸收和常压加热再生两部分组成。

优点：可同时脱水、H_2S 和 CO_2，甘醇能减小醇胺溶液起泡倾向。

缺点：携带瞬失量较三甘醇大；需要较高的再生温度，易产生严重腐蚀；露点降小于三甘醇水溶液，仅限用于酸性天然气脱水。

（2）二甘醇水溶液

优点：浓溶液不会凝固；天然气中含有硫和 CO_2 时，在一般操作温度下溶液性能稳定，吸湿性高。

缺点：携带瞬失量比三甘醇大；溶剂容易再生，但用一般方法再生的二甘醇水溶液的体积分数不超过95%；露点降小于三甘醇水溶液，当贫液的质量分数为95% ~ 96%时，露点降约为28℃；成本高。

（3）三甘醇水溶液

优点：浓溶液不会凝固；天然气中含有硫、O_2 和 CO_2 时，在一般操作温度下溶液性能稳定，吸湿性高；容易再生，用一般再生方法可得到体积分数为98.7%的三甘醇水溶液；蒸汽压力低，携带瞬失量小，露点降大，三甘醇的质量分数为98% ~ 99%时，露点降可达33 ~ 42℃。

缺点：成本高；当存在轻质烃液体时会有一定程度的起泡倾向，有时需要加入消泡剂。

三甘醇脱水由于露点降大和运行可靠，在各种甘醇类化合物中经济效果最好，因而在国外广为采用。我国主要使用二甘醇或三甘醇，在三甘醇脱水吸收剂和固体脱水吸附剂两者脱水都能满足露点降的要求时，采用三甘醇脱水吸收剂经济效益更好。

三甘醇脱水装置主要由吸收系统和再生系统两部分构成，工艺过程的核心设备是吸收塔，天然气脱水过程在吸收塔内完成。再生塔完成三甘醇富液的再生操作。一般在要求贫液中三甘醇的质量分数大于99%时，可引一股干气与再沸器流出的液体逆流接触，进一步提升三甘醇再生质量和脱水效果。

原料天然气从吸收塔的底部进入，与从顶部进入的三甘醇贫液在塔内逆流接触；

脱水后的天然气从吸收塔顶部离开；三甘醇富液从塔底排出，经过再生塔顶部冷凝器的排管升温后进入闪蒸罐，尽可能闪蒸出其中溶解的烃类气体；离开闪蒸罐的液相经过过滤器过滤后流入贫富甘醇溶液换热器、甘醇缓冲罐，进一步升温后进入再生塔。在再生塔内通过加热使三甘醇富液中的水分在低压、高温下脱除，再生后的三甘醇贫液经贫富甘醇溶液换热器冷却后，经甘醇泵泵入吸收塔顶部循环使用。

3. 吸附法

吸附法是用多孔性的固体吸附剂处理气体混合物，使其中所含的一种或数种组分吸附于固体表面从而达到分离的方法。吸附作用有两种情况：一种是固体和气体间的相互作用并不是很强，类似于凝缩，引起这种吸附所涉及的力与引起凝缩作用的范德华分子凝聚力相同，称之为物理吸附；另一种是化学吸附，这一类吸附需要活化能。物理吸附是一种可逆过程；而化学吸附是不可逆的，被吸附的气体往往需要在很高的温度下才能逐出，且所释放的气体往往已发生化学变化。物理吸附和化学吸附是很难截然分开的，在合适的条件下，二者可以同时发生。

（1）活性氧化铝

活性氧化铝的主要组成成分是部分水化的、多孔和无定型的氧化铝，并含有其他金属化合物。

（2）硅胶

工业上使用的硅胶多为颗粒状，分子式为 $SiO_2 \cdot n H_2O$。它具有较大的孔隙率。

一般工业硅胶中残余水量约为 6%，在一般再生温度下不能脱除，须灼烧至 954℃才能除去。

按孔隙大小，硅胶分成细孔和粗孔两种。硅胶吸附水蒸气的性能好，具有较高的化学稳定性和热稳定性。但硅胶与液态水接触时易炸裂。

（3）分子筛

分子筛是一种人工合成的无机吸附剂，是具有骨架结构的碱金属或碱土金属的硅铝酸盐晶体，其分子式为 $M_{2/n}O \cdot Al_2O_3 \cdot xSiO_2 \cdot yH_2O$。

其中：M——某些碱金属或碱土金属，如 Li、Na、Mg、Ca 等的离子；

n——M 的价数；

x——SiO_2 的分子数；

y——水的分子数。

分子筛通常分为 X 型和 A 型两类。它们的吸收机理相同，区别在于晶体结构的内部特征。

A 型分子筛具有与沸石构造类似的结构物质，所有吸附均发生在晶体内部孔腔内；X 型分子筛能吸附所有能被 A 型分子筛吸附的分子，具有稍大的容量，其中 13X 型分子筛能吸附像芳香烃这样的大分子。

分子筛表面具有较强的局部电荷，因而对极性分子和饱和分子有很高的亲和力。水是强极性分子，分子直径为 0.27 ~ 0.31 nm，比通常使用的分子筛孔径小，所以分子筛是干燥气体和液体的优良吸附剂。

在脱水过程中，分子筛作为吸附剂的显著优点如下。

第一，具有很好的选择吸附性。分子筛能按照物质分子大小进行选择吸附。一定型号的分子筛，其孔径大小一样，只有比分子筛孔径小的分子才能被分子筛吸附，大于孔径的分子就被"筛去"。经分子筛干燥后的气体，含水量可达到 0.1 ~ 10 mg/L。分子筛可以将天然气干燥至露点很低的状态。

第二，具有高效吸附性。分子筛在低水蒸气分压、高温、高气体线速度等苛刻条件下仍然保持较大的湿容量，因而分子筛适用于天然气深度脱水。分子筛的高效吸附性还表现在它的高温脱水性能，在高温下只有分子筛是有效的脱水剂。

目前用于天然气的吸附脱水装置多为固定吸附塔。为保证装置连续操作，至少需要两个吸附塔。工业上经常采用双塔或三塔流程。在双塔流程中，一个塔进行脱水，另一个塔进行吸附剂的再生和冷却，二者轮换操作。在三塔流程中，一般是一个塔脱水，一个塔再生，另一个塔进行冷却。

4. 新型脱水技术

（1）天然气膜分离脱水技术

天然气膜分离脱水技术利用分离膜的选择透过性完成脱水。由于不同气体透过分离膜时存在渗透力差异，天然气中各组分因渗透速率不同而富集于膜的两侧，从而使天然气中的水分脱除。天然气脱水所用的分离膜主要是由醋酸纤维、聚酰亚胺、聚砜等材料制成的微孔膜。中国在 20 世纪 90 年代开始研究膜分离脱水技术，实现甲烷回收率高于 98%，效果良好。

天然气膜分离脱水技术能有效脱除天然气中的水分，降低天然气的水露点。和传统工艺设备相比，天然气膜分离脱水技术的设备较简单，结构紧凑，重量轻，占用空间小。但是膜分离脱水技术存在分离膜的塑化和溶胀、浓差极化、烃损失大、一次性投资较大等问题，这些因素严重制约了膜分离脱水技术的广泛使用。复杂的制膜工艺使得膜系统造价昂贵，且在现有工业条件下，分离膜的性能存在着不稳定性。因此，以现有的研制水平，膜分离脱水技术无法在任何情况下都使天然气的脱水深度达到要求。

（2）天然气超音速脱水技术

天然气超音速脱水技术是一种新型节能环保的技术，是低温冷凝脱水技术的一种。超音速脱水技术利用拉瓦尔喷管使气体在一定压力下加速到超音速，随着压力下降，其温度亦随之大幅下降，至露点以下，气体中的水蒸气凝结成小液滴，随后在超音速气流中被旋转分离出去，从而达到脱水效果。

天然气超音速脱水系统简单，设备体积小，可靠性高，而且操作方便，运行费用低，利用来气自身压力工作，节约能源，并且超音速脱水技术不需要添加化学药剂，安全环保。

超音速脱水技术是一种节能环保的技术，其研究应该得到大力支持，以尽快应用到天然气脱水工艺中。

四、天然气脱硫

（一）天然气脱硫的意义

天然气中通常含有 H_2S、CO_2 和有机硫等酸性组分，这些组分通常称为酸性气体，遇水后呈酸性。天然气中酸性气体的存在，会增加对金属管道和设备的腐蚀，影响其使用寿命。含 H_2S 较多的天然气，燃烧时会出现异味，污染环境，影响人体健康。含硫的烃类化合物作为化工原料在催化加工时会引起催化剂中毒，降低反应物产率，使生产成本上升，经济效益下降。因此，脱除天然气中的酸性气体，是天然气净化的主要任务之一。

天然气脱硫有保护环境，保护设备、管线、仪表免受腐蚀及有利于下游用户的使用等益处，同时还可以化害为利，回收资源，将天然气中的 H_2S 分离后经克劳斯反应制成固体硫（亮黄色，纯度可达 99.9%），可生产硫和含硫产品，在工业、农业等各个领域都有着广泛的用途。

从天然气脱硫技术的发展趋势来看，催化脱硫、吸附脱硫、生物脱硫都是比较常见的技术。目前国内外现存的天然气脱硫方法，大致可以分为化学脱硫法、物理脱硫法和生物脱硫法等。

（二）天然气脱硫的方法

1. 化学脱硫法

化学脱硫法主要可以分为湿法脱硫和干法脱硫两大类。干法脱硫效率较高，脱硫剂一般不能再生，适用于低含硫气处理，在目前工业上应用较少。湿法脱硫根据溶液的吸收和再生方法，又可分为化学吸收法和氧化还原法等类型。湿法脱硫处理量大，操作连续，适用于处理量大、H_2S 含量高的天然气脱硫。

（1）湿法脱硫

湿法脱硫是通过气液两相接触，将气相中的 H_2S 转移到液相，从而使气体得到净化的方法。脱硫液可再生，能循环使用。常用的湿法脱硫有催化氧化法和醇胺法等，其中世界上应用最广泛的是醇胺法，催化氧化法中较常用的是 PDS 脱硫技术。

①PDS 脱硫技术。

作为一种新的液相催化氧化法脱硫技术，PDS 脱硫技术与其他同类技术相比，具有工艺简单、成本低、脱硫效率较高的特点；且其催化活性高，用量少，脱硫适用范围宽，不仅能脱无机硫，而且能脱有机硫；产生硫泡沫多，易分离，不堵塞设备，适用于各种气体和低黏度液体的脱硫等。

PDS 脱硫技术的工作原理与一般液相催化氧化法的脱硫原理相比，有相同之处，又有本质区别。相同的是整个工艺过程都由硫化物的催化化学吸收和催化氧化两个子过程构成；不同的是 PDS 脱硫技术对两个子过程都有催化作用，且脱硫为全过程的控制步骤，即 PDS 脱硫技术将一般液相催化氧化法再生过程为全过程的控制步骤改变成脱硫过程为全过程的控制步骤。

PDS 脱硫是在碱性条件下进行的，脱硫溶液由 PDS、碱性物质和助催化剂三种成分组成。所采用的碱性物质为氨或纯碱，但从设备腐蚀情况和脱除有机硫的效果来看，用氨要优于使用纯碱。PDS 脱硫技术应在操作压力不是太大的条件下使用，最大压力不超过 3 MPa，常压最好，因为高压天然气脱硫处理造成耗电过高，结果不是很理想。近年来，PDS 脱硫技术经过不断改进和完善，催化剂各方面的性能有了较大的改进和提高，开发出 PDS-4 型、PDS-200 型和目前使用较多的 PDS-400 型。改进后的 PDS-400 型催化剂在工业使用时不需预活化，也不采用助催化剂，活性指标由 0.02 min 提高到 0.04 min 甚至 0.06 min 以上，催化活性和选择性都有提高。

②醇胺法。

醇胺法是目前天然气脱硫工艺中最常用的方法。醇胺法通常用甲基二乙醇胺、二乙醇胺等脱硫液将天然气中的 H_2S 与 CO_2 吸收，并使其与醇胺溶液发生反应。常见的脱硫剂有一乙醇胺（MEA）、二乙醇胺（DEA）、三乙醇胺（TEA）、二甘醇胺（DGA）、二异丙醇胺（DI-PA）、甲基二乙醇胺（MDEA）。醇胺结构中含有羟基和氨基，羟基可以降低化合物的蒸汽压力，并增加化合物在水中的溶解度；氨基则使化合物水溶液呈碱性，以促进其对酸性组分的吸收。

醇胺法装置主要由三部分组成：以吸收塔为中心，辅以原料气分离器及净化气分离器的压力设备；以再生塔及重沸器为中心，辅以酸气冷凝器及分离器和回流系统的低压部分；溶液冷却器及过滤系统和闪蒸罐等介于以上两部分之间的部分。

含硫天然气经原料气分离器除去液固杂质后从下部进入吸收塔，其中的酸气与从上部入塔的胺液逆流接触而脱除，达到净化要求的净化气从吸收塔顶离开，经净化气分离器除去夹带的胺液滴后离开脱硫装置。净化气通常需要脱水以达到水露点的要求。

吸收了酸气的胺液（通常称为富液）出吸收塔后通常降至一定压力至闪蒸罐，使其中溶解及夹带的烃类闪蒸出来，得到的闪蒸气通常用作工厂的燃料气。

经闪蒸后的富液进入贫富液换热器与已完成再生的热胺液（简称贫液）换热以回收其热，然后从再生塔上部入塔向下流动。从塔下部上升的热蒸汽既加热胺液又汽提出胺液中的酸气，所以再生塔也常称为汽提塔。胺液流至再生塔下部时，其中所吸收的酸气已解析出绝大部分，此时可称为半贫液。半贫液进入重沸器以器内所发生的蒸汽进一步汽提，使所吸收的残余酸气析出而成为贫液。

出重沸器的热贫液经贫富液换热器回收热量，然后再经溶液冷却器冷却（空冷及水冷）至适当温度，经醇胺溶液泵加压送至吸收塔，从而完成溶液的循环。

从再生塔顶部出来的酸气-蒸汽混合物进入塔顶冷凝器，使其中的水蒸气大部分冷凝下来，得到的冷凝水进入回流收集罐，作为回流液经泵送入再生塔，酸气则送至酸气处理设备。

MEA 在各种胺中碱性最强，与酸气反应最迅速，既可脱除 H_2S，又可脱除 CO_2，并对这两种酸性物质没有选择性。MEA 能够使 H_2S 和 CO_2 达到很高的净化度，但是再生需要相当多的热量。若原料气中含有 COS，考虑到不可逆反应和溶剂的最终降解，不宜用 MEA。DEA 既可脱除 H_2S，又可脱除 CO_2，并对这二者没有选择性。与 MEA 不同，DEA 可用于原料气中含有 COS 的场合。即使 DEA 的相对分子质量较大，但由于它能适应 MEA 两倍以上的负荷，因此它的应用仍然经济。DEA 溶液再生后一般具有较 MEA 溶液小得多的残余酸气浓度。MDEA 的化学稳定性好，溶剂不易降解变质；对装置腐蚀较轻，可减少装置的投资和操作费用；在吸收 H_2S 气体时，溶液循环量少，气体气相损失小。但是，MDEA 比其他胺的水溶液抗污染能力差，易产生溶液发泡、设备堵塞等问题。

醇胺法是一种发展比较成熟的天然气处理方法，但该法存在设备笨重、投资费用高、流程复杂、脱硫剂流失量大和环境污染等问题。其中最大的问题就是吸收液的再生。所应用的再生方法主要是高温减压蒸馏，该方法回收耗能高，投资大，再生回收率不高。目前醇胺法脱硫脱碳工艺已由使用单一水溶液发展到使用与不同溶剂复配而成的配方型系列溶剂，通过溶剂复合化而实现操作性能的提升和应用范围的拓展，起到了节能降耗、减少生产成本、增加装置处理量等作用。

（2）干法脱硫

干法脱硫是将原料气以一定的空速通过装有固体脱硫剂的固体床，经过气-固接触交换，使气相中的 H_2S 吸附到脱硫剂上，达到净化天然气的目的的方法。较为常见的固体脱硫剂有铁系、锌系、锰系氧化物中较为活泼的氧化物。活性炭也是常用的固体脱硫剂，可用来脱除天然气中的微量 H_2S。活性炭与其他吸附剂（如分子筛）相比具有单位质量表面积大、热稳定性好、微孔结构和湿气的吸附容量大等优点，价格低廉，而且在脱硫的同时还可脱色吸味。活性炭的上述优点使其应用非常广泛。另外，分子筛也可用于天然气脱硫。氧化锌、分子筛、活性炭和氧化铁脱硫剂都能使出口硫的质量含量小于 0.1 mg/m³，可达到天然气精脱硫的要求。不同的脱硫剂各有优缺点：分子筛和氧化锌脱硫剂价格昂贵，设备投资也相应更高（分子筛需要高温再生设备）；活性炭和氧化铁脱硫剂价格低廉，设备投资费用少，操作简便，较为经济。干法脱硫常用的脱硫剂的详细比较如表 1-1 所示。

表1-1　干法脱硫常用的脱硫剂比较

脱硫剂	氧化锌	氧化铁	分子筛	活性炭
脱硫方式	吸收	转化吸收	吸附	催化氧化
优点	一般不受原料限制，高温下精细脱除H$_2$S，常用于把关	既可粗脱又可精脱，常温脱硫研究进展较快，脱硫精度极高，硫容高，可循环使用，原料廉价易得，对环境友好，市场容量大	常温下可直接吸附脱除少量噻吩（吸附量为15%~20%）、硫醇等	单位质量表面积比较大（500~800 m²/g），常温吸附能力强，能吸附少量噻吩
缺点	性能对温度敏感，常温下硫容低，不能回收使用，价格较高	中、高温，尤其是高温条件下副反应复杂	脱硫效率低，工业应用不多	必须有氧存在，且需要一定温度和碱性环境，在CO$_2$含量高的气氛中脱硫能力下降，烷烃和烯烃会降低其脱硫效率，脱硫精度高时穿透时间变短

氧化铁固体干法脱硫是简单而成熟的脱硫方法，适用于不同压力下含硫量低的天然气的净化处理。其装置由饱和塔、两台脱硫塔和净化气过滤器及配套装置构成。脱硫塔内装填有脱硫剂，其主要活性组分为氧化铁，并添加有许多种助催化剂。

进料气含水量是影响反应速度的一个重要参数，含水量低的气体，其脱硫反应速度也低。因此要求进料气含水量达到饱和或接近饱和。该法工艺流程简单，进料气经分离塔、水洗塔达到饱和后进入固体脱硫塔，脱硫塔的空塔线速度一般为 0.1 ~ 0.3 m/s，脱硫后的天然气经过过滤去除可能携带的脱硫剂粉尘后离开装置。水洗塔可单独设置，也可作为水洗段放在脱硫塔底部。若进料气含水量已达到饱和或接近饱和，则不必设置水洗段。

目前，氧化铁固体脱硫剂的牌号较多，其中较为典型的是 CT8-6B，氧化铁固体脱硫剂适用于处理量小、含硫量低的天然气的脱硫。一些缺电少水边缘地区气井天然气的单井脱硫，也可以采用该方法，但处理量不宜过大，天然气含硫量不宜太高。

2. 物理脱硫法

（1）膜分离技术

膜分离技术又称为膜基吸收法。该技术的核心在于将膜技术和吸收过程相结合，其主要设备为中空纤维膜接触器，其内装填密度大。该技术的设备连接灵活，工业应用方便，投资少，工程应用效益高。由于膜的作用，天然气中的 H_2S 渗出到管腔外部，并被通过膜分离器壳程的吸收液吸收。吸收液流出膜分离器，经过换热器加热，通过滑片泵被泵入再生器中。吸收液中的 H_2S 渗入膜管腔，被真空泵抽出，进入尾气罐。再生后的吸收液流出再生器，通过过滤器净化，进行另一循环，从而完成天然气的脱硫过程。

膜分离技术的原理是在膜的表皮层中，有很多很细的毛细管孔，这些孔是由膜基体中非键合材料组织间的空间所形成的，气体通过这些孔的流动主要是 Knuden 流（自由分子流）、表面流、黏滞流和筛分机理联合作用的结果，其中黏滞流不产生气体的分离。根据 Knuden 流机理，气体的渗透速率与气体相对分子质量的平方根成反比。由于 CH_4 的相对分子质量比 H_2S、CO_2 和 H_2O 小，所以 CH_4 的渗透系数大于 H_2S、CO_2 和 H_2O。而且当气体的流动为 Knuden 流时，纯气体的渗透系数与操作压力无关，维持恒定。表面流指的是被膜孔表面吸附的气体层通过膜孔的流动，由于纤维膜表面有较强的吸附作用，而且该吸附层的特性为 H_2S、CO_2、H_2O 的渗透性随压力增加而增加，因此，当表面流占主导地位时，H_2S、CO_2、H_2O 的渗透系数大于 CH_4。根据筛分机理，CH_4 的分子动力学半径为 $1.92\mu m$，大于 H_2S、CO_2、H_2O 的分子动力学半径，当膜表皮层中的一些膜孔尺寸足够小时，CH_4 在这些膜孔中难以通过。因此，H_2S、CO_2、H_2O 比 CH_4 的分离因子高。当混合气体在压力推动下通过膜分离器时，不同气体的通过速率有极大的差异，"高速气体"快速通过膜而与"低速气体"分离，两种气体经不同的导压管在处理系统的不同出口排出。"高速气体"又称渗透性气体（渗透气），主要为 H_2S、CO_2、H_2O、H_2、He，属于低压气流；"低速气体"又称剩余气体（尾气），主要为 CH_4、N_2、Ar、CO_2 及其他碳氢化合物气体，属于高压气流，经处理后仍以很高的压力进入管网。

从天然气中脱除 H_2S、CO_2、H_2O 是利用各种气体通过膜的速率各不相同这一原理，从而达到分离目的的。气体渗透过程可分三个阶段：①气体分子溶解于膜表面；②溶解的气体分子在膜内活性扩散、移动；③气体分子从膜的另一侧解吸。气体分离是一个浓缩驱动过程，它直接与进料气和渗透气的压力和组成有关。

为了提高膜的分离效率，目前工业上采用的膜分离单元主要有中空纤维型和螺旋卷型两类，可根据具体的处理条件恰当地进行选择。中空纤维型膜的单位面积价格要比螺旋卷型膜便宜，但渗透性较差，因而需要的膜面积就较大。另外中空纤维型膜的管束直径较小（通常小于 300 mm），用它来传输渗透气时，如果渗透气流量过大，则会导致管束内压力显著下降而影响膜的分离效率。而螺旋卷型膜的设计很好地解决了这个问题，它将比中空纤维型膜选择性渗透层更薄的膜成卷放入管状容器内，因此具有较高的渗透流量，而膜的承受能力也得到了提高。同时，还可根据特殊的要求将膜分离单元设计成适当的尺寸，以便于安装和操作。

　　膜分离技术适用于处理原料气流量较低、酸气含量较高的天然气，对原料气流量或酸气浓度发生变化的情况也同样适用，但不能作为获取高纯度气体的处理方法，对原料气流量大、酸气含量低的天然气不适用，而且过多水分与酸气同时存在会对膜的性能产生不利影响。目前，国外用膜分离技术处理天然气的主要目的是除去其中的 CO_2，分离 H_2S 的应用相对较少，而且能处理的 H_2S 含量一般也较低，多数应用的处理流量不大，有些仅用于边远地区的单口气井。但膜分离技术作为一种脱除大量酸气的处理工艺，可与传统工艺混合使用，则为酸气含量高的天然气提供了一种可行的处理方法。国外在此方面已做了许多有益的尝试，尤其是对一些 H_2S 含量高的天然气的处理，获得了满意效果。

　　（2）变压吸附技术（PSA）

　　变压吸附技术是一种重要的气体分离技术，其特点是通过降低被吸附组分的分压使吸附剂得到再生，而分压的快速下降又是靠降低系统总压或使用吹扫气体来实现的。该技术是 20 世纪 50 年代开发成功的，由于其能耗低，目前在工业上应用广泛。

　　3. 生物脱硫法

　　生物脱硫法是 20 世纪 80 年代发展起来的新工艺方法，它具有许多优点，不需要催化剂和氧化剂，不需要处理化学污泥，污染小，能耗低，效率高，许多国内外学者都致力于该项技术的研究。它是利用发酵液中的各种微生物（如脱氮硫杆菌、氧化硫硫杆菌、氧化亚铁硫杆菌、丝状硫细菌等），在微氧条件下将 H_2S 氧化成单质 S 和 H_2SO_4，其反应式如下：

　　$2H_2S+O_2 = 2S+2H_2O$

　　$2S+3O_2+2H_2O = 2H_2SO_4$

　　迄今为止，天然气生物脱硫法中，获得工业应用的有两种，即 Bio-SR 和 Shell-Paques 方法。

第三节　数字管道的基础理论

一、数字管道概述

数字管道就是信息化的管道,它包括全部管道以及周边地区资料的数字化,网络化、智能化和可视化的过程和结果。数字管道从某种角度讲是一个管理理念,也是一个面向油气长输管道的综合战略。从管道经营者来看,数字管道可以作为一个管道经营目标。从近年的管道数字化实践中也可以看出,数字管道是管道建设的又一个重要成果,它可体现为科技管道、人文管道以及和谐管道。

（一）数字管道的由来

数字管道（Digital Pipeline 或 E-pipeline）的概念是随"数字地球（Digital Earth, DE）"而来的。数字地球是一个以地球坐标为依据的、具有多分辨率的海量数据和多维显示的地球虚拟系统。

数字地球的概念引起了全球的关注,现已成为世界科学技术界的热点之一。在某种意义上说,它改变了人们的思维方式,甚至改变了人们对世界、自己、空间和时间的看法。数字地球技术是一项发展中的、具有深远潜在应用价值的新技术。

从技术上讲,数字地球以计算机技术、多媒体技术和大规模存储技术为基础,以宽带网络为纽带,运用海量信息对地球进行多分辨率、多尺度、多时空和多种类的三维描述,并作为工具来支持和改善人类活动和生活质量。

数字地球的核心思想是用数字化手段整体性地解决地球问题,并最大限度地利用信息资源。数字地球涵盖的内容从数字化、数据构模、系统仿真,决策支持一直到虚拟现实,既是一个开放的复杂系统,又是一个综合全球信息的数据系统。在数字地球概念的深刻影响下,数字城市、数字矿山,数字油田、数字水利、数字管道和数字社区等大批概念都相应提出并予以实现。

数字管道就是在数字地球这一概念的基础上产生的,是数字地球技术在油气管道行业的具体实现,是指按照地理坐标和空间位置将所有的管道信息对应地组织起来,构成一个统一的管道信息模型,是可以提供直观、方便、有效、快速或实时的面向全体相关用户的信息服务平台。

（二）数字管道的概念

数字管道可以定义为:管道的虚拟表示,能够汇集管道的自然和人文信息,人们可以对该虚拟体进行探查和互动。具体地说，数字管道是应用遥感（RS），数据收集系统（DCS）或数据采集与监视控制系统（SCADA）、全球定位系统（GPS）、地理信息系统（GIS）、业务管理信息系统、计算机网络和多媒体技术，现代通信等高科技手段，对管道资源、环境、社会，经济等各个复杂系统的数字化，数字整合，仿真等信息集成的应用系统，并在可视化的条件下提供决策支持和服务。

数字化的发展使得人们能够方便、快捷和高效地获取、存储、处理各种现实世界的信息，利用遥感卫星对地面进行拍照，利用大容量存储设备对海量数据进行存储管理，利用高性能计算机对信息进行分析和处理，利用网络对数据进行传递和共享。数字化、信息化已经涉及社会各个领域。数字化是一次新的技术革命，它改变了人们的生产和生活方式，进一步促进科学技术的发展，推动社会经济的进步。同样，数字管道的建设也是管道建设和运营模式的一个重要变革。

数字管道是油气管道信息化全局性的长远战略目标，其核心有以下两点。

第一，用数字化手段统一处理油气管道问题。

第二，在油气与管道业务的全过程中最大限度地利用信息资源。

二、数字管道的特点

随着中国管道工程建设的高速发展，自动化与信息化技术成为管道建设、运营管理工作的重要手段，数字管道已成为新世纪中国管道信息化建设的方向。数字管道主要有以下特点。

第一，数字管道利用遥感技术获得的不同比例尺的管道周边空间数据作为基础设施数据，包括通过航空摄影测量和卫星遥感影像获取的地形，地质，水文、环境数据。与传统数据获取方式相比，数据内容更丰富，更新速度更快，描述更完整，表达也更直观。遥感技术的应用大大缩短了建设周期，降低了成本，提高了精度。

第二，数字管道提供了面向管道业务的地理信息服务，集成管线周围一定范围的地理、人口、环境、植被、经济等各类资源数据。利用 GIS 的空间分析功能进行叠加分析，缓冲区分析、最短路径分析等操作，可以进行线路总体规划和评估，为决策和管理提供重要的依据。还可以采用 GIS 技术对管道风险进行管理，指导系统编制维修计划，并采取相应的补救措施，当风险指数达到警戒线时，自动启动相应应急预案，尽可能地降低管道事故发生率。

第三，数字管道采用计算机辅助设计（CAD）技术和网络技术，将管道设计图纸、施工数据、人员资料、管理文档等全部实现数字化管理，通过局域网或互联网传送到数据库中，将各个专业各个单位的不同数据融为一个整体，有效地消除了"信息孤岛"，实现了信息的共享和协同工作。

第四，数字管道采用面向对象的大型关系数据库对数据进行存储。空间数据中心可以管理、存储在数字管道建设和运营中获取的所有数据，在管道建设的每个环节都保存完整的数据，并使得每个阶段的数据成果和系统相互衔接。

第五，数字管道和数据采集与监视控制系统通信，采集管道实时数据，实现了实时的管道生产管理业务。通过数据采集与监视控制系统的远程终端装置 RTU、PCL 或其他输入 / 输出设备收集数据，实现整个数字管道的实时重点监测，从系统总体上实现了管道的安全运作和优化控制。

第六，数字管道实现了整个管道的虚拟现实表达，使其能够在真实，可视的三维环境下展示在用户面前，用户通过交互方式对管道的公用信息进行查询和操作，对管道的三维虚拟漫游犹如在真实的三维世界中，充分体现了数字管道的空间特征。

三、数字管道的作用

数字管道在管道的不同阶段起不同的作用。

（一）在勘察设计阶段的作用

数字管道在勘察设计阶段的主要任务是利用卫星遥感与数字摄影测量技术进行选线，获取管线两侧的沿线四维数据，并应用 GIS 与 GPS 初步建立起包括管道沿线地形、环境、人口、经济等内容的管道信息管理系统。数字管道的作用包括以下几个方面。

1. 遥感图像处理系统

能够处理、分析并显示卫星遥感多光谱数据、高光谱数据和雷达数据；通过对卫星遥感数据的解译，获取管线经过区域内可供线路方案比选使用的自然环境、地理、地质等现势资料，在宏观上为管道选线提供科学依据。

2. 数字摄影测量处理系统

数字摄影测量的成果为管道选线工程设计提供了基础资料；与卫星遥感相比，航测数据比例尺大，分辨率高，细部表现明显，在选线中起到了重要作用。

3. 数字管道可研系统

集成遥感图像解译数据和数字摄影测量的成果数据以及人口数据、环境数据、经济数据等地理信息，通过对各种数据的叠加和分析估算项目的经济效益，对线路进行总体规划。

4. 地质测量信息系统

为管线选线提供绘制的管道沿线地质、测量和水文等图纸和属性数据。

5. 管线设计 CAD 系统

选线方案确定后，对管道以及配套设施（如分输站、阀门）等进行施工图纸设计。

6. 通信设计系统

对通信设施及信息传输网络进行设计。

7. 地理信息系统

融合计算机图形和数据库于一体，用来存储和处理空间信息的高新技术，把地理位置和相关属性有机地结合起来，根据用户的需要将空间信息及其属性信息准确、真实地输出给用户，满足数字管道建设对空间信息的要求，借助其独有的空间分析功能和可视化表达功能进行各种辅助决策。

（二）在工程建设阶段的作用

数字管道可提供多种互联网信息服务，如管道建设者可以通过互联网查看不同比例管道及其沿线周边环境的直观信息，也可查看某一天、某一道工序环节的进度，甚至每道焊口的焊工信息、无损检测影像、焊工档案、焊口的坐标值以及埋深等基本信息。

数字管道在工程建设阶段的作用包括三个方面。

1.GPS 数据采集系统

采集施工过程中的管道大地坐标数据。

2. 测量管理信息系统

对施工过程中的测量数据进行采集、计算，图形绘制和报表输出。

3. 勘察施工管理系统

对施工过程中的施工数据、永久性数据以及资料进行采集、生成、审核、上报与管理。

（三）在项目运营管理阶段的作用

数字管道在项目运营管理阶段的作用包括以下几个方面。

1. 生产运营管理系统

进行企业人力资源管理、业务分析，对客户关系，市场营销、生产调度等进行管理。

2.SCADA 系统

实现对管道运行全自动控制和调度作业。

3. 设备更新维护系统

对故障设置进行记录，并对数据库中数据进行更新。

4. 管道风险管理信息系统

对管道安全进行实时监控、预测和报警，对管道安全风险和腐蚀进行评估。

四、数字管道的目的与意义

（一）数字管道建设的目的

1. 实现管道建设、运营全周期的数字化管理

由于数字管道的数据来自自控、通信、线路、工艺管道等专业，其系统须与整个建设项目同步设计，同步建设，因此从管道建设初期数字管道就应发挥作用。管道数据中心管理管道各阶段的数据及它们之间的关系，使得管道建设到运营的数据具有可追溯性和可继承性。同时应用系统为不同阶段的管道业务需求提供数据和功能服务。

2. 实现信息的有序采集、传输

利用数字管道准确、及时采集、传输管道建设及运营过程中每天产生的数据和信息供管理者使用。

3. 实现信息的全面覆盖

数字管道的信息采集处理及应用范围须覆盖整个管道行业的各项业务，满足各岗位管理需求。

4. 实现数据的统一管理

数字管道的数据统一存储管理并提供数据服务。各单位，部门通过各类信息系统及数据服务机制，经计算机网络调用业务工作所需的数据。

5. 实现数据的安全共享

数据的安全共享包含两方面内容：一方面是用户可以随时访问自己工作所需的数据；另一方面是应该保证数据共享访问的安全性，不能访问的数据对用户来说是不可见的。

6. 实现信息化建设标准的统一

数字管道建设在统一的标准规范基础上进行，这样才能降低信息化建设由于分步实施、不同部门实施带来的差异，降低投资的不可继承性。统一标准包括业务标准的统一、技术平台标准的统一、数据编码标准的统一、信息技术标准规范的统一和管理规范的统一等。

7. 实现跨专业、跨部门协同工作

数字管道的建设使用将打破管道公司各个专业、部门、子公司之间的界限，加强它们之间的联系，使不同的专业、部门协同工作，提高效率，共同完成更艰巨的任务。

8. 实现管道信息业务的集成

管道信息业务的集成不是简单地将软、硬件平台，网络设备，应用软件等连通，而是在此基础上将系统组成一个性能优良的企业信息系统。管道信息业务的集成也不

是简单地添置设备和接口，进而把分散的应用系统整合起来，而是要建立企业规范化的信息资源，使信息资源更具实时性和共享性。

（二）数字管道的意义

1. 优化运营效率，降低运营成本

可以利用数字管道系统编排最优的输运计划，提高管道输运效率；通过计划的自动化与集中化提高工作效率；通过信息系统实现运营管理自动化，减少人工工作量，提高运营效率；通过运行方案的模拟优化降低管道的能耗、物耗，降低运营成本。

2. 加强设备运行监控，保障生产运行安全

数字管道提供实时的数据监控接口，通过对管道运行设备的实时监控了解设备的状态，根据设备运行要求制订出科学合理的维护与维修计划，降低维护成本；通过制订设备的预防及预测性维修计划保证设备的运行安全，延长其使用寿命；通过严格的采购管理流程保证合理的备品备件，减少设备资金的占用，提高资金的使用效率。

3. 积极开拓销售市场，提供优质快捷服务

数字管道可以协助市场决策人员分析市场数据，加强市场开发力度，实现销售区域性垂直管理；及时提供油气每日的输量与销售量信息，便于掌握运销动态；在线查询油气管道首站，清管站和交接站的设备运行情况，及时为客户提供信息；在线查询油气计量交接与结算数据，实现对销售合同的跟踪。

4. 准确传递生产数据，提供数据信息共享

数字管道让领导和决策人员了解每日的生产运营数据，掌握生产经营动态及计划完成情况；数字管道将建立统一集中的数据平台，为各部门提供数据共享服务，提高紧急事故的反应速度。

5. 改善信息传递模式，提高决策支持服务

数字管道可以将管道现场的数据及时反映给公司各层领导，实现决策支持；公司能够实时监视到管线的运营状态，简化信息传递层级；使得管理者能够及时了解生产运营状况和市场变化，为实现有效决策支持提供服务。

第二章　燃气的输配与信息化系统

第一节　燃气输配系统构成及管网分类

燃气输配系统通常由气源（门站、储配站）、燃气输配管网、调压设施、储气设施、监控与调度中心以及维护管理中心等构成。

一、燃气管道的分类

燃气管道可按输气压力、敷设方式、用途、管网形状等加以分类。

（一）按输气压力分类

燃气管道与其他管道相比，有特别严格的要求，因为管道漏气可能导致火灾、爆炸、中毒等事故。燃气管道中的压力越大，管道接头脱开、管道本身出现裂缝的可能性越大。管道内燃气压力不同时，对管材、安装质量、检验标准及运行管理等要求亦不相同。我国城镇燃气压力分为七级。

（二）按敷设方式分类

1. 埋地管道

输气管道一般埋设于土壤中，当管段需要穿越铁路、公路时，有时需加设套管或管沟，因此有直接埋设及间接埋设两种。

2. 架空管道

工厂厂区内、管道跨越障碍物以及建筑物内的燃气管道，常采用架空敷设方式。

（三）按用途分类

1. 长距离输气管线

其干管及支管的末端连接城镇或大型工业企业，作为该供气区的气源点。

2. 城镇燃气管道

（1）分配管道

在供气地区将燃气分配给工业企业用户、商业用户和居民用户。分配管道包括街区和庭院的分配管道。

（2）用户引入管

将燃气从分配管道引到用户室内管道引入口的总阀门。

（3）室内燃气管道

通过用户管道引入口的总阀门将燃气引向室内，并分配到每个燃气用具。

3. 工业企业燃气管道

（1）工厂引入管和厂区燃气管道

将燃气从城镇燃气管道引入工厂，分送到各用气车间。

（2）车间燃气管道

从车间的管道引入口将燃气送到车间内各个用气设备（如窑炉）。车间燃气管道包括干管和支管。

（3）炉前燃气管道

从支管将燃气分送给炉上各个燃烧设备。

二、燃气管网的分类

（一）按管网形状分类

为了便于工程设计中进行管网水力计算，通常将燃气管网分为以下三种。

1. 环状管网

管道联成封闭的环状，它是城镇输配管网的基本形式，在同一环中输气压力属于同一级制。

2. 枝状管网

以干管为主管，呈放射状由主管引出分配管而不成环状。在城镇管网中一般不单独使用。

3. 环枝状管网

环状与枝状混合使用的一种管网形式，是工程设计中常用的管网形式。

（二）按管网压力级制分类

城镇输配系统的主要部分是燃气管网，根据所采用的管网压力级制不同可分为以下三种。

1. 单级系统

仅有低压或中压一种压力级别的管网输配系统。

2. 二级管网系统

具有两种压力等级组成的管网系统。

3. 三级管网系统

由低压、中压和次高压三种压力级别组成的管网系统。

（三）城镇燃气管网系统及示例

1. 低压供应方式和低压一级管网系统

低压气源以低压一级管网系统供给燃气的输配方式，一般只适用于小城镇。

根据低压气源（燃气制造厂或储配站）压力的大小和城镇的用气范围，低压供应方式有利用低压储气罐的压力进行供应和由低压压缩机供应两种。低压供应原则上应充分利用储气罐的压力，只有当储气罐的压力不足，以致低压管道的管径过大而不合理时，才采用低压压缩机供应。

低压供应方式和低压一级管网系统具有以下特点。

第一，输配管网为单一的低压管网，系统简单，维护管理方便。

第二，无须压缩费用或只需要很少的压缩费用。停电或压缩机故障，基本上不妨碍供气，供气可靠性好。

第三，对于供应区域大或供气量多的城镇，需敷设较大管径的管道而不经济。因此，低压供应方式只适用于供应区域小，供气范围在 2 ~ 3 km 的小城镇。

2. 中压供气方式中压单级和中—低两级管网系统

（1）中压单级管网系统

燃气自气源厂（或天然气长输管线）送入城镇燃气储配站（或天然气门站），经加压（或调压）送入中压输气干管，再由输气干管送入配气管网。最后经箱式调压器或用户调压器送至用户燃具。

该系统减少了管材，故投资省。由于采用了箱式调压器或用户调压器供气，可保证所有用户灶具在额定压力下工作，从而提高了燃烧效率。但该系统安装水平要求高，供气安全性也比低压单级管网差。

（2）中压 B—低压两级管网系统

从气源厂生产的低压燃气，经加压后送入中压管网，再经区域调压站调压后送入低压管网，设置在供气区的低压储气罐由中压管网供气，高峰时，储气罐内的燃气输送给中压（经加压）或低压管网。该系统特点是采用低压配气，庭院管道在低压下运行比较安全，但投资要比中压单级系统大。

（3）中压 A—低压两级管网系统

该系统气源为天然气，用长输管线末端输气。

天然气由长输管线经燃气分配站送入该市，中压 A 管道连成环网，通过区域调压站向低压管网供气，通过专用调压站向工业企业供气。低压管网根据地形条件可分成几个互不连通的区域管网。该系统特点是输气干管直径较小，比中压 B 一低压二级系统节省投资。

3. 高压供气方式和高—中—低三级管网系统

高压燃气从气源厂或城镇的天然气门站输出，由高压管网输气，经区域高—中压调压器调至中压，输入中压管网，再经区域中—低调压器调成低压，由低压管网供应燃气用户。

高压供气和高—中—低压三级管网系统具有以下特点。

第一，高压管道的输送能力较中压管道更大，所用管径更小，如果有高压气源，管网系统的投资和运行费用均较经济。

第二，因采用管道储气或高压储气罐，可保证在短期停电等事故时供应燃气。

第三，因三级管网系统配置了多级管道和调压器，增加了系统运行维护的难度。如无高压气源，还需设置高压压缩机，压缩费用高。

因此，高压供应方式及三级管网系统适用于供应范围大，供气量也大，并需要较远距离输送燃气的场合，可节省管网系统的建设费用，用于天然气或高压制气等高压气源更为经济。

三级系统通常含有中低压两级，另外一级管网是高（次高）压，次高—中—低三级管网系统。

从长输管线来的天然气先进入门站经调压、计量后进入城镇次高压管网，然后经次高—中压调压站后，进入中压管网，最后经中低压调压站调压后送入低压管网。

该系统特点是高压管道一般布置在郊区人口稀少地区，供气比较安全可靠。但系统复杂，维护管理不便，在同一条道路上往往要敷设两条不同压力等级的管道。

4. 多级管网系统

气源是天然气，城市的供气系统采用地下储气库、高压储气罐站以及长输管线储气。一般的城市管网系统的压力主要为四级，即低压、中压 B、中压 A 和高压 B。各级管网分别组成环状。天然气由较高压力等级的管网经过调压站降压后进入较低压力等级的管网。工业企业用户和大型公共建筑用户与中压 B 或中压 A 管网相连，居民用户和小型公共建筑用户则与低压管网相连。

从运行管理来看，该系统既安全又灵活，因为气源来自多个方向，主要管道均连成环网。平衡用户用气量的不均匀性可以由缓冲用户、地下储气库、高压储气罐以及长输管线储气协调解决。

第二节 城镇燃气管网的布线

城镇燃气管网的布线，是指城镇管网系统在原则上选定以后，决定各管段的具体位置。城镇燃气管道一般采用地下敷设，当遇到河流或厂区敷设等情况时，也可采用架空敷设。

一、布线原则

地下燃气管道宜沿城镇道路敷设。一般敷设在人行道或绿化带内。在决定不同压力燃气管道的布线问题时，必须考虑到下列基本情况。

第一，管道中燃气的压力。

第二，街道地下其他管道的密集程度与布置情况。

第三，街道交通量和路面结构情况以及运输干线的分布情况。

第四，所输送的燃气的含湿量，输送湿燃气要考虑必要的管道坡度，而输送干燃气则不必考虑管道坡度；同时，地下燃气管道的敷设应考虑街道地形变化情况。

第五，与该管道相连接的用户数量及用气量情况，该管道是主要管道还是次要管道。

第六，线路上所遇到的障碍物情况。

第七，土壤性质、腐蚀性能和冰冻线深度。

第八，该管道在施工、运行和发生故障时，对城镇交通和人民生活的影响。

在布线时，要确定燃气管道沿城镇街道的平面位置和在地表下的纵断位置。由于输配系统各级管网的输气压力不同，其设施和防火安全的要求也不同，而且各自的功能也有区别，故应按各自的特点考虑布线。

二、城镇燃气管道地区等级的划分

城镇燃气管道通过的地区，应按沿线建筑物的密集程度，划分为四个地区等级，并根据地区等级做出相应的管道设计。

城镇燃气管道地区等级的划分应符合下列规定：

（一）按房屋建筑密集程度划分

将管道中心线两侧各 200 m 范围内，任意划分为 1.6 km 长并能包括最多供人居住的独立建筑物数量的地段，按划定地段内的房屋建筑密集程度，划分为四个等级。在多单元住宅建筑物内，每个独立住宅单元按一个供人居住的独立建筑物计算。

（二）地区等级的划分

1. 一级地区

有 12 个或 12 个以下供人居住建筑物的任一地区分级单元。

2. 二级地区

有 12 个以上 80 个以下供人居住建筑物的任一地区分级单元。

3. 三级地区

有 80 个或 80 个以上供人居住建筑物的任一地区分级单元；或距人员聚集的室外场所 90 m 内敷设管线的区域。

4. 四级地区

地上 4 层或 4 层以上建筑物普遍且占多数的任一地区分级单元（不计地下室数）。

（三）二、三、四级地区的边界可按如下规定调整

第一，四级地区的边界线与最近地上 4 层或 4 层以上建筑物相距 200 m。

第二，二、三级地区的边界线与该级地区最近建筑物相距 200 m。

（四）按城市规划划分

确定城镇燃气管道地区等级应为该地区的未来发展留有余地，宜按城市规划划分地区等级。

三、燃气管网的平面布置

（一）次高压、中压管网的平面布置

次高压管网的主要功能是输气。中压管网的功能则是输气并兼有向低压管网配气的作用。一般按以下原则布置。

第一，次高压管道宜布置在城镇边缘或城镇内有足够埋管安全距离的地带，并应连接成环网，以提高次高压供气的可靠性。

第二，中压管道应布置在城镇用气区便于与低压环网连接的规划道路上，但应尽量避免沿车辆来往频繁或闹市区的主要交通干线敷设，否则对管道施工和管理维修造成困难。

第三，中压管网应布置成环网，以提高其输气和配气的可靠性。

第四，次高压、中压管道的布置，应考虑对大型用户直接供气的可能性，并应使管道通过这些地区时尽量靠近这类用户，以利于缩短连接支管的长度。

第五，次高压、中压管道的布置应考虑调压站的布点位置，尽量使管道靠近各调

压站，以缩短连接支管的长度。

第六，从气源厂连接次高压或中压管网的管道应尽量采用双线敷设。

第七，长输次高压管线不得与单个居民用户连接。

第八，由次高压、中压管道直接供气的大型用户，其支管末端必须考虑设置专用调压站。

第九，为了便于管道管理、维修或接新管时切断气源，次高压、中压管道在下列地点需装设阀门：气源厂的出口；储配站、调压站的进出口；分支管的起点；重要的河流、铁路两侧（枝状管线在气流来向的一侧）；管线应设置分段阀门，一般每公里设一个阀门。

第十，次高压、中压管道应尽量避免穿越铁路或河流等大型障碍物，以减少工程量和投资。

第十一，次高压、中压管道是城镇输配系统的输气和配气主要干线，必须综合考虑近期建设与长期规划的关系，以延长已经敷设的管道的有效使用年限，尽量减少建成后改线、增大管径或增设双线的工程量。

第十二，当次高压、中压管网初期建设的实际条件只允许布置成半环形甚至为枝状管时，应根据发展规划使之与规划环网有机联系，防止以后出现不合理的管网布局。

（二）低压管网的平面布置

低压管网的主要功能是直接向各类用户配气，是城镇供气系统中最基本的管网。据此特点，低压管网的布置一般应考虑下列各点。

第一，低压管道的输气压力低，沿程压力降得允许值也较低，故低压管网成环时边长一般控制在 300 ~ 600 m 之间。

第二，为保证和提高低压管网的供气可靠性，各低压管网工期的相邻调压站之间的管道应成环布置。

第三，有条件时，低压管道应尽可能布置在街坊内兼做庭院管道，以节省投资。

第四，低压管道可以沿街道的一侧敷设，也可以双侧敷设。在有轨电车通行的街道上、当街道宽度大于 20 m、横穿街道的支管过多或输配气量较大，限于条件不允许敷设大口径管道时，可采用低压管道双侧敷设。

第五，低压管道应按规划道路布线，并应与道路轴线或建筑物的前沿相平行，尽可能避免在高级路面下敷设。

第六，低压管道仅在调压室出口设置阀门，其余一般不设阀门。地下燃气管道不得从建筑物（包括临时建筑物）下面穿过；不得在堆积易燃、易爆材料和具有腐蚀性液体的场地下面穿过；并不能与其他管线或电缆同沟敷设。当需要同沟敷设时，必须采取保护措施。

为了保证在施工和检修时互不影响，也为了避免由于泄漏出的燃气影响相邻管道的正常运行，甚至溢入建筑物内，地下燃气管道与建筑物、构筑物以及其他各种管道之间应保持必要的水平净距。

从安全考虑的地下燃气管道与建筑物、构筑物或相邻管道之间的水平净距，有的国家规定的净距较小，而有些国家则没有规定。随着科学技术的发展，管道材质、施工质量及运行管理水平的提高，安全距离可以缩小，只考虑施工方便即可。

四、管道纵断面的布置

（一）管道的埋深

地下燃气管道埋深主要考虑地面动荷载，特别是车辆重荷载的影响以及冰冻线对管内输送气体中可凝物的影响。因此管道埋设的最小覆土厚度（路面至管顶）应符合下列要求：

第一，埋设在车行道下时，不得小于 0.9 m。

第二，埋设在非车行道（含人行道）下时，不得小于 0.6 m。

第三，埋设在庭院内、绿化带以及载货汽车不能通过之地时，不得小于 0.3 m。

第四，埋设在水田下时，不得小于 0.8 m。

输送湿燃气的管道，应埋设在土壤冰冻线以下。

（二）管道的坡度及排水器的设置

在输送湿燃气的管道中，不可避免有冷凝水或轻质油，为了排除出现的液体，需在管道低处设置排水器，各排水器之间间距一般不大于 500 m。管道应有不小于 0.003 的坡度，且坡向排水器。

（三）燃气管道的设置

在一般情况下，燃气管道不得穿越其他管道，如因特殊情况需要穿过其他大断面管道（污水干管、雨水干管、热力管沟等）时，须征得有关方面同意，同时燃气管道必须安装在钢套管内。

（四）地下燃气管道与其他管道之间的最小垂直间距

地下燃气管道与其他管道或构筑物之间的最小垂直间距见表 2-1。

表2-1　地下燃气管道与其他管道或构筑物之间的最小垂直间距

序号	项目		最小垂直间距
1	给水管、排水管或其他燃气管道		0.15
2	热力管的管沟底（或顶）		0.15
3	电缆	直埋在导管内	0.50
4		铁路轨底	1.20
5		有轨电车轨底	1.00

第一，如受地形限制无法满足要求时，经与有关部门协商，采取行之有效的防护措施后，规定的净距均可适当缩小，但次高压燃气管道距建筑物外墙面不应小于 0.3 m，中压管道距建筑物基础不应小于 0.5 m 且距建筑物外墙面不应小于 1 m，低压管道应不影响建（构）筑物和相邻管道基础的稳固性。次高压 A 燃气管道距建筑物外墙面 6.5 m 时，管道壁厚不应小于 9.5 mm；管壁厚度不小于 11.9 mm 或小于 9.5 mm 时，距外墙面分别不应小于地下燃气管道压力为 1.60 MPa 的有关规定。

第二，表中规定除地下燃气管道与热力管的净距不适于聚乙烯燃气管道和钢骨架聚乙烯塑料复合管外，其他规定均适用于聚乙烯燃气管道和钢骨架聚乙烯塑料复合管道。

五、燃气管道穿（跨）越障碍物的方法

（一）燃气管道穿越铁路、高速公路、电车轨道和城镇交通干道

燃气管道穿越铁路、高速公路、电车轨道和城镇交通干道一般采用地下穿越，而在矿区和工厂区，一般采用地上跨越（即架空敷设）。

1. 燃气管道穿越高速公路、电车轨道和城镇交通干道

燃气管道穿越高速公路、电车轨道和城镇交通干道时宜敷设在套管或地沟内。套管内径应比燃气管道外径大 100 mm 以上，套管或地沟两端应密封，在重要地段的套管或地沟端部宜安装检漏管；套管端部距电车轨道不应小于 2.0 m；距道路边缘不应小于 1.0 m。

2. 燃气管道穿越铁路

燃气管道穿越铁路时，必须采用钢管或钢筋混凝土套管，套管内径应比燃气管道外径大 100 mm 以上。铁路轨底至套管顶不应小于 1.20 m，套管端部距路堤坡脚外距离不应小于 2.0 m。套管两端与燃气管的间隙应采用柔性的防腐、防水材料密封。其一端应装设检漏管。穿越的管段不宜有对接焊缝；无法避免时，焊缝应采用双面焊或其他加强措施，须经物理方法检查，并采用特级加强防腐。穿越电气化铁路以及铁路编

组枢纽一般采用架空跨越。

3. 燃气管道架空敷设

室外架空的燃气管道，可沿建筑物外墙或支架敷设。中压和低压燃气管道，可沿建筑耐火等级不低于二级住宅或公共建筑的外墙敷设；次高压B、中压和低压燃气管道，可沿建筑耐火等级不低于二级的丁、戊类生产厂房的外墙敷设。沿建筑物外墙敷设的燃气管道距住宅或公共建筑物门、窗洞口的净距：中压管道不应小于 0.5 m，低压管道不应小于 0.3 m，燃气管道距生产厂房建筑物门、窗洞口的净距不限。架空燃气管道与铁路道路、其他管线交叉时的垂直净距不应小于下表 2-2 的规定。

表2-2　架空燃气管道与铁路道路、其他管线交叉时的垂直净距

建筑物和管线名称		最小垂直净距/m	
		燃气管道上	燃气管道下
铁路轨顶		6.0	—
城市道路路面		5.5	—
厂区道路路面		5.0	—
人行道路路面		2.2	—
架空电力线电压	3 kV以下	—	1.5
	3 ~ 10 kV	—	3.0
	35 ~ 66 kV	—	4.0
其他管道管径	≤300 mm	同管道直径，但不小于0.10	同管道直径，但不小于0.10
	>300 mm	0.30	0.30

（二）燃气管道穿（跨）越河流

燃气管道通过河流时，可以采用穿越河底或采用管桥跨越的形式。条件许可时也可利用道路桥梁跨越河流。

1. 燃气管道水下穿越河流

燃气管道水下穿越河流时要选择河流两岸地形平缓、河床稳定且河底平坦的河段。燃气管道宜采用钢管，燃气管道至规划河底的覆土厚度，应根据水流冲刷条件确定，对不通航河流不应小于 0.5 m，对通航河流不应小于 1.0 m，还应考虑疏浚和投锚深度。在埋设燃气管道位置的河流两岸上、下游应设置标志。水下穿越的敷设方法有以下几种。

（1）沟埋敷设

采用该法敷设，管道不易损坏，一般采用这种方法敷设。

（2）裸管敷设

将管线直接敷设在河床平面上称为裸管敷设。若河床不易挖沟或挖沟不经济且河床稳定，水流平稳，管道敷设后不易被船锚破坏也不影响通航时，可采用裸管敷设。

（3）顶管敷设

顶管施工是一种不开挖沟槽而敷设管道的工艺，它运用液压传动产生强大的推力，使管道克服土壤摩擦阻力顶进。此法穿越河流不受水流情况、气候条件限制，可随意决定管线埋深，保证管线埋设于冲刷层下。

为防止水下穿越管道产生浮管现象，必须采用稳管措施。稳管形式有混凝土平衡重块、管外壁用水泥灌注形成覆盖层、修筑抛石坝、管线下游打挡桩、复壁环形空间灌注水泥砂浆等方法。采取何种稳管措施应按河流河床地质构成、管径、施工力量等选择，并经计算确定。

2. 沿桥架设

将管道架设在已有的桥梁上，此法简便、投资省，但必须征得相关部门的同意。利用道路桥梁跨越河流的燃气管道，其管道的输送压力不应大于 0.4 MPa，且应采取必要的安全防护措施，如：燃气管道采用加厚的无缝钢管或焊接钢管，尽量减少焊缝，对焊缝进行 100% 无损探伤；管道外侧设置护桩，管道管底标高符合通航净空的要求；燃气管道采用较高等级的防腐保护措施并设置必要的温度补偿和减震措施，在确定管道位置时，应与沿桥架设的其他管道保持一定距离。

3. 管桥跨越

当不允许沿桥架设、河流情况复杂或河道狭窄时可采用管桥跨越。管桥法是将燃气管道搁置在河床上自建的管道支架上。管桥跨越时，管道支架应采用难燃或不燃材料制成，并在任何可能的荷载情况下，能保证管道稳定和不受破坏。

第三节　燃气管道材料、附属设备及管道防腐

一、燃气管道材料

用于输送燃气的管道材料有钢管、铸铁管、塑料管和复合管等，一般应根据燃气的性质、系统压力、施工要求以及材料供应情况等来选用，并满足机械强度、抗腐蚀、抗震及气密性等各项基本要求。

（一）钢管

钢管具有强度高、韧性好，抗冲击性和严密性好，焊接加工方便等优点，但耐腐蚀性能较差，使用寿命约为 30 年。用作输送燃气的钢管一般应采用低碳钢或低合金钢，焊接后的接口部位应与母材有同等强度。

1. 钢管的分类

按制造方法可分为卷焊钢管、无缝钢管及镀锌焊接钢管。

卷焊钢管管径较大，多用于燃气压力。较高的出厂、出站输气干管或穿（跨）越障碍物的燃气管道。材质以低碳钢和低合金钢为主。一般委托加工厂制作或施工单位自制。国外敷设天然气管道已使用耐高压大口径管材，干管直径达 2 m 以上；还大量采用高强度材质并敷有聚乙烯、氯化乙烯、尼龙 -12 等防腐层的管道及管件。

无缝钢管用优质碳素钢或低合金钢经热轧或冷拔加工制成，多用于输送较高压力的燃气管道。

镀锌焊接钢管多用于配气支管、用气管。输送天然气的管道严禁使用未经镀锌的焊接钢管（俗称"黑铁管"）。

2. 钢管的连接方式

（1）焊接连接

管径较大的卷焊钢管以及无缝钢管多采用焊接连接。根据不同的壁厚及使用要求，其接口形式可分为对接焊和贴角焊。

（2）法兰连接

法兰接口常用于架空管道或需拆卸检修的部位以及管道与带有法兰的附属设备（如阀门、补偿器等）的连接。

钢制法兰有焊接法兰和螺纹连接法兰两类，结合面有凸面与平面两种。

（3）螺纹连接

镀锌钢管大多采用螺纹连接，燃气管用的螺纹应为圆锥螺纹，接口由内螺纹及外螺纹组成，因具有一定的锥度，在螺纹部涂敷填料后，拧紧螺纹接口可以完全封合。

（二）铸铁管

用于燃气输配管道的铸铁管，一般采用铸模浇铸或离心浇铸方式制造出来。铸铁管塑性好，钻孔、切割方便，耐腐蚀，使用寿命可达 60 年左右。

1. 铸铁管的分类

铸铁管主要有灰铸铁管和球墨铸铁管两大类。灰铸铁管重量大，质脆，易断裂。球墨铸铁管（球墨铸铁管碳元素呈球墨结晶状）具有很高的抗拉、抗压强度及良好的耐腐蚀性。

2.球墨铸铁的连接方式

低压燃气管道铸铁管道的连接，广泛采用机械接口的形式。

（三）塑料管

塑料管是近年来发展快、用途广的一种管材。它具有耐腐蚀、质轻、流体流动阻力小、使用寿命长、施工简便、可盘卷、抗拉强度大以及管网运行管理容易且费用低廉等一系列优点。但其刚性比钢管低，经剧烈碰撞容易断裂。

1.塑料管的分类

塑料管按其原材料的不同分为聚乙烯、聚氯乙烯、聚丙烯、聚丁烯、ABS 管等，经过不断地实践与淘汰，适用于输送燃气的塑料管主要是聚乙烯（Polyeth-ylene 简称 PE）管。

2.聚乙烯管连接方式

各种聚乙烯管连接方式分别有不同的优缺点。

（1）电热熔连接

电热熔连接是将所需连接的两管端插入埋有电热丝的套管中,将电热丝通以电流，将要连接的管材管件加热至熔化温度，固定直至接口冷却，从而形成严密牢固的接头。

电热熔连接具有操作简便、接口强度高、气密性能好、熔接性能稳定、接头质量受人为因素影响少等优点。其缺点是管件加工工艺复杂，成本较高。

（2）热熔对接连接

热熔对接连接是将与管轴垂直的两对应端面与加热板接触至熔化温度将两熔化口压紧连接。热熔对接连接工艺简单，适合野外操作。其接口强度满足管道运行要求，抗拔力较强，施工成本较低，但对接部位由于受到加热挤压，有外凸的翻边产生，造成管径局部减少，因此，热熔对接连接一般适用于管道口径不小于 90 mm 的相同的管材与管件、管材与管材的连接上。

（3）热熔承插连接

热熔承插连接是将管端外表面和承口内表面同时加热至材料的熔化温度，将熔化管端插入承口，固定直至接口冷却以达到连接。

热熔承插连接具有接口强度高、气密性能好、操作较简便、施工成本低等优点，但需要特制的电热膜加热工具。此种方法对操作工技能要求高，接头质量受人为因素影响大，易造成应力集中和焊瘤等缺点，现已淘汰。

（4）旋压轮连接

旋压轮接口连接具有操作方便、便于拆卸的优点。但由于压轮管件加工成本较高，同时，其接口抗拔力较低，不适合用于燃气输气管的连接。

（5）螺纹连接

由于聚乙烯管刚性低，螺纹套丝切削具有一定难度，螺纹接口的抗拉强度低，气密性能差，不适合应用在燃气输送管道连接上。

（6）热焊连接

由于必须具备压缩空气及热风焊枪，因此在野外施工中极为不便，且在焊接操作中需要有较大空间，在现场施工中势必增加土方量，从工艺上来说不适合于工地现场施工。

目前聚乙烯管道的连接方式主要采用电热熔连接和热熔对接连接。

（四）复合管

近年来又出现了一种新型管材——复合管。复合管一般由内外两层聚乙烯中间夹铝、铜或合金层组成，金属层与聚乙烯依靠胶合层黏结。复合管集金属管和塑料管的优点，中间金属层可隔绝气体渗透，外壁聚乙烯可防腐，内壁光滑，流动阻力小，管材预计寿命在五十年以上。复合管现已在室内和燃具连接管上使用，并有向室内燃气管道暗设以及在室外管线推广使用的发展趋势。

二、附属设备

为了保证管网的安全运行，并考虑到检修、接线的需要，在管道的适当地点应设置必要的附属设备。这些设备包括阀门、补偿器、排水器、放散管等。此外，为在地下管网中安装阀门和补偿器，还要修建闸井。

（一）阀门

阀门是用来启闭管道通路或调节管道内介质流量的设备。一般要求阀体的机械强度要高，转动部件灵活，密封部件严密耐用，对输送介质的抗腐蚀性强，同时零部件的通用性好。

燃气阀门必须进行定期检查和维修，以便掌握其腐蚀、堵塞、润滑、气密性等情况以及部件的损坏程度，避免不应有的事故发生。阀门的设置以维持系统正常运行为准，应尽量减少其设置数，以减少漏气和额外的投资。

阀门的种类很多，燃气管道上常用的有塞阀、闸阀、旋截止阀、球阀和蝶阀等。

（二）补偿器

补偿器是调节管段胀缩量的设备，常用于架空管道和需要进行蒸汽吹扫的管道上。此外，补偿器还安装在阀门的下侧（按气流方向），利用其伸缩性能，方便阀门的拆卸和检修。在埋地的燃气管道上，多用钢制波形补偿器，其补偿量约为 10 mm。为防止其中存水锈蚀，由套管的注入孔灌入石油沥青，安装时注入孔应在下方。补偿器的安装长度，应是螺杆不受力时的补偿器的实际长度，否则不但不能发挥其补偿作用，反使管道或管件受到额外的应力。

（三）排水器

根据管道中燃气的压力不同，排水器有不能自喷和能自喷的两种。如管道内压力较低，水或油就要依靠手动唧筒等抽水设备来排出。安装在高、中压管道上的排水器，由于管道内气体压力较高，冷凝物在排水管旋塞打开以后就能自行喷出，为防止剩余在排水管内的水在冬季冻结，另设有循环管，利用燃气的压力将排水管中的水压回到下部的集水器中。为避免燃气中焦油及萘等杂质堵塞，排水管与循环管的直径应适当加大。在管道上布置的排水器还可对其运行状况进行观测。

（四）放散管

放散管是一种专门用来排放管道中的空气或燃气的装置。在管道投入运行时利用放散管排空管内的空气，防止在管道内形成爆炸性的混合气体。在管道或设备检修时，可利用放散管排空管道内的燃气。放散管一般也设在闸井中，在管网中安装在阀门的前后，在单向供气的管道上则安装在阀门之前。

（五）闸井

为保证管网的安全与操作简便，地下燃气管道上的阀门一般都设置在闸井中（塑料管可不设闸井）。闸井应坚固耐久，有良好的防水性能，并保证检修时有必要的空间。考虑到人员的安全，井筒不宜过深。

三、钢制燃气管道的防腐

（一）钢制燃气管道的腐蚀原因

腐蚀是金属在周围介质的化学、电化学作用下引起的一种破坏。金属腐蚀按其性质可分为化学腐蚀和电化学腐蚀。

1. 化学腐蚀

单纯由化学作用引起。金属直接和周围介质如氧、硫化氢、二氧化硫等接触发生化学反应，在金属表面上产生相应的化合物（如氧化物、硫化物等）。用金属材料构成的燃气管道上所出现的化学腐蚀，常常会发生在管道的内壁和外壁，但以内壁为主。因为管道输送的流体中，常常含有少量的氧或硫化物以及二氧化碳和水等，直接对管道的内壁产生均匀的腐蚀，使其变薄。由于外壁也存在于有氧的环境中（包括埋地管和架空管道），所以外壁同样会被氧化。

2. 电化学腐蚀

埋地管道的各部位的金相组织结构不同,表面粗糙度不同以及作为电解质的土壤,其物理化学性质不均匀。例如含氧量，pH 值不同等原因，使部分区域的金属容易电离形成阳极区，而另一部分金属不容易电离，相对来说电位矫正的部分成为阴极区，电子由电位较低的阳极区，沿管道流向电位较高的阴极区，再经电解质（土壤）流向阳极区，而腐蚀电流从高电位流向低电位，即从阴极区沿钢管流向阳极区,再经电解质（土壤）流向阴极区。在阴极区，电子被电解质（土壤）中能吸收电子的物质（离子或分子）所接受。

以上几个环节是相互联系的，如果其中一个环节停止进行，则整个腐蚀过程就停止了。当阳极与阴极反应等速进行时,腐蚀电流就不断地从阳极区通过土壤流入阴极区，腐蚀就不断地进行，直至管道穿孔。

3. 杂散电流腐蚀

由于外界各种电气设备的漏电与接地，在土壤中形成杂散电流，其中危害最大的是直流电。泄漏直流电的设备有电气化铁路和有轨电车的钢轨、直流电焊机、整流器外壳接地和阴极保护站的接地阳极等。

4. 细菌腐蚀

根据对微生物参与腐蚀过程的研究发现，不同种类细菌的腐蚀行为，其条件也不相同。在潮湿、通风与排水不良的缺氧土壤中存在厌氧硫酸盐还原菌，它能将可溶的硫酸盐转化为硫化氢，使埋地钢管阴极表面氢离子浓度增加，加速了管道的腐蚀过程。硫酸盐还原菌的活动与土壤的 pH 值有关，pH 值在 5.5 ~ 8.5 时细菌即能繁殖。而好氧细菌在土壤 pH 值 ≤ 2 时，繁殖十分旺盛，它的代谢产物是酸性物质，从而形成了使金属管道表面易于腐蚀的环境。

（二）钢制燃气管道的防腐方法

1. 净化燃气

尽量减少燃气中杂质含量，尤其是硫化物以及二氧化碳等酸性物质的含量，以防止钢制燃气管道的内壁腐蚀。

2. 管道加内衬

钢管出厂前在内壁上加入塑料、树脂等材料的内衬以阻止燃气对钢管内壁的腐蚀。

3. 采用耐腐蚀管材

针对土壤腐蚀性的特点，目前许多城市在中、低压燃气管道上采用耐腐蚀的铸铁管或塑料管。实践证明，埋地铸铁管道的使用寿命可达 60 ~ 70 年，而钢管只有

20～30年。但铸铁管的使用受到如机械性能以及焊接性能不好等因素的限制，当管径大、输送燃气压力大、温度高时，就必须使用钢管。

4. 绝缘层防腐

钢管最大的弱点是耐腐蚀性差，尤其埋地管道外壁腐蚀最为严重，在绝缘层防腐法中，对绝缘材料有如下要求。

①与钢管的黏结性好，沿钢管长度方向应保持连续完整性。

②具有良好的电绝缘性能，有足够的耐压强度和电阻率。

③具有良好的防水性和化学稳定性。

④具有抗生物细菌侵蚀的性能，有足够的机械强度、韧性及塑性。

⑤材料来源较充足、价格低廉，便于机械化施工。

目前国内外埋地钢管所用的防腐绝缘层种类很多，有环氧煤沥青防腐涂层、聚乙烯胶粘带、熔结环氧粉末防腐层、聚乙烯防腐涂层、石油沥青包腹带等，可根据工程的具体情况选用。

5. 电保护防腐蚀

电保护法是根据电化学腐蚀原理，使埋地钢管全部成为阴极区而不被腐蚀，故又称阴极保护法。阴极保护法通常是与绝缘层防腐法同时使用，一旦绝缘层被破坏，电保护法也很难奏效。

电保护法通常分为牺牲阳极保护法和外加电源阴极保护法。

（1）牺牲阳极保护法

①牺牲阳极保护法原理：利用电极电位较钢管低的金属与被保护钢管相连。在作为电解质的土壤中形成原电池。电极电位较高的钢管成为阴极，电流不断地从电极电位较低的阳极，通过电解质（土壤）流向阴极，从而使管道得到保护。

②牺牲阳极的材料：通常选用电极电位比钢低的金属，如镁、铝、锌及其合金作为牺牲阳极。

为使阳极保护性电流的输出达到足够的强度，必须使牺牲阳极和土壤（电解质）之间的接触电阻减到最小。例如，在有些土壤中，锌阳极表面能形成薄膜，这种薄膜能把锌阳极和周围的电解质隔开。在饱和碳酸盐的土壤中，这种情况特别严重，此时，阳极和它周围介质间的接触电阻将无限增大，而使保护作用实际上几乎停止。为了克服这类现象，必须把阳极装在特殊的人工环境里，即装在填包料里。这样可以减小阳极和介质（土壤）的接触电阻，使阳极使用耐久，保护性能提高。

③牺牲阳极电保护法适用条件使用牺牲阳极保护时，被保护的金属管道应有良好的防腐绝缘层，管道与其他不需要保护的管线之间无通电性。土壤的电阻率太高、输气管线通过水域时不宜采用。

（2）外加电源阴极保护

①外加电源阴极保护原理：利用阴极保护站产生的直流电源，其负极与管道连接，使金属管道对土壤造成负电位成为阴极。阴极保护站的正极与接地阳极相连。接地阳极可以是废钢材、石墨、高硅铁等。电流从正极通过导线流入接地阳极，再经过土壤流入被保护管道，而后由管道经导线流回负极。这样使整个管道成为阴极，而与接地阳极构成腐蚀电池，接地阳极的正离子流入土壤，不断受到腐蚀，管道则受到保护。

②保护标准：地下金属管道达到阴极保护的最低电位称为最小保护电位，在此电位下土壤腐蚀电池被抑制。当阴极保护通电点处金属管道的电位过高时，可使涂于管道上的沥青绝缘层剥落而导致严重腐蚀的后果，因此必须将通电点最高电位控制在一安全数值之内，此电位称作最大保护电位。

③保护范围为了使阴极保护站充分发挥作用，阴极保护站最好设置在被保护管道的中点。

阴极保护通电点处金属管道的最高电位值越负，则阴极保护站的保护半径就越大。为了达到最大的保护半径，接地阳极和通电点的连接应与管道垂直，连线两端点的距离约为 300 m。

（3）排流保护法

排流保护法用于防止杂散电流腐蚀。用排流导线将管道的排流点与钢轨连接，使管道上的杂散电流不经土壤而经过导线单向地流回电源的负极，从而保证管道不受腐蚀，这种方法称为排流保护法，可分为直接排流和极性排流两种方式。

直接排流法就是把管道连接到产生杂散电流的直流电源的负极上。当回流点的电位相当稳定，管道与电源负极的电位差大于管道与土壤间的电位差时，直流排流才是有效的。

当回流点的电位不稳定，其数值与方向经常变化时，就需要采用极性排流法来防止杂散电流的腐蚀。

排流系统设有整流器，保证电流只能沿一个方向流动，以防止产生反向电流。

第四节　燃气管道的安装

一、燃气管道布置与敷设

（一）燃气管道分类

用作燃料的气体就是燃气，它的种类很多，其共同特点就是发热量大，清洁无烟，燃烧温度高，容易点燃和调节。燃气在民用生活和工业生产得以广泛应用，是理想的气体燃料，有些种类的燃气还可作为重要的化工原料。

燃气由多种可燃成分和不可燃成分混合组成。可燃成分通常是指甲烷（CH_4）、氢（H_2）、一氧化碳（CO）、硫化氢（H_2S）和其他碳氢化合物（C_mH_n）等；不可燃成分通常则是指氮气（N_2）、二氧化碳（CO_2）、水蒸气（H_2O）和氧气（O_2）等。

燃气管道按照工作压力的分级可分为低压管道、中压管道、次高压管道、高压管道四类。

第一，低压管道，其工作压力等于或小于 0.005 MPa。

第二，中压管道，其工作压力大于 0.005 MPa，等于或小于 0.15 MPa。

第三，次高压管道，其工作压力大于 0.15 MPa，等于或小于 0.3 MPa。

第四，高压管道，其工作压力大于 0.3 MPa，等于或小于 0.8 MPa。

（二）燃气管网布置形式

根据用气建筑物的分布情况和用气特点,室外燃气管网的布置方式可分为树枝式、双干线式、辐射式、环状式四种形式。

1. 树枝式

此种形式工程造价较低，便于集中控制和管理，但当干线上某处发生故障时，其他用户的供气会受影响。

2. 双干线式

采用双管布置干线,为保证居民或重要用户的基本用气,平时两根干管均投入使用,而当一根干管出现故障需要修理时，另一根干管仍能使用。

3. 辐射式

此种形式适合区域面积不大且用户比较集中时采用。从干管上接出各支管，形成辐射状，由于支管较长而干管较短，因此干管的可靠性增加，其他用户的用气不会因某个支管的故障或修理而受影响。

4. 环状式

环状管网的供气可靠。应尽可能将城市管网或用气点较分散的工矿企业设计成环状式，或逐步形成环状管网。

为便于在初次通入燃气之前排除干管中的空气，或在修理管道之前排除剩余的燃气，以上四种布置形式都设有放散管。

（三）室外燃气管道敷设

室外燃气管道敷设有架空敷设和埋地敷设两种。工厂区内的燃气管道应尽可能采用架空敷设方式，以便于对管道系统的监护和修理。另外，当管径小于 300 mm 时，可采用埋地敷设。

1. 架空敷设

①应在非燃烧体的支柱或栈桥上敷设。

②当建筑物为一、二级耐火等级的丁、戊类生产厂房时，方可沿建筑物的外墙或屋面敷设。

③不应敷设在存放易燃易爆物品的仓库和堆场内。

④不应穿过不使用煤气的建筑物。

⑤应按表 2-3 的规定确定厂区架空煤气管道与建筑物、构筑物和管线的最小水平净距；按表 2-4 的规定确定厂区架空煤气管道与铁路、道路、架空电力线路和其他管道之间的最小交叉净距。

表2-3 厂区架空煤气管道与建筑物、构筑物和管线的最小水平净距

建筑物、构筑物和管线名称	水平净距/m	
	一般情况	困难情况
一、二级耐火等级建筑物，丁、戊类生产厂房 管径大于或等于500 mm 管径小于500 mm	0.5 与管道直径同	
一、二级耐火等级建筑物（不包括丁、戊类生产厂房和有爆炸危险的厂房）	2	
三、四级耐火等级建筑物	3	
有爆炸危险的厂房	5	
铁路（中心）	3.75	
道路	1.5	0.5
煤气管道	0.6	0.3
其他地下管道或地沟	1.5	
熔化金属、熔渣出口及其他火源	10	可适当缩短，但应采取隔热保护措施
电缆管或沟	1	

续表

建筑物、构筑物和管线名称	水平净距/m	
	一般情况	困难情况
架空电力线路外侧边缘	开阔地区	路径受限制地区
3 kV以下	最高杆（塔）高	1.5
3～10 kV		2
35 kV		4
人行道外缘	0.5	
厂区围墙（中心线）	1	

注：1. 当煤气管道与其他建筑物或管道有标高差时，投影至地面的净距就是其水平净距。

2. 安装在煤气管道上的平台、栏杆等任何突出结构，均作为煤气管道的一部分。

3. 架空电力线路与煤气管道的水平距离，应考虑导线的最大风偏情况。

4. 厂区架空煤气管道与地下管、沟的水平净距，是指煤气管道支架基础与地下管道或地沟的外壁之间的距离。

5. 当煤气管道的支架或凸出地面的基础边缘距离路面更近于煤气管道外沿时，应以支架或基础边缘计算其与道路的净距。

表2-4 厂区架空煤气管道与铁路、道路、架空电力线路和其他管道的最小交叉净距

铁路、道路、导线和管道名称	最小交叉净距/m
铁路钢轨面	6
道路路面	5
人行路路面	2.5
氧气管、燃气管、乙炔管	0.25
水管、热力管、不燃气体管	0.1
架空电力线路	
3 kV以下	1.5
3～10 kV	3
35 kV	4

⑥在同一支架上敷设厂区架空煤气管道与其他管道时，其平行敷设的最小水平净距，应符合表2-5的规定。

表2-5 厂区架空煤气管道与其他管道在同一支架上平行敷设的最小水平净距

其他管道直径	煤气管道直径		
	<300	300～600	>600
<300	100	150	150
300～600	150	150	200
>600	150	200	300

⑦在同一支柱或栈桥上敷设厂区架空煤气管道与水管、热力管、不燃气体管和燃油管时，其上下平行敷设的垂直净距不应小于 250 mm。

⑧厂区架空煤气管道与架空电力线路交叉时，煤气管道应敷设在电力线路下面，并应在煤气管道上电力线路两侧设有标明电线危险、禁止沿煤气管道通行的栏杆。栏杆与电力线路外侧边缘的最小水平净距可分为三类：当为 3 kV 以下电压时是 1.5 m；当为 3 ~ 10 kV 电压时是 2 m；当为 35 kV 以上电压时是 4 m。必须让交叉处的煤气管道和栏杆可靠接地，且电阻值不应大于 10Ω。

⑨共架敷设煤气管道与输送腐蚀性介质管道时，上方应为煤气管道；应在煤气管道上对容易漏气、漏油、漏腐蚀性液体的部位采取相应措施。

⑩厂区煤气管道上，每隔 150 ~ 200 m 设置人孔或手孔。在独立检修的管段上，不应少于两个人孔。人孔不应小于 600 mm 的直径，当管道直径小于 600 mm 时，可设手孔，其直径与管径相同。

⑪为方便在管道系统投入使用时，排除空气或空气与煤气的混合物，而在管道检修时，又用于排除剩余的煤气，煤气管道上要设放散管。不可使管网中存在死角，放散管应设在管网的末端及最高处。放散管的管口应高出煤气管道或设备、平台 4 m，距地面不应小于 10 m，厂房内或距厂房 10 m 以内的煤气管道和设备上的放散管管口，应高出厂房 4 m。

⑫煤气管道应采取热膨胀的补偿措施。若自然补偿不能满足要求时，宜采用波纹管膨胀节。

2. 埋地敷设

①管道应敷设在土壤的冰冻线以下，并且当燃气管道埋设在车行道下时，其管顶的覆土厚度不得小于 0.8 m。

②埋设在非车行道下时，其管顶的覆土厚度不得小于 0.6 m；埋设在水田下时，其管顶的覆土厚度不得小于 0.8 m。

③埋地燃气管道的地基宜为原土层，凡可能引起管道不均匀沉降的地段，其地基应进行处理。

④城市煤气管道的安全距离应符合以下要求。

A. 埋地煤气管道与其他管道间的最小平面距离，见表 2-6。

表2-6 埋地煤气管道与其他管道间最小平面距离/m

名称	上水管	排水管	雨水管	热力管		煤气管			氧气乙炔管	压缩空气管	石油管	电力电缆	通信电缆	排水明沟	架空管架基础
				有沟	无沟	低压	中压	高压							
低压煤气管	1	1	1	1	1	—	—	—	1	1.5	1.5	1	1	1.5	1
中压煤气管	1.5	1.5	1.5	1.5	1.5	—	—	—	1.5	1.5	1.5	1	1	1.5	1
高压煤气管	2	2	2	2	2	—	—	—	2	2	2	1	1	1.5	1

注：表中数据不适用于沉陷性大孔土壤地区。

B. 埋地煤气管道与管线建筑交叉的最小净距，见表2-7。

表2-7 埋地煤气管道与管线建筑交叉最小净距

上水管	排水管	雨水管	热力管	煤气管	氧气乙炔管	压缩空气管	石油管	电力电缆	通信电缆	明沟沟底	涵洞基础底	铁路轨面	道路路面
0.15	0.15	0.15	0.25	0.1	0.25	0.25	0.25	0.5	0.5	0.5	0.5	1.2	0.7

C. 埋地煤气管道与建（构）筑物的最小水平距离，见表2-8。

表2-8 埋地煤气管道与建（构）筑物最小水平距离

名称		建筑物基础边	标准铁路轨边	道路路面边	道路边沟边	围墙篱栅边	高压电杆	低压及通信电杆	乔木中心	灌木中心	架空管架基础边
煤气管	低压	2	3.0	1.0	1.0	1.0	2.0	1.5	1.5	1.0	1.0
	中压	3	3.0	1.0	1.0	1.0	2.0	1.5	1.5	1.0	1.0
	高压	4	3.0	1.0	1.0	1.0	2.0	1.5	1.5	1.0	1.0

D. 埋地煤气管道与其他相邻管道及电缆间的最小垂直净距，见表2-9。

表2-9 埋地煤气管道与其他相邻管道及电缆间的最小垂直净距

序号	项目		垂直净距（当有套管时，以套管计）
1	给、排水管		150
2	供热管的管沟底或顶部		150
3	电缆	直埋	600
		在导管内	150
4	通信电缆		1000

E. 埋地煤气管道与其他相邻管道及电缆间的最小水平净距，见表2-10。

表2-10　埋地煤气管道与其他相邻管道及电缆间的最小水平净距

序号	项目	水平净距
1	给、排水管	1000
2	供热管的管沟外壁	1000
3	电力电缆	1000

二、燃气管道安装

（一）车间内部燃气管道安装

第一，在进入车间时，室外燃气管道应做静电接地的，车间内部管道可每隔30 m做一处接地。应保证各做静电接地的管道之间导电良好，电阻值超过0.03Ω的每个螺纹接头或每对法兰之间，应有导线跨接。

第二，车间内部燃气管道的一般安装要求：明装、沿墙、柱架空敷设。燃气管道不得穿越地下室、变配电室、人防工程、存放易燃或易燃物品的库房、在腐蚀性气体、液体或放射性物质超过安全量的工作间或场所、通风道、烟道以及卧室。

第三，水平敷设燃气管道时应具有一定坡度。进户引入管应以0.005的坡度坡向室外管网，燃气表出口管应以0.002 ~ 0.003的坡度坡向灶具或燃烧器，燃气表进口管应以0.002 ~ 0.003的坡度坡向引入管。

第四，对于车间内部发生炉煤气管道的安装，在《发生炉煤气站设计规范》中有规定；如在车间内部安装其他种类的燃气管道，且无相应规范时，则可参考下列规定。

①冷煤气管道在车间进口处应设流量检测装置、压力表接头、阀门、取样管和放散管，其位置易设在车间的墙外，且应有操作平台。

②应架空敷设车间内部煤气管道，架空敷设与设备连接的支管有困难时，可敷设在人不能通过而空气流通的地沟内。除供同一加热炉用的空气管道外，不应与其他管线在同一地沟内敷设。

③不允许车间内部煤气管道穿越的房间、场所同前所述。当不得不穿越不使用煤气的生活间时，必须设套管。

④在建筑物上敷设的煤气管道，不应在与建筑物沉降缝的相交处设固定支架。

（二）室外煤气管道安装

第一，城市煤气管道的室外或庭院管道一般均采用埋地敷设安装。其与建筑物、构筑物及相邻管道之间的最小水平、垂直净距，应满足相关要求；地下煤气管道的敷设坡度一般不得小于0.003。

第二，煤气管道宜采用压制弯头、焊接弯头或煨制弯头。压制、焊接弯管的弯曲半径不得小于管径的 1.5 倍，煨制弯管的弯曲半径不得小于管径的 3.5 倍。

第三，庭院煤气管道应采用闸板阀或球阀，法兰和垫圈应采用平焊钢法兰和橡胶石棉垫圈。

第四，庭院埋地煤气管道应采用钢管，其最小管壁厚度不得小于 3.5 mm。当大、小管径对接或大管分支时，一般同心连接并坡向大管；如不能坡向大管时，应将管底对平连接，管道坡度的低点应装排水口。

第五，埋地煤气管道上的阀门应设在阀门井内，并且应顺气流方向在阀门后面设波形补偿器。阀门井的面积和高度应便于阀门安装、检修和操作。

第六，除阀门等附件处采用法兰或螺纹连接外，埋地管道一律采用焊接连接。

第七，根据土壤腐蚀的性质及管道的重要程度，埋地管道可选择普通防腐层、加强防腐层和特加强防腐层。如无土壤腐蚀性资料或无特殊要求时，一般可采用沥青玻璃布加强防腐层。

（三）煤气调压站管道安装

煤气调压站是工业企业内部将城市煤气管道引入后，通过采取调压、计量和安全保护等一系列措施，使煤气压力降至用户所需的压力，并保持安全稳定运行的设施。

由于各用户接入的煤气种类、工艺参数以及本企业使用煤气的参数及燃具不同，故而调压站的工艺流程也并不相同。

第五节　燃气的信息化系统

一、燃气 GIS 系统的建立必要性与总体目标

（一）建立 GIS 系统的必要性

GIS 系统是一个利用现代计算机图形和数据库技术来输入、存储、编辑、查询、分析、显示和输出地理图形及其属性数据的计算机系统。燃气行业主要承担燃气输配、销售业务等。长期以来对燃气管网设施的管理都是沿用传统的做法——图档管理手工操作。它的弊端是：图档资料不齐全，输配调度缺乏依据；速度慢而烦琐，遇到紧急情况时可能要在一堆堆的图板中寻找，找到的图板也可能由于时间久远内容已经显示不清晰了或失去了其原有的价值。因而无法及时得知准确信息而采取相应的措施，使得设备管理相当困难，管网设计也很难优化。建立燃气管网 GIS 系统则可以克服这些困难，实现燃气管网设施资料管理的电子化和信息化。为燃气的输配调度、图档管理、管网

规划、管网抢修决策、日常运行管理、施工管理以及综合辅助决策等提供现代化处理手段。

（二）GIS 系统总体目标

建立一个实用、先进的 GIS 应用系统，使计算机自动化管理落实到基层业务部门，大大提高业务管理水平和工作效率。将先进的技术管理手段和方法与目前的具体业务工作紧密结合，争取创造一个先进、科学和高效的业务工作模式，在国内同行业的信息化建设中处于领先地位。

1. 电子化图档管理

实现管线设施图档管理全过程电子化运作。使图档查询、属性查询和相关业务统计等项工作图形化、电子化；图档更新便捷、及时。

2. 应急抢修指挥

实现接报（修）、定位、停气决策、影响范围统计及用户通报一体化处理。提高报修响应效率和抢修决策的正确率，将事故造成的损失和对用户的影响降到最低程度。

3. 辅助决策支持

进行燃气输配调度分析，调压监控，为天然气转换工作提供参考信息。在获得相关辅助数据（如人口、居住区规划等）的前提下，进行规划预测分析。

4. 科学的设施管理

根据设施的使用、维修和保养状况进行设施的科学化管理，提出合理的维护、更新措施建议。

5. 全方位信息化管理

逐步替代手工的、图纸化的业务查询、统计报表制作、图形绘制等工作，实现信息管理一体化。通过便捷的 Web 应用方式，大大拓展系统的应用面和覆盖范围。

二、燃气 OAS 系统

（一）燃气 OAS 系统概述

所谓燃气 OAS 系统，即 Office Automatic System，办公自动化系统的简称。

燃气企业传统的办公管理模式是人工记录、人工计算、人工翻账查询的模式，这种全部人工的管理模式在信息高速发展的今天显现了费工、费时、费力、办公效率低、领导不能随时了解经营数据、服务反应速度慢、易出问题等缺点。人工管理模式的这些不足也正是长期导致燃气企业不能提高工作效率、不能扩大效益、降低成本的主要原因。

解决这种不足的有效办法就是实现计算机管理和人工管理的有效结合，也就是发挥计算机处理数据效率高、数据能充分共享、安全保密的特点和人工的灵活多变。将所有的客户信息（包括燃气用户和其他客户的原始信息、变更信息）、工程信息（工程计划、工程进度、工程竣工）、劳资人事信息（员工基本情况、退休员工）、档案文件管理、设备管理、经营计划管理等数据录入到计算机中。数据的查询就可以按各种方式由计算机来完成，避免了人工翻账的麻烦。数据报表的统计计算也可统一完成，降低错误率。更主要的是，所有数据在计算机上可以充分共享，领导可以随时通过计算机直接了解燃气公司经营的数据，以便及时做出经营决策。数据共享的同时对保密数据进行严格的安全限制，进行级别性和业务权限性的共享，避免数据的泄漏。

当前，办公自动化系统已进入到第三代，即以知识管理为核心的办公自动化，其目的是把长期保存下来的信息资源，连同专家、员工积累的实践经验和创新思想进行有效的整理、挖掘、共享和利用，使企业了解自己拥有哪些独特的知识以及如何利用这些知识来进一步发展壮大。

燃气企业内部应用第三代办公自动化软件实现日常办公和协同工作的自动化，使各项工作均处在有效、有序的管理之中，并对各种信息、数据进行积累分析，为各级领导的决策提供有效的支持。办公自动化系统就是要创造一个集成的办公环境，使所有办公人员都在一个同样的桌面环境下一起协同办公。

（二）OAS 系统设计原则

企业信息化建设的目的是使公司各部门的计算机实现网络互通和资源共享，公司领导及各专业主管部门可以根据各自不同的权限，调用相应的资料，提高工作效率，最终提高经济效益。

系统设计致力于建立一个综合性管理信息系统平台。将应用系统、数据库、信息文件和应用软件工具产生的结果扩展到以 Web 为中心的环境中，实现了公司信息系统易用性、智能化和集成性的基础性工作。在这一基础上，使得用户都能够方便地组织、发布、浏览信息，可以实现公司与下属单位，公司和上级单位，公司内部的信息传递和信息共享的需求。可以方便灵活地实现和拓展子系统功能，从分布结构上，整个系统可以方便灵活地构建以组织结构划分或以业务结构划分的信息子系统。不同的系统之间可以根据管理业务的需求发布信息。信息平台是公司内部的主页，可以进行信息的发布、浏览、方便地定义公用和专用工作桌面，为公司未来的无纸化办公，提供一个良好的信息浏览平台，为进一步提高企业水平提供一个良好的工具。

（三）企业办公自动化系统的结构

1. 系统结构

办公自动化系统是对公司的日常文件收发、安全技术、资金预算、工程信息、劳资人事、设备使用等方面进行计算机管理，同时对数据在网络上进行有级别的共享。

2. 收发文管理子系统

收发文管理子系统是利用网络对文件的上传、下达进行管理，主要功能如下。

（1）发文管理

利用计算机网络帮助部门向其他同级、上级或下级发送或回复文件和相应的附加信息。发送的文件可以分类，包括通知类、请求审批类、命令执行类、审批意见类和其他类。发送文件的同时可以标记在对方收到文件后系统自动通知发送人员。在系统启动时如果有新的文件发送过来，系统自动提示查看文件。

（2）接收文件管理

利用计算机网络接收其他部门发送过来的文件及相应信息；在文件接收时可以根据情况查看新近收到的没有看过的文件、查看过去已经看过的文件、查看曾经发送过的文件；对每个文件可以直接查看其内容或下载，也可以直接回复对方。

3. 安全技术管理子系统

安全技术管理子系统主要是进行操作员工管理和防火档案管理、驾驶员及车辆管理等。

（1）操作员工管理

对公司内各种特殊的操作工及其所进行的培训进行管理，并对到期需要进行考核的操作工进行自动提示。

（2）防火档案管理

对企业内的各个单位的防火情况、事故记录进行备案，同时提供查询和统计汇总。

（3）驾驶员及车辆管理

可以对企业的驾驶员和车辆的基本情况建立数据库，对数据库中的数据进行各种查询和统计，并自动提示进行驾驶员和车辆年检。

4. 资金预算子系统

资金预算子系统主要对各个部门的费用预算、费用开支等进行管理。

（1）预算初始化

在年初对该年度的每项预算费用初始化。

（2）费用支出

在各个部门到财务部门提款时，财务部门根据该部门所剩预算余额支出资金。

（3）费用查询

帮助主管领导查询某段时间内各个部门资金使用情况和预算余额。

（4）预算提升

用于主管领导根据部门情况增加其预算资金。

5. 档案管理子系统

档案管理子系统主要对企业的档案进行归类、查询和浏览。

（1）案卷盒管理

对档案盒种类、分类及卷宗的类别进行管理。

（2）档案文件管理

对每个具体的档案文件进行归档、查询、浏览。

（3）档案利用管理

对每个档案文件的借阅情况进行登记、查询。

6. 工程管理子系统

工程管理对工程进行前期的及动态的管理，查询、统计相关数据。

（1）添加工程信息

将接到的工程信息的基本情况输入到系统中。

（2）工程进度跟踪

对从工程接受到工程移交的整个过程进行跟踪，使相关人员了解每项工程的当前状态。

（3）工程查询

根据提供的一个或多个信息查询相应的工程情况。

（4）报表生成

打印满足相应条件的工程情况报表。

7. 劳资人事管理子系统

劳资人事管理子系统对企业及其下属机构的全体职工以及退休人员人事档案资料进行管理。

（1）基本数据录入

输入工种岗位等基本信息，这些数据是其他数据录入的基础。

（2）职工基本情况录入

录入职工档案信息。

（3）退休制度管理

对退休、内退规定的管理。

（4）职工查询

对全体在职职工根据姓名、性别、年龄段、学历、工龄、收入水平等条件进行查询，对全体退休职工根据姓名、性别、年龄段等条件进行查询，查询当前日期已达到内退及退休标准的职工。

（5）工资管理

包括员工工资的计算、发放、查询、报表统计等。

（6）机构管理

根据部门信息、岗位信息以及职工信息列出分层次结构的机构示意图。

8. 经营计划管理子系统

经营计划管理子系统对企业内部的费用、业务、财务、劳资、经济指标的计划以及完成情况进行统计管理。

（1）业务指标

业务指标的录入及相关报表。

（2）财务指标

财务指标的录入及相关报表。

（3）劳资指标

劳资指标的录入及相关报表。

（4）经济指标

经济指标的录入及相关报表。

（5）大修工程

大修工程的录入及查询。

9. 设备管理子系统

设备管理子系统主要对设备的自然情况、使用情况、维修情况进行管理，主要功能如下。

（1）信息输入

录入设备的自然情况、使用情况和维修情况。

（2）设备查询

可以按设备类型、设备名称、管理部门、时间查询设备的自然情况、使用情况和维修情况。

（3）维修报警

按设备维修日期、期限等情况对需要维修的设备，提示相应管理部门或人员进行维修。

（4）数据报表

根据设备情况按月、年生成设备维护情况表、设备明细表等报表。

（四）OAS 系统特点

1. 业务的实用性

该系统是针对企业的业务流程和工作特点进行设计开发的，适合在企业应用。系统允许用户建立部门办公子系统，各部门的数据在系统中均彼此独立、互不干扰。由于各个企业具有自身的特点、特有的业务，可以针对不同的要求进行具体的设计和开发，形成适合该企业的办公自动化系统。

2. 技术的先进性

应选择应用软件丰富并且符合发展潮流的计算机系统，操作系统应支持 TCP/IP 等各种标准网络协议，支持多厂家产品互连，能实现异种机、异种网之间的相互通信和资源共享。

3. 系统的可扩展性

一个系统是否开放关系到该系统是否具有生命力。当今技术的发展日新月异，用户的需求不断变化。为适应这种变化，系统具有良好的开放性，采用开放的接口技术，建立开放的软件结构体系，允许其他系统动态地连入与解出。

4. 系统的稳定性和安全性

该系统具备系统容错、用户权限设置、抗干扰、抗故障等功能以及具有高度的可靠性，从技术手段上保证系统稳定运行。系统定期将所有数据进行备份，可以保证数据安全。系统在安全性上提供了不同的操作权限，首先根据不同的业务划分了不同权限，业务员不能修改和查询与自己不相关的业务数据；另外根据级别进行不同的权限设置，任何人不能进行越级操作和数据查询。

5. 系统的健壮性

在系统的长期运行中，软件的维护是不可避免的，也是在软件整个生命周期中花费大量人力的一项工作。我们开发的企业办公自动化系统采用非常严格的版本控制，并提供相应的系统资料，从而确保系统的健壮性和长期可维护性。系统客户端版本升级可以进行智能升级，就是只要对系统的服务器进行版本升级，各个客户端系统会自动检测到新的版本，并自动更新为新的版本。

6. 文件接口的通用性

系统与 Office 软件建立了良好的接口，可以将所有的数据报表输出到 Excel 文件中，也可以对 Word 文件进行直接的操作，就像自己设计的文件一样。

第三章　油气管道SCADA系统软件关键技术

第一节　基础平台关键技术

一、集成服务总线技术

为了更好、更方便地满足油气管道 SCADA 系统软件业务通信、服务的灵活部署和即插即用的需要，屏蔽实现数据交换所需的底层通信技术、应用处理的具体方法和服务分布等物理信息，减少开发油气管道 SCADA 系统软件的业务通信的工作量，使开发者更快更好地开发出 SCADA 系统网络应用程序，将更多的精力集中于主要的业务逻辑的开发。

该技术提出了两种服务模型框架：请求 / 应答模型和订阅 / 发布模型。并以原语的形式为应用提供服务的注册、发布、请求、订阅、确认、响应等信息交互机制。该技术作为油气管道 SCADA 系统软件基础平台的一个重要模块，它将运行在各个服务器节点上。

（一）集成服务总线技术内容概述

支持实时通信的集成服务总线技术的目标是构建面向服务（SOA）的系统结构，屏蔽服务实现、分布的细节信息，实现服务的灵活部署和服务的即插即用，满足系统对可扩展性、伸缩性的要求。该技术主要用于存在事务性的交互场合，服务端和客户端都明确知道对方的存在，服务与服务之间互相不影响，不存在单一服务出现问题时，对系统其他服务造成影响。

（二）集成服务总线技术主要功能设计

1.服务管理中心功能设计

服务管理中心从逻辑上分为注册请求处理、定位请求处理、服务信息缓存三部分功能。

注册请求处理用于对服务进程的注册事件进行处理并登记，所有服务信息以服务列表的方式存储，注册请求处理同时处理服务状态的更新。注册请求处理对服务提供统一的服务注册接口，服务使用该接口实现服务信息的注册。

定位请求处理用于处理服务访问程序的定位请求，从服务列表中查询服务的位置信息，然后按照定位策略返回其中一个节点信息，用于服务访问程序使用。定位请求处理对服务访问程序提供统一的服务定位接口，服务使用该接口实现服务信息的定位。

缓存信息处理用于把服务列表中所有的活跃服务进行缓存，用于服务的监视和分析。缓存信息处理提供工具查看缓存信息可用于对注册的服务进行浏览，同时可用于对服务进行分析。

2. 集成服务总线服务端功能设计

集成服务总线服务端用于支持基于服务总线框架实现网络服务程序，封装了网络编程和多线程等功能，提高了网络应用程序的开发效率。集成服务总线服务端分为服务分发（请求/响应服务端）和订阅结果发布（订阅/发布服务端）两种功能。

服务分发用于应用程序基于集成服务总线框架开发请求/响应类服务端，完成网络服务程序的开发。屏蔽了网络编程和多线程等计算机技术细节，应用程序开发者只需要关心业务应用逻辑即可。服务分发采用拉数据的方式，即每次获取一个请求，返回响应结果。

订阅结果发布用于应用程序基于集成服务总线框架开发订阅/发布类服务端，屏蔽了网络编程和多线程等计算机技术细节，应用程序开发者只需注册要发布的类型，然后定期或者触发方式发布结果即可。订阅结果发布采用推数据的方式，即每次获取一个订阅请求，服务端定期回送数据，直到客户端退订或者退出为止。

3. 集成服务总线客户端功能设计

集成服务总线客户端用于支持应用程序基于集成服务总线框架实现网络服务访问程序，封装了网络编程和多线程等功能，提高了网络服务访问应用程序的开发效率。集成服务总线客户端分为同步请求、异步请求和订阅请求三个部分功能。

同步请求用于应用程序基于集成服务总线框架开发请求/响应类客户端，屏蔽了网络编程和多线程等计算机技术细节，应用程序开发者只需要关心要访问的服务信息和请求、相应内容即可。同步请求采用阻塞等待的方式，即每次发送一个请求，就阻塞等待服务端的一次响应结果。

异步请求用于应用程序基于集成服务总线框架开发请求/响应类客户端，屏蔽了网络编程和多线程等计算机技术细节，应用程序开发者只需要关心要访问的服务信息和请求、相应内容即可。异步请求采用非阻塞等待的方式，即每次发送一个请求，然后调用结果测试函数等待结果的返回。

订阅请求用于应用程序基于集成服务总线框架开发订阅/发布类客户端。屏蔽了网络编程和多线程等计算机技术细节，应用程序开发者只需要关心要访问的服务信息和结果处理函数即可。订阅请求首先发送订阅请求，然后创建线程进行结果处理，每收到一个回送来的结果，就调用回调函数执行数据处理。如果请求订阅时间超时或者发生其他网络错误时，则试图重新建立连接，并从上次请求订阅队列中的未完成任务依次重新发送订阅请求。

（三）集成服务总线主要技术

1. 集成服务总线负载均衡技术

负载均衡是由多台服务器以对称的方式组成一个服务器集合，每台服务器都具有等价的地位，都可以单独对外提供服务而无须其他服务器的辅助。通过某种负载分担技术，将外部发送来的请求均匀分配到对称结构中的某一台服务器上，而接收到请求的服务器独立地回应客户的请求。均衡负载能够平均分配客户请求到服务器列阵，借此快速获取重要数据，解决大量并发访问服务问题。

支持实时通信的集成服务总线负载均衡的策略是根据服务的连接数和访问数信息，首先选择一个连接数最少的节点返回，如果连接数相同，则选择一个访问数最少的节点返回。

其实现逻辑如下。

①读取定位请求的报文，解析其中的态名、应用名、服务名、负载均衡等信息。

②判断均衡标志，如果在主备策略方式，则根据态名、应用名寻找请求应用的主机节点，如果主机不存在，则直接返回出错信息。如果存在主机，则判断主机节点是否在服务的列表中，如果存在，则返回该节点，如果不存在，则返回出错信息。

③如果为负载均衡策略，则根据服务的连接数信息选择一个连接数最少的节点返回。

2. 基于线程私有数据的一键多值技术

线程私有数据采用了一种被称为一键多值的技术，即一个键对应多个数值。访问数据时都是通过键值来访问，好像是对一个变量进行访问，其实是在访问不同的数据。使用线程私有数据时，首先要为每个线程数据创建一个相关联的键。在各个线程内部，都使用这个公用的键来指代线程数据，但是在不同的线程中，这个键代表的数据是不同的。

在集成服务总线单次请求多次响应模型中，当访问服务时需要对客户的访问创建线程,在线程中采用一键多值的技术记录客户端的信息链路信息，当再次对服务响应时，就根据键值得到客户的链路信息，减少了服务响应的时间。

3. 非阻塞的 I/O 复用技术

对于套接口缺省的是阻塞的，当发出一个不能立即完成的套接口调用时，其进程将被投入睡眠，等待相应的操作完成。阻塞的套接口例如 read、write、connect 等。在服务器开发中，并发的请求处理是个大问题，阻塞式的函数会导致资源浪费和时间延迟。为了充分利用系统资源，执行代码无须阻塞等待某种操作完成，有限的资源可以用于其他的任务。开发人员可以提高资源的利用率，性能也会改善。

select 系统调用是用来让我们的程序监视多个文件描述符（file descriptor）的状态变化的。程序会停在 select 这里等待，直到被监视的文件描述符有某一个或多个发生了状态改变。select 的机制中提供 fd_set 的数据结构，实际上是一个 long 类型的数组，每一个数组元素都能与一个打开的文件描述符（不管是 socket 描述符，还是其他文件或命名管道或设备描述符）建立联系，建立联系的工作由程序员完成。当调用 select 时，由内核根据 IO 状态修改 fd_set 的内容，由此来通知执行了 select 的进程哪一个 socket 或文件可读可写。

二、系统管理技术

（一）系统管理技术内容概述

系统管理功能通过提供一整套的平台管理软件，实现对整个系统中设备、应用功能等的分布式管理，协助各应用的功能实现，达到统一管理和协同工作的目的，而不需要各应用自行实现各自一套的管理机制，方便运行维护人员对系统运行的监控和管理。

系统管理功能包括节点及应用管理、进程管理、定时任务管理等，并提供各类维护工具以维护系统的完整性和可用性，提高系统运行效率。

（二）系统管理技术主要功能设计

1. 节点及应用管理

节点及应用管理是对系统内各节点及应用的运行状态进行实时监控和统一管理的模块。节点及应用管理模块实时监控各个节点上所有应用的运行状态，并根据各节点上应用的当前运行状态以及优先级等信息，结合应用状态管理算法来保障各个应用的正常运行，从而保障整个系统的正常运行。节点及应用管理模块主要实现了系统启动和停止、应用状态管理和切换、各个节点间信息同步等功能，并提供节点及应用管理的相关工具和对外接口。

2. 进程管理

进程管理的主要功能是管理和监视应用系统中的进程的运行情况，保证整个系统的正常运行，在必要的时候重新启动进程，并实时向系统报告进程运行的状态，使系统可以正确地判断当前应用的运行状态。进程管理提供一组应用开发接口，完成进程注册、进程状态报告、进程退出等功能，使应用进程很方便地纳入系统管理。

3. 定时任务管理

定时任务管理是提供一套类似于系统 crontab 的周期性管理，主要包括任务解析、任务触发执行，从而满足油气管道 SCADA 系统软件中某些需要周期性执行业务的功能。定时任务管理模块应完成定时任务的触发，在满足所设定的条件的时候，在指定的应用（节点）下执行设定的任务。在数据库中配置一张任务管理表，将所有的任务放在任务管理表中。通过人机界面来实现任务的配置或者展示任务的执行情况。

三、实时数据库技术

目前，采用商业关系型数据库已成为工业界数据库应用的潮流。但是，在当前的环境下，直接使用商业关系型数据库还不能满足油气管道 SCADA 系统的快速响应性要求。为了既保证数据访问、数据处理的实时响应性，又能满足对外部系统接口的标准性和开放性，将系统中的数据库系统设计成由两部分组成，其中一部分是目前国际上流行的、商用化的、支持 ANSI-SQL 访问的关系数据库如 ORACLE 等，主要用来支持数据模式建立、数据存储、报表系统以及对外部系统的数据库接口。另一部分是按照面向对象的思想和技术自行开发的常驻内存数据库（也称实时数据库），用来支持数据的快速访问和处理以及面向对象的模式存储和访问。两部分之间的协调、数据同步和并发访问管理由实时数据库管理系统进行，数据库访问安全、可靠、快速，较好地解决了分布式系统中的数据库系统的开放性、实时性、数据的安全性和一致性问题。

（一）实时数据库技术内容概述

基于管道对象模型的实时数据库提供高效的实时数据存取机制，用于实现油气管道 SCADA 系统的监视、控制和分析。油气管道 SCADA 系统中对实时性有较高要求的应用都需要构筑在实时库之上，同时实时库也是应用和平台之间、应用和应用之间数据交互的基础。

基于管道对象模型的实时数据库技术采用磁盘文件映射（Mmap）的共享内存管理机制实现，按照态、应用、表三级映射的机制进行映射，并支持多态、多应用。实时数据库实体的存储结构适用于实时数据库管理库和所有用户实时数据库，将实时数据库实体文件镜像到共享内存，返回映射文件的首地址，即数据库存储结构的首地址，之后即可对其中的数据进行操作。并且该技术在支持多进程、多线程并发访问的同时，可以保证访问的效率不受影响。

（二）实时数据库技术主要功能设计

1. 实时数据库基本服务功能

提供一套对实时数据库操作的基本服务接口函数，这些基本服务接口包括对实时数据库的读取、插入、更新、删除，状态设置等，接口采用磁盘文件映射的内存管理机制实现。

实时数据库基本服务提供按照关键字、逻辑号、物理号、long型关键字访问和操作实时数据库。实时数据库存储结构包括数据字典管理、数据索引、实时数据存储总共三个部分。

2. 实时数据库管理功能

实时数据库管理功能主要完成实时数据库的同步和实时数据库系统管理工作。

可借助关系数据库生成实时数据库，并将对应的数据记录从关系库同步到实时库中。在实时库运行的过程中，可以通过相关功能命令查看实时数据库的状态及数据的正确性。

实时数据库管理的重要算法是共享内存文件的创建。根据关系库中实时数据库的模式定义确定实时数据库的库信息、表信息、索引信息、表数据文件等内容；计算需要映射的共享内存文件大小，并按照大小要求创建共享内存文件；按照相应的位置填写管理数据信息，完成共享内存文件的创建。

3. 实时数据库维护功能

实时数据库的维护包括库模式维护、表模式维护、属性模式维护、模式校验，模式信息全部放在关系数据库中。

实时数据库模式（schema）是实时数据库安装所依据的一个模板，它存在于关系数据库中，实时数据库的模式包括：表的细节信息、属性的细节信息、掩码属性的细节信息。

实时数据库模式维护的主要功能包括实时数据库模式的创建、输入、修改、删除、校验等功能。

在关系数据库中创建模式库，创建相应的数据字典表，包括：表的细节信息，属性的细节信息，关系的细节信息，屏蔽码的细节信息，并检验模式的名称是否规范，是否重复及一些相关内容的检查。

（三）实时数据库主要技术设计

1.MMAP 技术介绍

Mmap 技术的本质是将一个文件或者其他对象映射进内存，进程可以像读写内存一样对普通文件进行操作。Mmap 技术使得进程之间通过映射同一个普通文件实现共享内存。普通文件被映射到进程地址空间后，进程可以像访问普通内存一样对文件进行访问。

2. 基于 MMAP 技术的对象模型实现

基于管道对象模型的实时数据库的映射文件包括 DATABASE 映射文件，数据库主体映射文件和实时数据库表映射文件。其中 DATABASE 映射文件记录本地节点已安装的所有实时数据库，并给每个已安装的实时库分配一个序列号。实时数据库主体映射文件包括所有表的信息，而表映射文件的存储结构包括数据字典管理、数据索引、实时数据存储总共三个部分。

3. 基于信号灯技术的互斥锁实现

SYSTEM V 的信号灯为进程间通信的一种方式，主要用于同步或者互斥对共享资源的访问。实时数据库的互斥访问以 SYSTEM V 的信号灯技术为基础，保证每个库的每张表在被访问时，都有一个锁来保护表中的临界资源。

SYSTEM V 的信号灯通过 key 值标示一个信号灯集合，每个集合有 25 个信号灯（操作系统设定），每个信号灯对应实时数据库中的一个表级锁或者一个库级锁。库级锁保护实时数据库主体映射文件中的临界资源，表级锁不仅保护表中的实时数据，还要保护数据索引和数据字典部分的互斥访问。

四、历史数据库技术

历史数据库负责存储油气管道 SCADA 系统的静态数据、历史事件和系统日志等，对海量历史数据进行管理和查询时间序列历史数据。

（一）历史数据库技术内容概述

历史数据库负责存储油气管道 SCADA 系统的静态数据，包括处理后的实时数据、统计数据、报警信息、控制信息、模型数据等。针对这些大量数据，根据数据的不同类型，研究动态阈值压缩、旋转门压缩、周期归档的混合数据压缩技术，对模拟量、开关量等 VQT 数据进行过滤压缩；根据历史数据应用场景不同提供多级存储策略，采用数据泵（expdp）周期性地将数据从历史数据库中迁移出去。同时通过前闭后开时间区间查询单点或多点的原始数据、聚合数据，在原始数据查询基础上利用直线插值算法和阶跃等插值算法完成插值查询。

（二）历史数据库技术主要功能设计

1. 历史库管理

历史库管理实现历史数据存储和归档功能，通过研究分区存储机制和多级存储策略解决海量历史数据存储问题。

油气管道采集点数多，数据采集频率高，数据量大，导致数据库存储的数据量大，致使数据库系统性能降低，严重影响数据维护及查询的效率。为了解决这些问题，历史库管理提供多级存储策略及数据分区存储机制。

多级存储策略是将历史数据根据应用情景不同，分割成多个部分，每个部分完全独立，各自维护。通过研究分析采用二级存储策略，一级存储利用商务库存储近期、活跃的数据，二级存储利用磁盘文件存储时间久远、活跃度低的数据。这样的存储策略降低数据库中数据的存储量，从而提高数据库系统性能，提高了数据维护的效率。使用多级存储策略需使用数据泵将数据从商务库中导出。数据泵是多CPU并行处理机制，相比较原来导出技术（exp），数据泵可高效导出数据库文件，且数据文件较小。分区存储机制是将大量历史数据（同一个表），分开存储到不同物理区域中，每个分区维护各自的本地索引，查询时可以根据索引进行分区范围扫描，可以对单个分区进行备份、截断、归档或者清除过期数据。使用分区策略提高了数据维护与查询的效率。

2. 历史数据处理

历史数据处理主要实现历史数据的压缩过滤、周期保存以及对历史数据的分析和统计功能。

油气管道采集点数多，数据采集频率高，但数据变化率低，如温度、压力等。针对以上采集特点会产生海量数据，且会出现大量重复数据或变化幅度小的数据。这些数据量大，大量占用数据库存储空间，影响数据库系统性能，针对这些数据的缓变特点，采用旋转门压缩技术和动态阈值压缩技术，进行混合数据压缩，可显著提高数据库系统性能。

旋转门压缩算法的基本原理是：通过构造平行四边形的方式在待压缩数据中寻找关键数据点，关键数据点可以代表数据流的运动趋势，将待压缩数据中的非关键数据点丢弃，保存关键数据点，以达到数据压缩的目的。阈值压缩算法的数据压缩原理：将获取的当前数据与前一个数据相比较，如果两个数据的差值在预设的阈值范围内则压缩该数据，否则存储该数据。利用混合数据压缩可以保证数据存储的高效性、监控数据的安全性以及数据查询的高效性。

历史数据分析统计是当接收到管道的各个采样点的遥测数据后，按照每个采样点的统计类型分别将采样点数据的最大值、最小值、平均值等多种算法的统计值更新到历史库采样表中。为油气管道SCADA系统产生日报、月报、季报和年报等统计分析报表数据。

3.历史数据查询

历史数据查询实现时间序列数据访问功能，服务组件时间序列数据访问包括原始值查询、插值查询、聚合查询等功能；可以通过离散的采样点近似得到在连续时间域内任何一个时刻的数据值或者一段时间范围内的统计量和计算量。

数据是油气管道 SCADA 系统中最重要的一部分，通过数据可监视生产线的实时运行状态及历史运行状态，所以提供历史数据原始值查询功能，提供了聚合查询功能，可更直观地观测数据的统计信息。由于数据是压缩存储，提供了插值查询功能，可以还原压缩掉数据。

历史查询提供多种历史数据查询方式，原始值查询展示采集的原始数据；聚合查询展示数据经过统计计算后的统计值，可通过人机界面直观了解到时间段内的最大值、最小值、平均值及发生时间等信息；插值查询通过连续时间域上原始值的变化趋势计算出模拟值，展示出更多的数据，通过人机界面更清晰地观测数据变化趋势。其中插值查询采用直线插值和阶跃插值两种算法进行插值。阶跃插值适合还原阈值压缩的数据，直线插值适合还原旋转门压缩的数据。

五、基于角色的多区域权限访问控制技术

随着油气管道调度系统中数据采集与监视控制（SCADA）系统的发展，特别是近几年调控一体的趋势越来越明显，管理的对象越来越复杂，对基于责任区分流技术的需求不断增加。调度人员需要根据生产和管理的不同要求，划分相应的调度责任区，在不同的责任区内分配不同的权限。

在 SCADA 系统中，主要的安全隐患存在于非法用户的访问和合法用户的误操作，为了防止非法用户访问和合法用户对系统资源的非法使用，一种基于角色的多区域访问控制（MA-RBAC）技术，为 SCADA 系统提供一套完善访问控制功能的安全机制来控制对系统资源的访问，模型引入了责任区的概念，针对所需的角色选取对应的责任区,再而确定角色在责任区内的操作权限,能够解决无法按照区域进行权限划分的问题，满足油气管道调度管理的需求。

（一）基于角色的多区域权限访问控制技术内容概述

在 SCADA 系统中，管理人员所属责任区、岗位、职责各不相同。因此为了能够符合系统需求，设计了 MA-RBAC 模型。相比于基于角色的访问控制（RBAC）模型中只有一种权限类型，在 MA-RBAC 模型中可以把用户的权限划分为两种权限：区域权限和公共服务权限。用户所拥有的权限中，既包括公共服务权限，又包括区域权限，

同时具备两种属性。

基于多区域角色的访问控制模型（MA-RBAC），用户是 MA-RBAC 模型中权限控制的最终体现者，角色可以被"授予"某个用户，一个用户可以被授予一个或者多个角色，在每一个角色中包含若干个可以实现的功能，功能是权限管理中最小的权限单位，用于实现一种单一的控制操作，比如挂牌功能、遥控功能等。

与此同时，为了更好地处理管理人员所属区域、岗位不同所可能造成的非法访问和误操作，在 MA-RBAC 模型中引入了责任区的概念，责任区根据需求指定划分，并与角色相关联，针对角色选取对应到责任区，从而根据角色责任区读取角色在责任区内的操作权限，角色中的权限就被划分成公共服务权限与责任区权限两部分。公共服务权限有例如登录、打开浏览器、查看功能等，责任区权限则包含了管理人员在具体厂站或线路的操作权限。

MA-RBAC 模型中引入区域与公共权限相互分离的理念，把权限管理任务基于责任区进行了分流，满足油气管道 SCADA 系统调度生产运行的需求，但由于权限分离，在提高系统功能和稳定性的同时，也相对提高了系统的复杂程度。

对于油气管道 SCADA 系统软件，我们通过实际需要将设备划分到不同的责任区内，使设备的测点实时信息按照不同的责任区分流；同时将责任区关联至 SCADA 系统由用户管辖，当调度员使用系统用户账号登录后，调度员只能对责任区内的画面、设备进行操作，而且根据权限设置进行有选择的操作，做到业务信息与调度员操作分区分流，避免了非法用户和跨管辖范围的误操作，提高了系统的安全性能。

（二）基于角色的多区域权限访问控制技术主要功能设计

MA-RBAC 模型的数据层次结构分为功能、角色、用户、组和责任区五类，权限数据库中对应建立了组表、用户基本信息表、角色表、用户与角色的关联表、责任区表以及角色与责任区的关联表等，其中责任区表的具体内容由实际用户来填写和维护。

其中组表用于记录各组别的基本信息；用户表用于记录用户的基本信息和所属组别信息，每个用户可以包含一个或者多个角色；角色表用于记录用户中包含的角色信息，相应的角色中包含相应的权限；责任区表用于记录根据需求所划分的责任区信息；权限表包含了用于实现的具体操作信息。角色和责任区通过角色—责任区表来进行关联，角色—责任区关联表中存放了两表的关联信息；责任区和权限通过责任区—权限表进行关联，由此可以得到此角色的责任区权限；角色和权限通过角色—权限表来进行关联，角色—权限表中存放了角色和其公共服务权限的关联信息，由此可以得到此角色的公共服务权限。

（三）MA-RBAC 系统工程实现设计

1.MA-RBAC 系统的结构

为了能够提供快捷、高效和准确的权限服务功能，MA-RBAC 系统的数据库采取了利用实时库来完成数据的访问功能，不缓存任何与权限相关的数据，而是在每次接收到客户端的请求时，通过实时库接口读取权限相关的数据表，这样就保证了权限定义的修改能够立刻生效，从而保证了客户端得到的权限信息的准确性，降低安全隐患。

整个 MA-RBAC 系统包括权限服务、权限管理、权限访问这三个模块。

2.MA-RBAC 系统的具体实现

权限管理模块的作用是让维护人员能够对权限模型的数据进行维护。在本系统中为了能让用户、工程人员图形化地浏览和维护 MA-RBAC 系统中的数据，提供给用户添加、删除、更改、查询等访问手段，提高权限实时库数据的可读性，建立了权限维护界面，从而能够对实时数据库中的数据操作进行界面操作，防止操作失当引起数据的混乱。具体功能如下。

①用户管理，包括用户的增加、删除、修改，用户与角色的关联。

②角色管理，包括角色的增加、删除、修改，角色的权限定义，角色与责任区的关联，角色在责任区内的权限定义。

③权限管理，包括权限的定义，预留 32 种权限的定义，用户可对每个权限的具体含义进行定义。

权限服务模块的作用为根据客户端的权限查询请求，将权限对外提供的各个功能，包括用户身份认证、用户权限控制、会话信息管理等通过访问数据库查询结果后做出响应。

权限访问模块的作用为通过已经预定义的协议，利用已封装好的支持跨平台的接口，各节点和人机可以准确、快速地发送接收报文，使得整个系统能以一个统一的通用的方式进行数据交互，便于应用开发。

六、大规模实时数据管理技术

（一）大规模实时数据管理技术内容概述

油气管道 SCADA 系统采集的管道监控数据有采集点多、采样频率高等特点，每天入库的数据达数亿条。对于海量数据的存储采用实时数据库和历史数据库相结合的管理模式已成为业界的主流。

实时数据访问速度，是 SCADA 系统的核心性能之一，也是制约 SCADA 系统规模的关键指标。目前主流实时数据库存在的一个普遍问题是，当某张表中的数据大于几十万条，并且该表的关键字类型为字符串类型时，这时的插入效率就会非常地慢，速度基本维持在 300 条 / 秒。油气管道 SCADA 系统采用高效的实时索引技术及关键字设置解决实时库的访问速度。另外，海量的历史数据给关系数据库的处理、查询、管理等带来了很大的挑战。为应对海量数据对历史库产生的压力、提高高性能大数据管理水平，SCADA 系统采用了一系列先进的技术和方法。针对海量的采集数据 SCADA 系统采用线程池技术及双队列缓存机制保证海量数据存储的高效性、安全性，通过混合数据压缩技术减少存储的数据量；为提高历史数据的安全性、可维护性系统采用了多级数据存储策略；系统实现的基于本地索引技术的按管道分表策略可以减少查询相应时间、提高数据表的并发访问性。

（二）大规模实时数据管理关键技术

1. 多级数据存储策略

油气管道 SCADA 系统采用的多级数据存储策略主要通过实时数据库、历史数据库、磁盘文件库三级存储体系对压缩和统计的采样数据进行存储。将高频率访问的数据暂存于实时数据库，近期压缩和统计数据存储到历史数据库，将远期的访问频率低的数据存储到磁盘文件库。通过多级立体式存储解决了爆发式数据存储问题、极大地缓解了历史数据库的压力，确保了历史数据的安全性，保证系统的稳定运行。

2. 实时库索引技术

目前可以实施的提高实时库访问效率的方式有两种：一是将关键字的类型设置为基本类型；二是采用更高效的索引技术，保证即使关键字的类型为字符串，也能满足最基本的效率要求。

当将关键字的类型设置位基本类型后，插入数据的效率有着大幅度的提升，基本上效率维持在上万条 / 秒。但是，要解决该问题，不可能把所有的关键字都设置为基本类型，因为在油气管道 SCADA 系统实时数据库中，由于业务的需求，一些表的关键字是必须设置为字符串类型的。这时，就需要研究一种高效的索引技术，即使关键字的数据类型是字符串，仍然能够保证插入的高效率。

（1）Hash 表

所谓的桶其实就是指 Hash 表。Hash 表定义了一种将不同长度的关键字（通常为字符串）转换为固定长度的数值或索引值（通常为整型值）的方法，称为散列法，也叫哈希法。该方法可以很好地避免因为数据类型为字符串而造成的对关键字值比较效率的影响。

桶的时间复杂度：如果使用桶这种数据结构作为索引，那么它的插入、删除，以及查找效率是非常快的。

桶所占用的内存空间：对于任意属性的索引结构，建立该索引所需要的空间大致有两部分：一是 Hash 表所占用的内存空间，大小为表的最大记录数；二是为解决冲突所开辟的内存空间，大小最好也是表的最大记录数。

（2）红黑树

红黑树是一种自平衡二叉查找树，是在计算机科学中用到的一种数据结构，典型的用途是实现关联数组。

红黑树的时间复杂度：对于一棵含 n 个节点红黑树，执行查找、插入、删除的时间复杂度与树的高度成正比。因为红黑树是自动平衡的，所以不会出现某一棵子树的分支为线性链。

红黑树所占用的内存空间：对于任意属性的索引结构，建立该索引所需要的空间大致有两部分：一是红黑树的节点所占用的内存空间，大小为表的最大记录数；二是为解决不唯一属性所开辟的内存空间，大小也是表的最大记录数。

3. 线程池技术及双队列缓存机制

油气管道 SCADA 系统采用的线程池技术可以最大程度地提高数据库存储的并发性。当数据采集的数据量非常大时，系统可以从线程池中获取多个空闲线程并发进行数据存储，当采集数据量减少使系统可以减少存储的线程数据数目以降低系统资源的消耗。双队列缓存机制用于保证数据的安全性，其包括实时队列和文件队列。队列可以存储由于海量数据采集中未及时存入历史库的数据。双队列缓存机制还用于故障数据恢复，当某一时刻历史数据库出现故障时，前置采集的历史数据会自动存储到缓存队列中，直到历史数据库恢复后可以再存入数据库。

4. 基于本地索引技术的管道分表策略

为了进一步降低历史数据的查询时间，提出了一种新的基于本地索引技术的管道分表策略。该策略以采样点为基本单元按照管道分表，同时为每个管道表创建分区，而且在每个分区上创建本地索引。通过新的分表策略降低了每个采样表中的数据量，提高了数据查询效率，同时增加了表并发操作性，极大提高了可扩展性。

七、事故反演与追忆技术

随着中国经济发展和能源结构调整，使用管道长距离运输石油、天然气等能源物资得到迅速发展，对油气管道生产的调度控制提出了集中化和智能化的要求。集中化的调控方式使得管道的生产运行管理对 SCADA 系统的依赖越来越强，人为介入越来越少。油气管道 SCADA 系统需要保证调控中心对管网运行的持续监控和管理，及时定位事故原因并处理事故，以保证管网的可靠、稳定和安全运行。

事故反演工具是 SCADA 软件重要的基础应用，它能够真实再现事故中数据变化情况，给调度员提供事故分析的辅助决策支持，有利于提升国内管道安全管控水平。传统的事故反演方法采用存储实时数据库模型和数据的全息存储反演方法，存在以下问题。

第一，直接存储 SCADA 的实时数据库数据会增加实时数据库的业务处理负担。

第二，直接基于实时数据库数据进行事故反演，不易发现其中可能存在的较大偏差测量值。

（一）事故反演与追忆技术内容概述

油气管道 SCADA 系统事故反演与追忆软件的研究内容主要包括事故追忆和事故反演。

事故追忆模块统一对数据文件存储并生成事故场景。存储类型分为日志数据存储与断面数据存储，日志数据存储负责存储业务变化数据，实时数据库断面数据存储完成定时截取实时库断面数据的功能。其中，业务数据包括采集的变化数据、调度员人工操作的数据等。

事故反演模块根据选定的场景，将数据断面文件恢复到反演态下的数据库中并解析发送日志文件，以及负责反演指令的处理。反演时程序首先将实时库信息根据快照文件和日志文件恢复到场景开始时刻，然后从日志文件中读取事件，并将这些事件由消息总线发送至本节点相同模式下的数据预处理模块及告警模块，工作人员即可以通过画面观察该场景的变化信息。在反演过程中，用户随时可以下达反演暂停或继续的命令。

（二）事故反演与追忆技术分析

1. 事故追忆技术

事故追忆在功能上分为数据存储和事故场景文件触发。

（1）数据存储

油气管道系统中设备众多、测量点分布广，导致油气管道 SCADA 软件系统数据量巨大，并且数据记录每隔一段时间就进行一次全网状态估计。在油气管道系统中事故反演通过何种方法准确地记录实时数据库断面以及日志文件，能够真实再现事故原因，并能支撑智能地预测分析是关键问题。因此，油气管道事故数据存储采用文件统一存储方式存储实时数据。

数据存储模块将一定时间内（最多可存储 8 天）数据处理完的业务数据以磁盘文件的形式完整保存下来，并且每隔一段时间（如 5 分钟）保存一个完整的数据断面。

可定制策略存储和删除数据库模型数据和实时变化日志数据。采用定时存储的方式，根据用户设定的时间间隔，每隔一段时间保存一个实时库的断面和日志数据。通过配置需要保存的数据范围，生成数据断面，达到压缩存储量的目的。同时也可进行断面恢复，在恢复断面的时候，通过查找断面的保存时间来定位需要恢复的数据断面。

（2）场景触发

事故追忆服务事故场景触发方式包括手动触发和自动触发，手动触发可以触发小于当前时间的在日志文件保存周期内的任意时刻的场景。自动触发支持设置事故触发条件，当满足条件时，触发事故存储自动生成场景，以便于事故的反演及事故推理分析。

2. 事故反演技术

事故反演服务端是事故反演模块的核心组成部分，对事故数据展示分析起到至关重要的作用。事故反演服务端将事故场景的数据进行回放处理，根据用户的需求推送反演结果，保证了油气管道 SCADA 软件系统事故反演模块的个性化使用，为调度人员的事故分析提供技术上的保障。

为保证事故反演不影响到油气管道实时监控，又能准确进行事故分析，油气管道 SCADA 系统软件事故反演采用反演态实时数据库。反演态实时数据库的数据结构与实时刷新数据的实时数据结构相同，但是针对的是不同的应用服务。使用反演态实时数据库进行事故反演数据播放既能够避免影响实时数据展示，又能够将数据的用途进行准确的分类和分析。当事故反演接收到开始发送播放事件后，事故反演根据设置的反演比例尺，定时刷新数据至反演态实时数据库，即重现事故发生的前后的场景。

第二节 HMI关键技术

一、基于插件的调度自动化系统人机界面开发技术

（一）插件内容概述

插件是一种遵循统一的预定义接口规范编写出来的程序，应用程序在运行时通过接口规范对插件进行调用，以扩展应用程序的功能。插件通过"运行时（Run-time）"功能扩展使得软件开发者可以通过公布插件的预定义接口规范，从而允许第三方的软件开发者通过开发插件对软件的功能进行扩展，而无须对整个程序代码进行重新编译。插件最典型的例子是 Eclipse 开发平台，Microsoft 的 ActiveX 控件和 COM（Component Object Model，部件对象模型）。此外，还有 Photoshop 的滤镜（Filter），也是一种比

较常见的插件，还有就是 Mozilla Firefox、Foobar 等也遵循着插件机制。

插件的本质在于不修改程序主体（或者程序运行平台）的情况下，对软件功能进行扩展与加强，当插件的接口公开后，任何公司或个人都可以制作自己的插件来解决一些操作上的不便或增加新的功能，也就是实现真正意义上的"即插即用"软件开发。使用"平台+插件"软件结构进行软件设计会给所开发软件增添新的生命力。"平台+插件"软件结构可以提高系统的稳定性以及易维护性。由于插件与宿主程序之间通过接口联系，就像硬件插卡一样，可以被随时删除、插入和修改，所以结构很灵活，容易修改方便软件的升级和维护。"平台+插件"软件结构使得系统组件可移植性强、重用粒度大。因为插件本身就是一系列小功能程序组成的，只要根据插件的规范使用该接口，任何程序都可以调用。另外，插件之间的耦合度较低。由于插件通过与宿主程序通信来实现插件与插件，插件与宿主程序间的通信，所以插件之间的耦合度更低。

为了实现"平台+插件"结构的软件设计需要定义两个标准接口，一个为由平台所实现的平台扩展接口，一个为插件所实现的插件接口。这里需要说明的是，平台扩展接口完全由平台实现，插件只是调用和使用，插件接口完全由插件实现，平台也只是调用和使用。平台扩展接口实现插件向平台方向的单向通信，插件通过平台扩展接口可获取主框架的各种资源和数据，可包括各种系统句柄，程序内部数据以及内存分配等。插件接口为平台向插件方向的单向通信，平台通过插件接口调用插件所实现的功能，读取插件处理数据等。

平台插件处理功能包括插件注册、管理和调用，以及平台扩展接口的功能实现。插件注册为按照某种机制首先在系统中搜索已安装插件，之后将搜索到的插件注册到平台上，并在平台上生成相应的调用机制，这包括菜单选项、工具栏、内部调用等。插件管理完成插件与平台的协调，为各插件在平台上生成管理信息以及进行插件的状态跟踪。插件调用为调用各插件所实现的功能。平台插件处理功能实现的另一部分功能为平台扩展接口的具体实现。

（二）插件技术

1.OSGi 介绍

OSGi，即开放服务网关协议。它的定义为，The Dynamic Module System For Java。它是一个模块化的标准，主要职责是让开发者能够构建一个动态化、模块化的 Java 系统，主要目标是组件级的复用。

OSGi 的体系架构是基于插件式的软件结构，包括一个 OSGi 框架和一系列插件。在 OSGi 中，插件称为 Bundle，其中，OSGi 框架规范是 OSGi 规范的核心部分，它提供了一个通用的、安全可管理的 Java 框架，通过这个框架，可以支持 Bundle 服务应用的部署和扩展。Bundle 之间可以通过 Import Package 和 Require-Bundle 来共享 Java 类，在 OSGi 服务平台中，用户通过开发 Bundle 来提供需要的功能，这些 Bundle 可以动态加载和卸载，或者根据需要远程下载和升级。

既然 OSGi 是模块化、动态化、插件化的，那么在设计融合通信客户端时可以借鉴 OSGi 的这些思想，将 OSGi 的体系框架融入客户端的设计架构中，这样就可以设计出一个插件式的具备良好的模块性和动态性的客户端。这种合理设计的客户端同时也会兼备 OSGi 动态性、稳定性、可复用性强、可扩展性强以及可维护性强的特点。

2. 插件设计方案

OSGi 为构建基于插件的应用提供了基本的系统框架，但是 OSGi 规范中并没有定义插件体系的划分原则和管理方法。基于插件的应用必须根据自身的需求和特点建立相应的插件体系结构。

总之，基于插件的设计把扩展功能从 HMI 控制台中剥离出来，降低了控制台的复杂度，让控制台更容易实现。扩展应用与控制台以一种很松的方式耦合，两者在保证接口不变的情况下可以各自独立升级和发布，大大提高了 HMI 子系统的可扩展性和可维护性。

二、油气管道调控系统跨平台人机界面开发技术

（一）人机界面开发技术概述

人机界面开发技术主要包括：控制台、应用层和服务接口层。控制台是用户使用 HMI 子系统的初始界面，用户通过控制台的登录功能进入系统后使用各类应用；同时控制台还负责子系统中各类应用的管理，主要包括应用的注册、激活和卸载。由子系统中的各个应用组成，主要包括各种组态应用、集成开发环境、图形浏览器、系统配置管理、PDR、报警、报表等功能模块，各应用采用插件技术进行开发，可以实现动态加载和卸载，因此保证了子系统良好的功能扩展性。服务接口层提供了各类应用与后台服务交互的接口，主要包括实时库接口、关系库接口、画面刷新服务接口、事件服务接口、日志服务接口、权限服务接口、文件服务接口和定位服务接口。服务接口层保证了应用使用服务的透明性。应用只需通过接口提交服务请求，而不需了解服务具体的部署信息，比如服务的 IP 地址和端口号，因此提高了服务部署的灵活性。

（二）跨平台技术

人机界面开发使用的 Java 语言，具有卓越的通用性高效性、平台移植性和安全性，可保证在 Windows、Linux 和 Unix 系统中运行。另外，人机和基础平台服务之间的数

据交互采用了 Protobuf 进行传输，可保证数据完整的在两个系统平台上传输，有效解决能耗、可扩展性等问题，并实现了人机的异构和跨平台。

（三）图形组态

图形编辑器提供具有 Windows/Motif/Metal 风格的全图形画面编辑器，并吸收 CAD 的某些特点，提供基本图形原语，使用这些图形原语用户可以编辑和生成可复用的图形元素。采用面向对象的技术，每一个基本的图形元素都是一个对象，几个基本图形对象可以组合成为一个复合对象，灵活地进行图形的移动、拷贝、缩放、旋转和与数据库动态点的连接。图形编辑器可提供工具将曲线和表格嵌入画面中，并提供画面的另存、画面上图形和数据的拷贝功能，以减少画面组态时进行重复性的工作，以及提供画面的检入、检出机制，实现画面编辑的版本控制功能。界面显示遵循中心相关界面标准，支持从管网、管线、总参表、站场、设备到操作画面分层逐步拓展。

图素编辑器（亦称画素编辑器）用来编辑重复使用的图形元素（简称图素），使用图素进行画面绘制。图形编辑器的数据关联操作就是将画面上的图素与数据库连接起来。图素编辑器功能包括图素管理、图形绘制、图形操作和数据关联，图素管理功能包括图素的新建、打开、保存、另存和关闭。图形绘制包括绘制直线、弧线、折线、任意直线、矩形、椭圆、多边形、可填充徒手线、文本、图片。图形操作包括图形的选择、移动、旋转、缩放、拷贝、粘贴、剪切和删除、重做和撤销等。数据关联包括数据库链接、动态条件属性、动态格式化域、动态图形变换。

（四）图形浏览

画面浏览器是用户对画面浏览、操作控制的手段。画面浏览器提供独立的界面系统，包括多画面视图、系统菜单、工具栏、视图导航及状态栏功能。通过提供画面上的热敏点切换不同的画面资源，实时刷新的数据展示了油气管道运行的当前状态。通过右键实现多种设备控制操作，实现主备节点的切换、进程的启动和停止、通道的启动和停止等系统控制操作，将鼠标悬停在设备上查看详细的设备信息，画面编辑时，将不同的展示内容绘制于不同的画面平面内，在画面浏览时，通过平面的切换，实现同一画面中展示不同的内容。将图形编辑时嵌入的表格和曲线呈现给用户，使用户更加直观地监视油气管道的运行。通过画面浏览器的工具栏和菜单栏内的打开画面操作项可以选择打开需要的画面。通过画面内的热敏点可以打开关联的画面。通过拼音搜索画面文件工具框可以快速打开对应的画面和最近打开过的画面。通过关键信息（报警信息等）的点击打开对应的画面。画面浏览器支持画面的多屏和跨屏显示。提供多态切换工具，用户可进行实时态、研究态、反演态的多态切换操作。通过画面浏览器提供的菜单、工具按钮或者画面进行主备调控中心的管理操作。通过操作站画面实现信息的实时监视与控制，实时了解整个工艺运行情况，做出正确的生产调度决策。通过操作站画面对现场设备运行状态实时监视，实现设备维护与管理，并在调控中心统一调度下，授权进行管道控制。实现管道运营的设备状态、网络状态、系统状态、控制参数、报警、事件、日志、用户安全等信息的集中显示，并采用统一规范，实现画面标准化、易用性、美观性与逻辑唯一性。

总之，通过已实现实际油气管道 SCADA 系统验证，跨平台人机界面开发技术很好地满足了调控系统的界面需求，在实用性、方便性、安全性等方面都达到了较高的程度。

油气管道调控系统跨平台的人机界面开发技术，解决了调控系统人机界面在不同系统平台上的展示，很大程度上减少了系统的开发成本，其中的界面集成及插件管理、编辑器、浏览器等应用界面在不同平台上运行稳定、功能完善，提高了调度人员对管网系统的监控能力。

三、基于管道对象模型的图模一体化组态技术

（一）图模一体化组态技术内容概述

在目前的系统中，站场控制图的组态以及油气管道对象模型是独立维护的，管道对象模型的维护或者依靠单独的入库界面操作完成，或者依靠数据库维护技术实现。这种操作方式缺乏基于站场控制图维护的直观性，同时大大增加了系统的维护成本和工作量，在维护过程中也容易出现错误，并且无法建立管道设备间的拓扑关系。

首先按照油气管道的设备类型构建出油气管道调控系统的基本对象模型，每个基本对象模型中包含了设备的属性集。为了适应油气管道调控系统设备工艺特性复杂、多样的特点，研究开发了设备对象模型类型多样性配置的技术，充分满足油气管道对象模型多样化的特点。

针对每个管道对象模型，通过图形组态技术将基本图形组态建立相应的管道对象模型的图形表示，即设备对象模型图素，用以将每个类型的管道设备对象模型图形化表示。在每个设备对象模型图素上绑定了其对应的模型实例的模式库路径，并且定义了设备对象模型的状态显示属性、控制方式等信息。

进行站场控制图组态时，选择构建好的此站场内的相应设备对象模型图素，通过组态工具—元件信息入库，与系统内的模型维护服务交互，填写必要的模型信息后，即可将设备模型图素对应的管道对象模型实例录入数据库中，并且将模型实例与设备模型图素对象进行绑定，从而构建出设备对象模型对应的设备对象图素，实现图形显示、

控制设备的功能。在站场控制图或工艺流程图中对相关设备进行组态，从而生成站场控制图或工艺流程图，同时建立设备模型，此为图模一体化建模的核心。

（二）管道对象模型

根据管网系统运行特性，基于面向对象的思想，使用统一建模语言（UML）表达方法，对管网系统中的现实实体进行抽象和建模，并以包和类图等形式展示。

将管网系统模型定义为一组包，每个包包含一个或多个类图，用图形方式展示该包中所有的类以及他们的关系。然后根据类的属性和与其他类的关系，用统一建模语言定义各个类。

通过模型维护服务维护这些对象模型实例的增加、删除、查询、修改等操作，从而实现管道对象模型的整体性维护。

1. 管道对象模型构成结构

管道对象模型包括下面几个主要部分。

（1）核心包（Core）

核心包含应用系统需要的核心的管网系统资源（Pipeline Resource）和管网系统的组成部分（Transmission Equipment）实体，及实体的常见的组合。

（2）域包（Domain）

包是量与单位的数据字典，定义了可能被其他任何包中的任何类使用的属性的数据类型。此包包含基本数据类型，是定义其他数据类型的基础。包含枚举数据类型，如单位（量纲）的定义；包含管网系统相关数据类型的定义，包括量测的单位和允许的值。每一种数据类型包含一个值（value）属性和一个可选的量测单位（unit），这个单位指定为一个被初始化为该量测单位文字描述的静态变量。此外，还包含时间相关数据类型。

（3）拓扑包（Topology）

拓扑包是核心包的扩展，它与Terminal类一起建立连接模型，即设备是如何连接在一起的物理定义。

（4）设备包（Equips）

设备包是核心包和拓扑包的扩展，它建立管网系统油气传输相关设备及其特性的模型。

（5）量测包（Meas）

量测包（Meas）定义了描述用于交换的动态量测数据的模型。

2. 模型维护服务功能

模型维护功能是模型管理的核心组成部分，实现了设备模型信息维护、设备数据信息维护、通信采集信息维护、数据计算信息维护功能。

设备模型信息维护、设备数据信息维护、通信采集信息维护、数据计算信息维护是模型数据信息维护的子模块，是常驻内存的。设备模型信息维护、设备数据信息维护、通信采集信息维护、数据计算信息维护的各个线程是并发进行处理的。

设备模型维护功能提供了创建设备模型、删除设备模型、修改设备模型的内部接口，允许程序对设备模型名称、数据、互相关系等进行增加 / 删除 / 修改。但是，通用删除的外部接口等外部接口的设计将充分考虑设备模型信息的完整性。

（三）设备模型图素

针对每个设备模型对象，开发了设备模型图素编辑器。图素编辑器功能包括图素管理、图形绘制、图形操作和数据关联，其中图素管理功能包括图素的新建、打开、保存、另存为和关闭。图形绘制包括绘制直线、弧线、折线、任意直线、矩形、椭圆、多边形、可填充徒手线、文本、图片。图形操作包括图形的选择、移动、旋转、缩放、拷贝、粘贴、剪切和删除、重做和撤销等。数据关联包括数据库链接、动态条件属性、动态格式化域、动态图形变换。图素编辑器支持 Undo/Redo 功能，方便用户维护。

其中，主要的是在进行设备模型图素开发时，设定要编辑绘制的设备图素代表的设备模型对象、关联的设备模型模式库、要显示的状态变化属性、操作控制属性等模型信息，包含这些模型信息的设备图素则唯一代表了一类设备模型对象。

（四）设备模型信息入库

为了实现基于油气管道对象模型的图模一体化组态操作，在进行油气管道调控系统站场控制图组态时，首先按照真实的站场设备关系图将构建好的设备模型图素对象放置于画布上，通过组态工具即元件信息工具，与模型维护服务交互，将设备模型图素对应的设备模型实例保存到库中。其流程如下。

第一，选择设备模型图素对象放置于画布上。

第二，通过"元件信息"工具，与模型维护服务交互，显示此设备模型对应的所有属性信息。

第三，填写必要的设备模型属性信息

第四，通过与模型维护服务交互将设备模型实例存入数据库中。

第五，模型维护服务将执行结果返回给元件信息界面。

第六，执行关联操作，将设备模型实例和设备模型图素对象进行关联。

（五）油气管道 SCADA 系统组态技术

油气管道 SCADA 系统除了将设备模型信息入库关联，还需要将所有的站场设备模型通过组态技术关联起来，这就需要用到油气管道 SCADA 系统组态技术。

油气管道 SCADA 系统组态技术依靠画面编辑器实现，用户在界面上操作由管理器对象模型统一管理。管理器采用两级管理器模型，第一级为主管理器，第二级为各分类管理器，包括管理用户交互的模式管理器，管理用户选择对象的选择管理器，管理对象在内存中的存储的层管理器和管理用户动作的动作管理器。主管理器自身还是编辑器中图形编辑工作区的事件监听者，负责接收用户在图形编辑工作区中发出的事件，并将这些事件按照事件类型的不同，分发给相应的二级管理器处理。同时，主管理器还是图形编辑器管理器模型可提供服务的接口的集合，用户在其他用户界面发出的事件被各相应的事件监听者接收后，由相应的事件监听者分析并调用主管理器所提供的服务接口完成用户的请求。

被管对象模型中包括基本图形对象、图素对象、曲线对象、表格对象、动作对象、层对象等对象模型。基本图形对象是在编辑器中图形编辑工作区中显示的一个基本图形对象，每一个基本图形对象都具有自主地创建自己、生成代表自身的显示图形以及对该图形进行转换和其他一些提供与该图元对象有关属性的能力。图素对象是由图素编辑器编辑生成的由基本图形组合而成的具有数据库连接属性和动态变换属性的一类对象，在图形编辑器中可嵌入已保存好的图素对象并对其建立数据库连接。曲线和表格对象分别是由曲线编辑器和表格编辑器编辑保存，在图形编辑器中对齐进行选择嵌入和属性的设定。动作对象纪录用户在编辑器中所做的动作，动作对象具有回退和重做该动作的能力。层对象是编辑器中各个具有不同功能的图层，画面上绘制的各个独立对象可根据需要显示在不同的图层上。

总之，基于管道对象模型的图模一体化组态技术通过基本的图形组态技术实现，基本的图形组态技术包括基本图形的绘制、基本图形属性的设置、站场图拓扑的表示、画面的基本操作等技术。这些基本的组态技术和管道对象模型一体化操作，从而在组态时实现图模一体化。

四、管网拓扑着色技术

随着油气管道的规模化建设，已逐渐形成油气管道网络，这就要求油气管道 SCADA 系统软件能提供相应的管道网络拓扑管理相关专业功能，拓扑主要是对于油气管道中具有连接关系的实体之间的连接关系进行记录，此功能可用于对多个设备构成的回路进行判断或计算。基于拓扑模型，实现管道连通状态、流动状态及流向计算等功能，并可服务于油气管网高级应用，实现管网优化、故障分析等油气管网调控高级功能。

（一）管网拓扑着色技术内容概述

管网拓扑着色应用，包括全局着色、管线着色、注入点追踪着色、设备状态着色。全局着色根据管道静态连接关系和实时阀门管件状态、泵站启停状态等，对管网进行连通性分析，用不同的颜色显示管线分析结果，图形显示界面可以根据这一结果对管线图上的设备进行显示。全局着色可以帮助调度人员了解站场关阀、线路紧急截断阀误关闭、泵站停泵等全线停输的状况；管线着色是对于用户指定的设备，对该设备所在的管线及管线上的所有设备进行着色；注入点追踪着色是对于用户指定的设备，向其上游方向进行搜索，直到首站油品注入点，并对相关设备进行着色；设备状态着色根据每个管网设备的实时状态，按照事先定义好的颜色显示出不同的状态，使调度人员可以及时了解设备的运行状态。

为了实现上述的管网拓扑着色功能，主要研究内容包括管网设备拓扑模型设计、管网设备连通性判断、管网设备流动性判断、管网设备流向性判断、拓扑服务设计、设备模型状态着色。

拓扑服务负责实时更新管网设备模型的拓扑属性，实时数据用于实时更新管网设备模型中设备的各个状态，管网图或者站场图向公共服务注册请求的设备模型数据，公共服务负责接收管网图或者站场图请求的数据，并且将设备模型数据实时返回给请求的管网图或者站场图；管网图或者站场图将接收到的设备拓扑模型数据以直观的颜色、流动效果呈现出来。

（二）管网拓扑着色技术主要功能设计

拓扑着色主要是根据拓扑计算得出的结果，对不同的设备以及设备之间的连接线（设备之间的连接关系）进行不同的着色。设备的不同颜色代表着设备的不同的当前状态。

管网拓扑着色主要包括管线拓扑着色、设备拓扑着色。其中管线拓扑着色主要包括联通状态、流动状态、流向计算三个部分。

管网拓扑着色主要进行以下几个方面的功能设计。

第一，管网设备拓扑模型设计。

第二，管网设备连通性判断。

第三，管网设备流动性判断。

第四，管网设备流向性判断。

第五，管网设备拓扑着色服务设计。

第六，管网设备着色设计。

1. 管网设备拓扑模型设计

油气管网拓扑着色就是根据管网拓扑模型及其管网拓扑服务，计算管道中各结点与管段的连通状态、流动状态与流向计算等信息，按照各种状态所配置颜色，对管道进行静态或动态着色，使调度人员直观地了解管道的运行状态。管网拓扑着色是建立在管网拓扑模型基础上，以结点与管段为基本要素，对设备进行图元化处理，建立设备模型对象与图元的对应关系，形成管道设备对象的几何图形模型，再对设备与设备的连接关系通过抽象手段，形成管网逻辑连接图，并根据管网模型计算结果进行着色显示。

油气管道 SCADA 系统软件拓扑着色功能是基于管网拓扑模型，管网拓扑模型中必须包含管网系统进行拓扑着色所需的属性，经过分析研究，将拓扑着色功能所需的设备模型属性分为了设备基本状态模型和设备拓扑模型，设备基本状态模型主要提供了管网设备进行基本状态着色显示所需的设备属性，例如开关状态、启停状态等。设备拓扑模型主要包括了设备的连通属性、流动属性和流向属性等。

2. 管网设备连通性着色

连通状态拓扑着色是基于管网拓扑模型服务与管道连通状态计算服务，对于用户指定的设备，从该设备出发向下游计算管道连通状态，并将该设备所在管线所有连通状态结点（设备、阀室或站场）与管段进行填充着色。

判断原则：管段两端阀全为开，则认为该管段处于连通状态；只要有一侧阀为关，则认为该管段不连通。此外，如果该管段两侧站场的干线截断阀为开，则认为该管段处于连通状态。

3. 管网设备流动性显示

流动状态动态拓扑着色是基于管网拓扑模型服务与管道流动状态计算服务，在开发时配置好某画面一段或多段管道须流动状态动态拓扑着色。在画面运行浏览时，将对须进行流动状态动态拓扑着色的每段管道进行管道流动状态实时计算，在画面上根据计算结果，以流动箭头动画方式动态显示管道流动状态。

判断原则：通过管道内作为流动判定站场中泵（压缩机）的启停状态判断该站场下游管道的流动状态。站场内有任意一个或多个泵（压缩机）处于运行状态且下游管道处于连通状态，则认为下游管道流动。

4. 管网设备流向性显示

流向计算是当管道处于连通流动状态时，以流动的箭头方向显示当前设备流动物质的流向，通过研究液体管道和气体管道的差异，提出了以下的流动方向判断原则。

（1）液体管道

液体管道的流向由用户按管段进行手动设置。

（2）气体管道

气体管道主管线流向由用户按管段进行手动设置。

（3）联络线

判断联络线各管段两段的压力差。

5. 拓扑着色服务

拓扑着色服务通过图形建模方式建立管网拓扑模型，结合油气管道 SCADA 系统数据采集的管道设备对象的开 / 合状态、流体的物理特征实时数据，实现基于管网拓扑模型的计算分析，并在管网拓扑模型中实时更新管网各结点设备与连接管道的连通、流动与顺序输送批次状态，为油气管网拓扑着色提供数据服务，为油气管网调控高级应用的管网拓扑优化与故障分析提供统一管网拓扑模型服务。

拓扑着色服务主要包括管网设备连通性计算、管网设备流动性计算和管网设备流向性计算三个模块。

为达到响应速度快的要求，拓扑服务计算方式包括实时触发计算和周期计算两种。实时触发计算实时接收采集上送的阀开关状态，立即计算当前管道拓扑状态是否改变。如果改变则更新拓扑状态位。周期计算，按指定周期计算全网管道拓扑状态，防止采集点漏送或丢失。

6. 管网拓扑着色显示

管网拓扑着色显示主要根据设备模型中的设备属性信息，以变换的颜色、流动的箭头等动画方式将拓扑属性显示在管网图或者站场图中，提供给调度人员进行状态分析和调度决策。

主要功能设计如下。

第一，以设备模型的不同颜色表示设备的实时状态。

第二，以连通色表示处于连通的设备。

第三，以管段上流动的箭头表示管段的流动性。

第四，以管段上流动箭头的方向显示管段内介质流动的方向。

管网图或者站场图上设备的拓扑着色显示以拓扑属性数据的变化进行触发，管网图或者站场图中的设备模型向数据刷新服务注册拓扑着色属性数据信息，数据刷新服务第一次将所有图形需要的数据从设备模型数据中获取，并返回给图形，图形根据这些信息更新自己的状态显示效果，以后数据刷新服务会将图形需要的数据当中变化的数据返回给图形，使图形更新自己的状态显示。

总之，通过对多个管线图和站场图拓扑着色的实验验证，管网拓扑着色技术能精确地在图形上显示出管网设备的连通性、流动性、基本状态属性信息，为调度人员提供直观的设备状态显示，较好地辅助调度人员进行调度决策。

第三节 Web关键技术

一、Web 数据代理服务技术

（一）Web 数据代理服务技术内容概述

油气管道 SCADA 系统的 Web 子系统采用 B/S 结构，支持 IE、FireFox 等主流浏览器，包括 Web 发布、Web 数据同步、Web 服务与 Web 浏览等部分。

用户通过浏览器客户端可以展示与 HMI 监控运行系统相同的监控画面，并且浏览器客户端与油气管道 SCADA 系统保持高效的数据同步，实现实时数据、历史数据、报警数据、报表及趋势曲线的 Web 展示与人机交互，实现了对用户信息服务的动态性、实时性和交互性，同时方便功能扩展、用户远程分析和决策。

Web 子系统遵循以下原则。

第一，安全性原则：安全性是指 Web 子系统获取数据、图形等信息，必须经过安全装置进行安全隔离。

第二，时效性原则：用户通过浏览器客户端浏览流程画面时，画面上数据更新时间与现场数据可能存在一定的延时，要尽可能保持画面数据与现场数据的同步。SCADA 系统通过安全隔离装置向 Web 子系统所在的服务器传送信息，在不影响 SCADA 实时业务的情况下，尽可能及时将信息传递到 Web 服务器。

根据 Web 子系统的安全原则和时效原则，Web 系统不能和基础平台进行直联，必须经过安全隔离。因此需要一个消息转发代理，用于转发 Web 系统和基础平台的消息通信。

（二）Web 代理功能

Web 客户端不能直接连后台服务。如果需要请求后台数据，需将请求消息发送到消息转发代理服务上，然后由该代理服务请求后台数据，再将数据传回 web 客户端。

Web 客户端请求分类有以下几种。

1. 命令式

只有客户端发送，没有返回值请求，如发送消息服务接口代理。

2. 应答式

客户端发一个请求，服务端回一个结果，即实时库服务接口代理。

3. 订阅式

客户端发一个请求，服务端不断给客户端发消息，直到客户端终止连接或发送停止接受消息，如画面刷新服务。

（三）Web 主要技术

Web 客户端调用人机接口跟后台通信。人机接口和消息转发代理服务建立 socket 连接，将请求发送到消息转发代理服务。发送报文是在正常的报文上增加 locator 定位需要的消息。消息转发代理服务解析出 locator 定位信息，通过 locator 定位服务，定位后台服务 IP 和端口号。消息代理服务跟后台建立 socket 连接，将客户端发送的报文转发给后台服务。接收到后台数据后，再将后台数据转发给人机接口。

1. 消息转发代理监听客户端请求

消息转发代理服务作为常驻服务，采用 Server Socket 实现，监听客户端请求。

异常：端口被占用异常。

2. 处理客户端请求报文

代理服务跟客户端建立连接后，读取客户端发送的报文。代理服务采用多线程阻塞方式处理与客户端建立多个连接。客户端每建立一个连接，代理就创建一个线程去处理。

代理服务先读取前置报文头信息，解析出前置报文头。再读取原报文头，解析报文长度和连接类型。最后读取原报文体。

异常：报文解析异常，读取报文超时。

异常处理：关闭 socket 连接，终止线程。

3. 代理服务向后台发送请求报文

代理服务通过解析出的前置报文头向 locator 服务发送定位请求，返回定位到的 IP 和端口号。代理服务建立和该地址建立 socket 连接，发送为解析的原报文头和原报文体。

4. 代理服务接收后台数据并向客户端发送

对于命令式的请求，客户端在发送报文后会主动关闭客户端的 socket 连接。代理会得到客户端关闭连接的消息。所以代理服务发送完消息后，关闭 socket 终止线程，不用向客户端发送消息。

对于应答式的请求，代理服务接收后台服务发送的报文头，解析报文头得到报文体长度。代理服务读取报文体。代理服务将报文头和报文体转发给客户端。

对于订阅式的请求，代理服务器不断从客户端接收报文，并不断向客户端发送，直到客户端中断连接。

异常：读取报文超时异常，服务器端连接中断异常异常处理：向客户端发送 16 个字节的报文头，报文内容长度为 0，关闭 socket 终止线程。

Web 数据代理可利用基础平台与场站通信设备之间的消息通信转发功能，满足系统的数据代理需求。通过 Web 数据代理，使得 Web 子系统获取数据、图形等信息，必须经过安全装置进行安全有效的隔离，提高了系统安全性。

二、Web 客户端浏览技术

现代企业的生产已经趋向国际化、分布式的生产方式。Internet 将是实现分布式生产的基础。系统提供了对 Internet 访问的支持，通过设置专用的 Web 服务器对数据和显示界面进行发布，用户可以使用 IE 等浏览器进行数据和画面的浏览。考虑到国内目前的网络基础设施和工业控制应用的程度，当前 Web 浏览仅具有监视功能，实际的控制功能则通过更稳定的技术，如专用的远程客户端、由专业开发商提供的 ActiveX 控件或 Java 技术实现。

（一）Web 客户端浏览技术内容概述

Web 客户端画面浏览需要 Web 画面组件支持，Web 画面组件位于 Web 服务器的指定目录下，Web 客户端浏览器自动下载并安装画面组件。

Web 画面浏览支持客户端免维护，当客户首次打开浏览器时，从服务器端下载相关控件，控件下载到本地时建立与服务器端程序的通信连接，图形数据通过该连接以约定的报文方式进行传递，客户端根据这些数据进行图形绘制。客户端只需使用浏览器加载 Web 画面组件与 Web 画面，即可实现浏览 SCADA 监控画面、报警、报表、趋势曲线、饼图、棒图等页面，并且支持人机交互。

Web 画面浏览能够直接识别、使用 SCADA 系统的图形文件，不需要将系统的单线图、趋势曲线、表格等画面转换为标准的浏览器支持格式。

（二）浏览画面

Web 画面功能包括以下几点。

第一，Web 画面坐标系与 HMI 系统画面坐标系功能需求一致，且显示效果与 HMI 系统画面一致。

第二，Web 画面缩放功能与 HMI 系统画面缩放功能需求一致，且显示效果与 HMI 系统画面一致。

第三，Web 画面支持 HMI 系统画面中所有的基本图素，其功能需求与 HMI 系统画面基本图素一致。

第四，Web 画面基本图素运行时显示效果及动画效果与 HMI 系统画面中基本图素运行时显示效果完全一致。

第五，Web 画面操作与 HMI 画面操作一致，且 Web 画面运行时效果与 HMI 画面一致。

第六，Web 画面的图形效果需要保持与 HMI 系统画面的一致性。包括颜色效果、填充效果、边线效果、文字效果及样式等。

第七，Web 客户端浏览不影响其他系统模块的运行。

第八，Web 客户端不具有操作远程控制系统的能力，不能进行设置变量、修改参数等参与控制的操作。

（三）趋势画面

Web 子系统趋势画面提供实时趋势、历史趋势及趋势对比等功能。授权用户可以通过客户端浏览器登录 Web 子系统趋势页面进行趋势画面浏览、查询、对比等操作。

趋势画面的功能包括以下几点。

第一，趋势画面主要提供实时趋势分析、历史趋势分析两种类型的趋势分析功能。

第二，趋势画面提供实时趋势对比、历史趋势对比与实时 / 历史趋势对比功能。

第三，画面类型：显示窗口位于主视图区内，能够根据不同显示器分辨率自动调整。

第四，Web 趋势画面显示效果与 SCADA 系统中的画面保持一致。

（四）报表画面

用户可以将需要的报表数据信息编辑为报表画面，将报表画面由 Web 数据同步服务发布到 Web 服务器指定路径上，用户根据授权登录 Web 子系统客户端浏览器即可对报表画面进行浏览。

报表功能包括以下几点。

第一，报表显示窗口位于画面显示区内，能够根据不同显示器分辨率自动调整报表显示大小。

第二，Web 报表页面支持用户对各种报表页面显示及打印。

第三，报表支持客户端下载。

（五）报警画面

Web 子系统支持将实时报警与历史报警进行 Web 服务器发布，报警窗向 Web 服务器发布时需要指定 Web 服务器地址与访问端口号等信息。

第一，实时报警窗与历史报警窗支持通过客户端浏览器以 Web 页面的形式进行显示与查询等操作。

第二，在浏览器客户端浏览到的实时报警和历史报警画面与 HMI 画面系统的实时报警与历史报警画面显示效果一致。

第三，实时报警窗只支持对报警情况及报警确认情况进行浏览，不支持用户对实时报警进行报警确认。

（六）Web 客户端安全

Web 客户端通过权限服务来控制对 SCADA 监控画面、趋势曲线、报表等页面的访问，同时对页面中人机交互进行权限控制。

Web 客户端安全上需要考虑到，Web 客户端的权限配置是由系统的用户权限配置统一进行管理，防止非授权用户的访问，可以对登录用户访问的画面，人机交互的操作进行逐一配置管理，并通过对用户进行分组管理来实现不同用户的不同操作，例如，普通用户只能浏览数据，不能做任何操作。

Web 客户端具体安全内容包括以下几点。

第一，用户登录时需要根据授权账号密码。

第二，用户浏览 SCADA 监控画面、趋势页面、报表页面时采用同一账号登录。

第三，浏览器客户端关闭时，用户自动注销，重新浏览画面需要重新登录。

总之，通过浏览器客户端可以展示与 HMI 监控运行系统相同的监控画面，并且浏览器客户端与油气管道 SCADA 系统保持高效的数据同步，实现了实时 / 历史数据、报警数据、报表及趋势曲线 Web 展示与人机交互。

第四章　油气长输数字管道的技术支撑

第一节　硬件基础设施与标准规范系统

一、总体框架

数字管道的任务是建立以地理信息系统为核心、以数据库为基础的服务于管道全生命周期业务的应用系统。数字管道针对管道每个不同的阶段有不同的系统功能模块支持，同时完成各阶段数据库的建设，为下一阶段提供完备的数据库。

数字管道系统的核心内容是数据中心和应用系统两部分，并以通信网络和相关外部系统为基础，按照一定的标准、规范，在统一的安全体系控制下进行建设和应用。

二、硬件基础设施

基础设施是建立数字管道的基础，也是数字管道赖以实现的基本环境。系统的网络建设、计算机硬件配置是数字管道建设中极其重要的环节。

油气长输数字管道系统由支撑环境、与其他系统的接口、数据中心、应用子系统及应用管理层等共同构成，各个系统对于基础设施的要求不尽相同，但通信设备、网络设备和主服务器等可以共用。

数字管道系统原则上需要独立的网络系统，但其并不控制设备的运行，也不直接从设备获取数据，对安全性的要求相对管道自动化系统来说较低，因此数字管道系统网络与办公网络共用，网络的安全性由数字管道软件系统与数据中心安全系统共同负责。数字管道专属硬件系统分为调控中心硬件系统和其他硬件设施两部分。

（一）调控中心的硬件构成

油气长输数字管道主调控中心负责对管线的生产和管理进行统一指挥、统一调配。调控中心是数字管道运行时监控调度的核心部分，要求系统稳定、可靠、安全，其设备以 SCADA 系统为主。

油气长输数字管道系统部分维护与演示终端设在调控中心，为了不影响 SCADA 等生产运行系统的正常运行，避免出现其他不必要的安全问题（如电脑病毒等的破坏），数字管道系统所属监控与维护终端网络必须与 SCADA 系统网络进行物理隔离。数字管道演示系统及监控所需投影屏可以与 SCADA 系统的投影屏共用。

数字管道系统调控中心内主要有以下硬件。

第一，图形演示工作站 2 台（一台主用、一台备用），主要监控数字管道系统运行情况，若有需要（讨论或参观）可在大屏幕投影上做系统运行情况演示。

第二，维护终端 2 台，主要用于数字管道系统的维护和其他日常工作，如处理打印报表、修改数据等。

第三，报告打印机、事件打印机、网络激光打印机各 1 台。

数据中心设在主调控中心通信机房内，其核心是数字管道系统的数据服务器和各子系统的应用服务器。为确保数据的安全，数据服务器采用双机热备加磁盘阵列方式。

（二）其他硬件设施

除控制中心、数据中心的硬件设施外，数字管道各应用子系统一般也都要求有自己的设备，这些系统的硬件要求一般并不相同，有关计算机、服务器、通信和电力的硬件要求。这里不再介绍，只介绍一些数字管道特殊需要的设备。

1. 摄像头、云台等摄像相关设备

主要应用在视频会议系统及某些站场、管段的实时监控系统等。

2. 数码相机

巡检与维护人员在室外工作时，利用数码相机随时将管线情况和周围地形地貌等拍照，以便分析跟踪，并将需要的影像存入相关应用系统（比如 GIS 等）供随时查阅分析报告。

3. GPS 定位仪

勘探、巡检、维护人员等利用 GPS 定位仪随时确定管线位置，将管线所在位置信息传回或录入相关应用系统（比如 GIS）以供分析、决策等。

4. 电位测量仪

巡检维护人员利用电位测量仪在外测量阴极保护电位等，并将结果传回相关系统（比如 SCADA 系统等）。

5. 移动数据通信设备

巡检维护人员等外出工作时利用移动数据通信设备将照片、位置等实用信息随时传回站场或控制中心。现在一般移动数据通信设备同时具有拍照与定位功能。

三、标准规范

建立数字管道标准体系与标准规范是实现数字管道的重要基础工作。和国外同行业相比，我国数字管道标准建设尚处在起步阶段。目前尽管已经建立相对完善的信息管理流程体系，但尚未在企业内部建立健全完善的、能够支持信息技术总体规划建设、运行和维护的信息标准及其体系。

作为信息化建设基础的信息标准建设得到各石油公司的广泛关注，各公司在标准化建设方面表现出如下特点。

第一，积极介入国际标准的制定、修订工作，力争在国际标准制定过程中的发言权，确保公司利益的充分体现。

第二，为确保公司信息系统建设科学有序，各公司根据其实际情况编制公司信息技术总体规划，并制定相应的信息标准体系，组织制定公司标准，保证公司的核心竞争力。

第三，研究采用国际标准的可能性，降低信息系统建设成本和风险，确保系统建设的开放性及与其他系统的兼容性。

数字管道是对管道所有业务的信息化集成和管理，其标准与相关专业技术标准有紧密联系，如完整性标准及测量标准等。这里仅从信息化角度来说明数字管道建设需要遵循的标准。

结合油气长输数字管道建设的实际情况，其标准规范建设的主要内容包括数据结构标准、数据采集规范、数据共享规范、数据质量要求、空间数据要求和系统运行维护要求，总结为"一个标准、两个规范、三个要求"。

（一）一个标准

数据结构标准包括数据模型和数据字典两部分：数据模型是对数据种类、数据逻辑关系、数据组织形式的描述和说明；数据字典是对具体数据表、数据项的描述和说明。

1. 数据模型

对国内外不同的数据模型标准如 ISAT、G-PipeLine、PODS、APDM 等进行分析，并结合油气公司对数据的需求，制定符合数字管道要求的数据模型，以满足数字管道数据应用的需要。数字模型既要考虑管道专业的应用需要，也要考虑信息化的应用需要；既要能满足当前的应用需求，也要能满足将来数据扩充的需求。

2. 数据字典

数据字典是对数字管道中物理数据库的数据内容和数据关系的描述和要求，包含对关系、数据表、数据字段、数据记录的描述和要求。数据字典基于数据模型进行编制，包括两个主要部分：实体和属性。实体主要针对具体或抽象事件，也包括事物之间的关联。每个实体的属性字段都包括中文名称、英文名称、字段类型、字段长度、字段精度等。

（二）两个规范

1. 数据采集规范

（1）数据采集规定

根据数据库总体框架的内容将数据按不同的类别、产生时间（规划、设计、施工、运营）、产生地点、应用频率等进行归类，结合数字管道的岗位描述，将数据采集的责任规范到人、到岗位，约定恰当的数据采集流程。从数据的源头保证数据的真实性和可靠性，为数字管道提供有效的数据。

（2）数据审核规定

根据数据库总体框架和采集规范，规定数字管道的数据审核流程、审核内容及审核方式，结合岗位职责，将审核机制定位到人、到岗位，为采集高质量的数据提供保障。

2. 数据共享规范与安全规范

（1）数据共享规范

数据共享规范对数字管道的数据、应用系统进行等级划分，确立信息共享机制，控制数据共享的范围和方法，为数据的安全和最大范围共享提供制度保障。

（2）数据安全规范

数据安全规范是对数字管道中数据采集、检查、审核、转换、入库及应用的安全技术要求和操作规范的描述。既要保证用户可以访问到自己应该访问到的数据，又要保证用户不应该访问到的数据不能被访问到。

3. 三个要求

（1）数据质量要求

根据不同的数据种类，按照各自应用需求定义其质量要求，约定数据在采集、传输、转换、存储过程中的技术指标，保证数据的完整性、一致性和有效性。

（2）空间数据要求

空间数据是实现数字管道可视化效果的重要内容，也是数字管道的定位数据。由于空间数据的特殊性，一般不能将其像结构化数据一样表达，因而涉及更多要求和技术指标。

①空间数据基本要求：从空间数据最基本的要求来描述数字管道中空间数据的基本特性，如在不同应用下选用的空间数据内容、存储方式及比例尺，采用的空间参考系统，如何形成无缝图库等。

②空间数据分类与编码：空间数据分类与编码是对管道专业数据中的设施、设备、组织机构、人员等进行分类和编码，以方便管理。

③空间数据表达规范：空间数据表达规范主要是指图形与图式规范，以便于在数字管道系统中运用统一的符号库及线型库，包括对管道设施如管线、阀门、穿跨越的可视化表达。

（3）系统运行维护要求

数字管道系统建设完成后，将进入运行维护期。系统的运行维护是要保证数字管道系统可以正常运行，可以正常实现其功能，可以进行系统功能的扩展和升级，可以完成数据共享和更新等。

①数据备份与恢复要求：根据不同种类的数据及应用系统规定不同的备份策略和方法以及灾难发生后恢复数据和应用系统的操作规范，为数据的容灾和安全提供保障。

②数据更新要求：数据更新要求描述的是空间数据更新的机制、方式、方法和要求。制定数据更新要求的目的是建立数据库的维护更新机制，保证空间数据的现势性和精确性。

③应用系统维护流程：结合数字管道的岗位描述，划分各类应用系统的维护单位和人员，建立系统维护流程，使数字管道系统在运行期间的维护工作有章可循，保障软件系统的正常运行。

四、数据中心

数据中心是数字管道系统建设的核心，其中的数据覆盖整个数字管道系统。数据中心建设包括管道的勘测、施工、生产运行、业务流等数据的产生、采集、存储管理以及应用。数据中心采用集中式管理，其建设技术包括定义、采集、质量控制、更新流程和编码等多个方面。

数据中心的数据库可分为基础地理数据库、管道专业数据库和元数据库三类，管道专业数据库由管道设计数据库、管道施工数据库、管道运行数据库和完整性管理数据库组成，其中，管道运行数据库和完整性管理数据库主要来自于 APDM 模型。数据中心同时与一些数字管道基础设施数据（如 SCADA 数据）和相关应用系统数据（如 ERP 数据）等建立接口，按需实时调用数字管道应用系统中需要的数据。

（一）基础地理数据库

基础地理数据库可以分为 DEM、DOM、DRG 和 DLG4 种格式，分别存储各比例尺的数字高程模型、数字正射影像图、数字栅格图和数字线划图。

（二）管道设计数据库

管道设计数据库中包括油气长输管道工程项目的勘察、设计数据及上级审批文件、勘察设计文件、合同、审核文件等相关文档。

管道设计数库中数据主要来源于油气长输管道规划设计单位和建设单位，其中设计图纸等需要进行数字化及校对工作后录入数据库，其他文本章件可根据需要录入数据库。

管道设计数据库中的文档作为管道专业数据库的外部文档存储在数据库中。

（三）管道施工数据库

管道施工数据库中包括征地动迁、施工、竣工验收、试运行等各阶段的主要数据信息和文件资料，如工程基本概况、参建队伍情况、建设里程碑、上级审批文件、竣工图、工程合同、管道试压记录、工程质量验收文件等。

管道施工数据库中数据主要来源于油气长输管道施工单位和建设单位，其中施工图、竣工图等需要进行数字化及校对工作后录入数据库，其他文本章件可根据需要录入数据库。

同管道设计数据库一样，管道施工数据库中的文档也作为管道专业数据库的外部文档存储在数据库中。

（四）管道运行数据库

管道运行数据库中主要包括管道设施数据、侵害数据、事件支持数据等与管道运行相关的数据。此数据库中数据根据 APDM 分为中心线数据、设施数据、运行数据、阴极保护数据、侵害数据和事件支持数据。

（五）完整性管理数据库

完整性管理数据库中包括管道在建设和运行期间的缺陷、泄漏检测，管道的维修、抢险以及风险评价等数据。

第二节 应用系统与系统安全技术

一、应用系统

数字管道的应用系统包括管道设施管理系统、辅助规划设计系统、基于 GIS 的施工管理系统、管道完整性管理系统和管道运行管理系统。

（一）管道设施管理系统

管道设施管理系统是数字管道基础地理信息子系统的扩展，通过地理信息系统辅助对管道设施进行管理，可实现设施图上定位、设施运行现状分析，设施跟踪管理、优化资源配置等功能。

管道设施管理系统对管道资产进行管理，包括管道设施管理、站场设施管理和附属设施管理三个部分。管道设施管理又包括管道线路和站场所有的设施类别管理、在线设施查询统计、设施档案管理三个主要功能模块。

（二）管道辅助规划设计系统

辅助规划设计系统针对管道工程时间紧、多设计院异地办公等特点，集成应用"3S"、三维仿真模拟和CAD技术，开发多项目异地协同设计功能。设计人员在统一的平台上开展专项评价，路由优化，地区等级划分，工程量统计，站场选址，各种穿跨越方案比选，招投标图、施工图制作等管道设计工作。协同设计模式缩短了70%的互提资料时间，设计效率提高50%，同时确保设计标准的统一与设计质量的一致性。

管道辅助规划设计系统包括规划选线子系统和辅助设计子系统。规划选线子系统用于在管道规划、可行性研究和勘察设计阶段对管道全线或部分走向进行对比选择，主要功能包括线路走向图绘制、主要材料设备快速计算、投资估算和方案对比。

管道设施、站场和穿跨越等工程的设计需要查看管线周边、站场和穿跨越位置区域的地形地貌、邻近建筑物等地理空间信息。辅助设计子系统通过基础地理信息查询显示模块提供图上显示功能。设计者根据这些数据并结合工艺条件计算，可绘制方案图，并采用GIS软件的三维模拟显示功能查看方案的立体空间效果，最后打印出选定的方案图。

（三）基于GIS的施工管理系统

数字管道技术在管道施工管理中的应用目的是利用信息技术手段来解决以往管道建设中存在的管理流程不顺、信息不全、数据不准、效率不高等问题。

我国油气长输管道施工建设具有参建单位众多、设计变更追踪困难、公共关系协调难度大等特点。施工管理系统为参建单位提供协同办公平台，并按照工程项目管理模式和相关施工验收标准进行进度控制、物流控制、施工数据采集等作业的信息化支持。系统提供灵活定制各种管理功能，辅助工程管理决策与资源优化，管理人员的工作效率可提高5～10倍。系统提供施工数据填报、多源数据可视化校核、辅助生成竣工资料和竣工图等功能。一方面，可实现对设计变更等工程质量关键点的跟踪管理和计划、资源管理；另一方面，可实现与施工同步的竣工管理，节约90%的竣工图出图和竣工资料整理时间，保证设计、施工和竣工数据的一致性和统一性。

（四）管道完整性管理系统

管道完整性管理系统基于完整性管理理念，按照管道完整性管理体系和管道保护规定，对相关管道检测等业务进行管理，主要包括事故隐患管理、风险评价和效能评价管理三个部分。

（五）管道运行管理系统

管道运行管理系统针对管道安全运营难度大、竣工资料共享利用困难、完整性管理水平低等问题，实现了移动巡线管理、高后果区识别与管理、地质灾害风险评价与削减（含地质灾害监测）、第三方损坏风险预防与控制、管道本体风险控制与日常腐蚀管理等研究成果与应用系统的有效集成。将各种数据整合到完整性管理数据库中，建立完整性管理工作平台，为业务与管理人员提供数据支撑和共享服务。

管道运行管理系统由站场管理、事故抢险预案管理和巡检 GPS 跟踪管理三个子系统构成。

二、系统安全技术

数字管道系统作为带有精确坐标的信息管理系统，其安全要求必须符合或高于一般的信息系统安全体系的要求。

第一，信息安全体系包括以下五个基本要素。

机密性：确保信息不暴露给未授权的实体或进程。

完整性：只有得到允许的人才能修改数据，并且能够判别出数据是否已修改。

可用性：得到授权的实体在需要时可访问数据，即攻击者不能占用所有的资源而妨碍授权者的工作。

可控性：可以控制授权范围内的信息流向及行为方式。

可审查性：对出现的网络安全问题提供调查依据和手段。

第二，数字管道系统安全方案主要实现如下目标。

可靠的物理构成；操作系统访问管理和文件系统使用权限控制；防火墙等网络安全管理机制；对计算机及数据库系统的安全管理功能，完全的灾难恢复能力；应用程序运行权限和应用功能使用权限控制；预防数据失窃的防范措施，如数据传输过程中的安全，主要包括数据的意外失密、商业失窃、恶意攻击及破坏等。

数字管道系统的安全方案主要包括数据安全、应用系统安全、网络安全、物理安全和使用安全等部分。

（一）数据安全

1. 数据库安全

①数据库管理员具有创建和删除文件的权限，其他用户不得有创建或删除与数据库相关文件的权限。

②数据库的备份与恢复由管理员根据相关要求进行，确保数据的完整性、真实性和准确性。

③用户根据管理员授予的权限对数据库进行有关操作。

④对数据库的所有操作都应有记录，确保在出现问题后可以追查问题来源，追究相关人员责任，保障数据库安全。

2. 数据保密等级设置

①数字管道数据应分级分类保护，根据数据保密等级对数据进行保护。

②数据的保密等级按照国家和公司规定，根据实际情况分为秘密级、机密级和绝密级 3 级，不得人为提高或降低密级。

③对数字管道数据应建立涉密、对内公布和对外公布 3 个层次的信息提供和公示体系。

④数据库管理员依据用户的岗位及职责，根据数据保密等级规定为不同用户确定不同的数据访问范围与操作权限。

3. 数据保密管理要求

（1）总体要求

按照国家和企业有关信息系统管理的保密要求，凡是涉密的数据均不得上企业外网，凡参与的专业服务商均应承担保密责任。

（2）数据资料的收发、转借、保管与使用

信息化管理部门负责数据资料的收发、转借和保管工作。

信息化管理部门应委派检查人员严格按要求进行资料接收，负责人负有监管责任。接收数据光盘、数据磁盘时应使用相关设备确定其中的数据是可读的，且容量、日期正确，并登记建卡和造册入库。

未经主管负责人许可，禁止将资料带出作业区域。确需携带数据资料外出时，应经主管负责人许可、签批，确保资料安全。

各类保密数据资料进行递送时应严密包装加封，资料管理人员可根据需要在外包装上加盖封印。"秘密"及以上级别的资料应交机要部门寄送或由两人携带递送，对方接收后，在回执清单中注明外包装情况。严禁使用互联网传送未加密的数据资料。

数据资料的复印、拷贝、整理、归档、销毁以及转抄，均应由相关负责人审批后方可执行。借用数据资料应附有借用清单，认真清点和履行签字手续。

非密级数据资料的发放和使用应由信息化管理部门专人审核批准后方可执行。"秘密"及以上级别数据资料的发放应由信息化管理部门领导审批。收发或交接资料应办理登记手续。资料应当面清点，检查有无缺损情况，有问题应当即提出。确认无误时，接收人应在相应表格上签具姓名和日期。表格一式两份，一份存资料室，一份随资料流转。确保发现资料差错、丢失或损坏时，可追查当事人责任。

（3）数据资料的销毁

①无保存价值的各项资料均应销毁。纸质媒体应集中销毁。光盘应打碎，碎片不大于光盘面积的1/10。磁带和胶片应烧毁。各类软、硬盘应将磁盘取出并烧毁。

②每年应统计需要销毁的资料，凡需销毁的资料应经过鉴定，由信息化管理部门编造销毁登记册，经相关部门核实，报主管领导批准，在销毁人（部门）和监销人（部门）同时在场时方可进行。

（4）电子资料的保密要求

①计算机信息系统主机或存储设备发生故障时宜现场维修，系统管理员应在现场监督；确需送出维修时，应注意去掉存储部件或删除数据。

②坚持"涉密计算机不上互联网或其他公共信息网络，也不得与业务内网相接，应实行物理隔离"的原则。需接入互联网的计算机应按正常程序申请，操作人员接受网络安全管理培训后，由公司信息化管理部门分配相应的上网权限。杜绝以各种形式违规外联互联网，包括利用办公电话拨号上网、无线上网等，维护公司网络安全防护体系。

③坚持"非涉密计算机不处理涉密信息"的原则。在办公范围内不得启用工作用笔记本电脑自带的无线网卡。

④对重要或涉密数据的存储和传输应进行加密处理，对其存储介质应采取必要的安全保护措施，并建立相应的登记管理制度，对保密信息不得遗失、泄漏。

⑤未经同意，涉密计算机不得使用U盘、移动硬盘和刻录机等相关设备。除有特殊用途外，应锁定所有业务经办计算机的US8接口，拆除或禁用软驱、光驱。对废弃的涉密数据要严格按照保密要求进行清零覆盖处理。

（5）纸质资料的保密要求

所有纸质资料应按照保密级别分别整理存放，由专人负责管理。借用人对借用的数据资料要严加保管，严禁复制，未经部门负责人许可不得随意转借他人，经批准转借时应由再借人出具借条。

各生产部门负责人负有对本部门范围内流动的数据资料进行监管的责任，应随时检查保密情况，发现问题及时上报主管负责人。

利用暂时无人工作的作业室临时放置数据资料时，钥匙应由专人保管，并在无人使用时立即锁门、关窗。借用数据资料人员将涉密数据资料带入办公区域时，应在无人时锁门和关窗，随时清点数据资料，并尽快将数据资料归还。

（二）应用系统安全

1. 用户认证中心

用户认证中心实现基于安全策略的统一用户管理、认证和单点登录，解决用户在同时使用多个应用系统时所遇到的重复登录问题。中心站的信息化建设是一个长期的过程，内部的应用系统会越来越多。这些系统可能会由不同开发商建设，不同用户使用，用户在使用每个应用系统之前都必须按照相应的系统身份进行登录，为此需要建立统一的用户认证中心，使用户记住一个用户名和密码就可合法使用所有应用系统，降低出错的可能性，也降低受到非法截获和破坏的可能性，在应用层面提高系统安全性。针对这种情况，需要将统一用户管理认证和单点登录等技术应用到各应用系统中。

用户认证中心为企业提供一套完整的用户认证和单点登录解决方案，且具备以下功能。

（1）统一用户管理

统一用户管理实现用户信息的集中管理，并提供标准接口，统一存储所有应用系统的用户信息，应用系统对用户的相关操作全部通过统一用户管理系统完成，而授权等操作则由各应用系统完成，即统一存储、分布授权。统一用户管理具体包括以下功能。

①用户信息规范命名、统一存储，用户 ID 全局唯一。用户 ID 犹如身份证，区分和标识了不同的个体。

②统一用户管理系统向各应用系统提供用户属性列表，如姓名、电话、地址、邮件等属性，各应用系统可以选择该系统所需要的部分或全部属性。

③应用系统对用户基本信息的增加、修改、删除和查询等请求由统一用户管理系统处理。

④应用系统保留用户管理功能，如用户分组、用户授权等功能。

⑤统一用户管理系统具有完善的日志功能，详细记录各应用系统对其操作。

（2）统一认证

用户认证是集中统一的，支持 PKI、用户名 / 密码、B/S 和 C/S 等多种身份认证方式。统一用户认证对所有应用系统提供统一的认证方式和认证策略，以识别用户身份的合法性，统一用户认证应支持以下几种认证方式。

①匿名认证：用户不需要任何认证，可以匿名的方式登录系统。

②用户名 / 密码认证：这是最基本的认证方式。

③ PKI/CA 数字证书认证：通过数字证书的方式认证用户的身份。

④ IP 地址认证：用户只能从指定的 IP 地址或者 IP 地址段访问系统。

⑤时间段认证：用户只能在某个指定的时间段访问系统。

⑥访问次数认证：累计用户的访问次数，使用户的访问次数在一定的数值范围之内。

以上认证方式采用模块化设计，管理员可灵活地进行装载和卸载，可以根据认证策略对认证方式进行增、删或组合，以满足各种认证要求，同时还可按照用户的要求方便地扩展新的认证模块。

（3）单点登录

支持不同域内多个应用系统间的单点登录。

2. 灾难备份系统

灾难备份系指获得网络带宽保障和服务器等软硬件的备份支持，保证在三级应急响应机构之间的无障碍远程信息传递和灾难状况下的信息补救、恢复。可用的方式有以下两种。

①关键设备采用本地双机热备方式，降低关键应用服务中断概率。

②重要系统采用异地备份方式，当某一站发生服务中断时，可切换到另一站继续工作。

3. 网络安全

网络安全技术致力于解决如何有效进行介入控制，以及如何保证数据传输的安全性的技术手段，主要包括物理安全分析技术、网络结构安全分析技术、系统安全分析技术、管理安全分析技术及其他安全服务和安全机制策略。网络安全系统对网络结构安全、服务、机制策略进行设计，包括防火墙系统、防病毒系统和入侵检测系统。

（1）防火墙系统

在网络之间建立一个安全控制点，通过允许、拒绝或重定向经过防火墙的数据流，实现对进出 SCADA 系统各部分服务和访问的审计和控制。禁止外部用户进入内部网络访问内部机器，保证外部用户可以且只能访问某些指定的信息。

①自身安全性：主要是指防火墙系统的健壮性，也就是说防火墙本身应该是难以被攻入的。

②管理方式：包括管理员具体采用什么方式管理防火墙，是 Telnet 还是 Web，有没有加密和认证等。

③访问控制能力：它是防火墙的核心功能，包括控制细度，比如地址、协议、端口、时间、用户、命令、附件等；还包括控制强度，即应该限制的内容必须全部阻断，应该通过的内容不应该有任何阻断。

④抗攻击能力：指防火墙对各种攻击的抵抗能力，包括抵御攻击的种类和数量，特别是对 DOS 和 DDOS 攻击的抵抗力。

⑤网络性能：防火墙是个网络设备，在保证安全的基础上，应该最大程度地降低对网络性能的影响，主要指最大带宽、并发连接数、每秒新增连接数、丢包和延退能满足中心站的各项应用要求；防火墙在策略起作用和全通策略的状态下，都能满足引用需求。

⑥网络功能：包括地址转换 JP/MAC 绑定、静态和动态路由、源地址路由、代理、透明代理、ADSL 拨号、DHCP 支持、双机热备和负载均衡等。

⑦管理功能：包括日志、修订策略、添加和删除用户、VPN 建立、远程集中管理等。用户管理应该注意界面的友好性，设置选项应该。其中日志系统应该有详细的记录，包括连接的状态和内容，应该便于分类和排序，方便存入数据库并有 Syslog 等标准的接口。远程管理要管理命令的加密和认证以及是否支持策略远程导入导出等。

⑧质量：采用贴板技术、双电源、大功率风扇等。

（2）防病毒系统

对监控系统中所有网络节点进行病毒防范，并建立一个集中统一的防病毒管理系统，对全网病毒进行防杀和管理。需要安装防病毒系统的系统分为客户端、服务器和网关。防病毒系统可将病毒的传染域隔离到孤立的某一台机器，这样病毒的破坏就会被控制到最小范围。

为了保证防病毒系统的一致性、完整性和自升级能力，必须有一个完善的病毒防护管理体系负责病毒软件的自动分发、自动升级、集中配置及管理、统一事件和告警处理，保证整个企业范围内病毒防护体系的一致性和完整性，因此在中心站和应急站均设防病毒体系，分别设有 2 台防病毒服务器，一主一备。防病毒系统应具有以下功能。

①完整的产品体系和高的病毒检测率。

防病毒系统应该能够覆盖每一种需要的平台。一般考虑在每一种需要防护的平台上都部署防病毒软件，包括客户端、服务器和网关等。防病毒系统除具备极高的病毒检测率和清除率外，还必须能够对各种格式的文件（包括压缩文件）进行病毒清除。

②防病毒软件控制台。

对防病毒软件通过网络进行集中管理和统一配置，完成集中分发软件，进行病毒特征码升级。一个企业内部的不同部门需要采用不同的防病毒策略。控制台应该允许管理员按照 IP 地址、计算机名称、子网甚至 NT 域进行安全策略的分别实施。

③减小通过广域网进行管理的流量。

中心站可能需要通过广域网进行管理，由于广域网的带宽有限，应从各个方面考虑，尽量减少防病毒软件带宽占用问题。自动升级功能应允许升级发生在非工作时间，尽量不占用业务需要的带宽。对于必须频繁升级的特征码，应采取必要的措施将其进行压缩，比如增量升级方式等。

④报表功能。

及时了解网络中的病毒活动情况，包括哪些病毒活动比较频繁，哪些计算机或者用户的文件比较容易感染病毒以及已发现病毒的清除情况等，以修改病毒防范策略以及了解病毒的来源情况，方便进行用户和文件资源的安全管理。网络防病毒软件可提供实用、界面友好的报表。

⑤实时防范。

防病毒软件能够常驻内存，对所有活动的文件进行病毒扫描和清除。同时，当病毒特征码不能及时更新时，防病毒软件本身能够具有一定程度的未知病毒识别能力。

⑥病毒特征码升级。

防病毒系统能够提供一种方便、有效和快速的升级方式，同时防病毒软件厂商应提供相应技术支持和售后服务。

综上所述，需要建立整个网络规范化的网络病毒防范体系，结合网络病毒入口点分析，将最新技术应用到网络中，形成一个协同作战、统一管理的局面，构建一个完整、现代化的网络病毒防御体系。

（3）入侵检测系统。

入侵检测系统依照一定的安全策略对网络、系统的运行状况进行监视，尽可能发现各种攻击企图、攻击行为和攻击结果，以保证网络系统资源的机密性、完整性和可用性。

入侵检测系统不同于防火墙，它是一个监听设备，没有跨接在任何链路上，无须网络流量流经便可以工作。因此，入侵检测系统部署唯一的要求是应当挂接在所有所关注流量都必须流经的链路上。在这里，所关注流量指的是来自高危网络区域的访问流量和需要进行统计、监视的网络报文。

一个完整的入侵检测系统可分为 4 部分：数据采集子系统、数据分析子系统、控制台子系统和数据库子系统。其中数据采集子系统（探测器）和数据分析子系统合称数据采集分析中心。入侵检测系统在交换式网络中一般应尽可能靠近攻击源和受保护资源，因此应在服务器区域的交换机、Internet 接入路由器之后的第一台交换机和重点保护网段的局域网交换机上安装基于网络的入侵检测系统。

入侵检测系统的主要功能如下。

①入侵检测：对入侵者的动作作出智能报告，缺省情况下，对经典的对各项服务的攻击作出告警。

②监测并分析用户和系统的活动。

④评估系统关键资源和数据文件的完整性。

⑤识别已知的攻击行为。

⑥统计分析异常行为。

⑦操作系统日志管理，并识别违反安全策略的用户活动。

⑧远程管理：通过控制台和日志分析程序管理和分析多个网络引擎及它们产生的告警，实时查看和管理机房里的入侵检测系统，提供多种告警方式，用户可以远程得到告警。

⑨抗欺骗：能避免系统漏报误报，避免告警日志塞满硬盘，基于状态进行入侵判断。

⑩保证自身安全：程序本身在各种网络环境中都能正常工作，保证其各个模块之间的通信不被破坏、不可仿冒，通信过程中引入加密和认证机制。如果模块间的通信被切断，则需要良好的恢复重传机制。

三、物理安全

物理安全指数字管道系统物理设备的防受损和受损恢复能力。由于管道为链状结构，物理设备包括物理网络和其连接的所有设施。

物理设备的安全保护应考虑以下两个方面。

（一）业务恢复时间的要求

业务恢复时间和业务恢复范围是度量生存性的两个重要尺度，不同用户和不同业务对业务恢复时间和恢复范围有不同的要求。ITU-T（国际电信联盟电信标准部）要求业务恢复时间小于 50 ms。

（二）中断时间对业务的影响

①当中断时间为 50 ~ 200 ms 时，交换业务的连接丢失概率小于 5%，对于 7 号信令网和信元中的业务影响不大。

②当中断时间为 200 ms ~ 2 s 时，交换业务的连接丢失概率增加。

③当中断时间达到 10 s 时，多数数据调制解调器超时，面向连接的数据会话也可能超时。

④当业务中断超过 10 s 后，所有通信会话都将丢失连接，如果超过 5 min，则数字交换机将出现严重的堵塞。

因此，业务中断时间有两个重要的门限值：50 ms，此时可以满足大多数业务的质量要求，除了瞬态冲击外业务不中断；2 s，只要业务中断时间短于 2 s，那么中继传输和信令网的稳定性就可以保证，电话用户只经历短暂的通话间歇，几乎所有的数据会话协议仍能维持不超时，图像业务则会发生丢帧和图像冻结现象（几秒），但多数人能勉强忍受。

因此将 2 s 门限值作为网络恢复的目标值，称为连接丢失门限（CDT）。

四、使用安全

（一）人员职责

对数字管道系统管理权限设置数据库管理人员。数据库管理人员应掌握基本的计算机技术及数据库管理技术。

数据库管理人员应严格作业，按要求进行数据库的日常维护和定期更新，特别应注意以下几项。

第一，数据库管理人员临时离开操作电脑时，应退出数据库或锁定计算机，以防他人进行未经授权的操作。

第二，数据库管理人员的口令应依据系统的实际情况做周期性的更改。

第三，数据库管理人员登录数据库应进行身份验证，如出现他人借用或盗用系统管理账号而引起不良后果，应按规定追究有关责任人的责任。

第四，应加强对涉密人员的培训和教育，提高他们的保密意识，严禁涉密信息的有意或无意泄漏。数据库管理人员调离时，口令密钥应及时进行更换。

（二）制度建设

数字管道系统的人为行动需要由周全的制度和规范来控制，包括以下各项。

第一，数据库备份与恢复管理规定和技术规范。

第二，数据库更新与优化管理规定和技术规范。

第三，数据库的安全管理规定和技术规范。

第四，人员组织管理规定和技术规范。

第五，紧急事件处理管理规定和技术规范。

数据库管理部门可根据需要制定其他相应的管理制度和技术规范。

（三）事故和违纪处理

1. 密级资料丢失

发现密级资料丢失等危害数据安全的情况时，应立即向上级部门反映，尽快查找泄密原因，采取必要的补救措施，将数据丢失造成的损失降到最低。

2. 越权、违规进入数据库

发现有人越权、违规进入数据库进行篡改、拷贝等任何威胁数据库安全的行为时，应立即报告数据库管理部门，查明情况，追查责任，并立即采取必要的安全措施保护数据库安全。

3. 数据泄密

任何人员违反公司规定泄密数据，均由公司进行查处，严重者移交司法机关进行处理。

第三节 空间信息技术

一、GIS 技术

GIS（地理信息系统）萌芽于 20 世纪 60 年代初，是一种兼容存储、管理、分析、可视化表达各种空间地理数据等功能于一体的集成化计算机系统，是基于空间信息的技术手段，是分析和处理海量地理数据的通用系统。最近几十年来，GIS 取得了惊人的发展，并广泛地应用于资源调查、环境评估、区域发展规划、公共设施管理和交通安全等领域，成为一个跨学科、多方面的系统。

与一般管理信息系统相比，GIS 具有两个明显的特点。

第一，GIS 在分析处理问题时使用空间数据与属性数据，并通过数据库管理系统将两者紧密地联系在一起，共同管理分析和应用，从而提供了认识地理现象的一种新的思维方法。

第二，GIS 强调空间分析，通过利用空间解析模型来分析空间数据，其成功应用依赖于空间分析模型的研究与设计。

GIS 软件平台一般具有以下功能。

（一）输入功能

GIS 的数据输入包括两个方面：空间数据（这类数据用来定义实体的位置）输入，可通过数字化仪或扫描仪将地图和图像等输入计算机，然后进行编辑；属性数据（这类数据定义实体的内容）输入。

（二）检索功能

按给定的检索条件，可检索有关实体或属性。

（三）分析功能

它包括空间分析、属性分析以及空间和属性联合分析。空间分析有周长计算、面积计算、旋转和三维显示等。属性分析有逻辑运算、数学运算和重分类等。空间和属性联合分析有区域分析、叠置处理和邻域分析等。

（四）输出功能

按用户能理解的形式或能够传送到其他计算机并立即使用的形式表示数据处理结果。

（五）数据库管理功能

采用关系型数据库组织和管理空间地理数据。空间地理数据包括空间、属性和时间三个维度，分别用来描述空间地理实体或空间地理现象的分布特征、专题性质和时间变化。三个维度的数据通过关系数据模型连接成一个统一的整体，进行空间分析、模拟以及可视化表达。

地理信息系统主要采用两种数据模型模拟和表达地理特征或地理现象：一种是栅格数据模型；一种是矢量数据模型。

栅格数据模型采用规则分布的栅格数据阵列模拟和表达空间地理实体或空间地理现象。栅格的排列组合特征以及相对位置表示地理实体（现象）的空间信息，栅格编码值表示地理实体（现象）的属性信息。运用栅格数据模型，点实体可表示为一个像素，线实体表示为在一定方向上连接成串的相邻像素的集合，面实体表示为聚集在一起的相邻像素的集合。它可用层来表示一种地理属性。

为了集中管理和共享地理数据，有必要将大量的 GIS 数据组成一个地理数据库。考虑到地理实体（现象）本身的特点以及空间分析的具体需要，GIS 通常也采用其他一些数据模型，如不规则三角形网络模型等。

GIS 技术是利用现代计算机图形和数据库技术来处理地理空间及其相关数据，是融地理学、测量学、几何学、计算机科学和应用对象为一体的综合性高新技术。其最大特点在于能把地球表面空间事物的地理位置及其特征有机地结合在一起并通过计算机屏幕形象直观地显示出来。近年来，WebGIS 互联网发布技术日趋成熟，通过 WebGIS 技术把管道应用发布到互联网上，用户只需 IE 浏览器即可方便使用基于 GIS 强大的数据展示和辅助分析功能。数字管道建设中主要利用 GIS 技术实现地理信息数据采集、传输、储存和统一出图作业，为管道全生命周期的各阶段提供决策辅助。

油气长输数字管道建设以地理空间信息为基础平台，以生产运营业务为主体，将工程的各种空间实体与数据自然地组织在一起，为油气公司和油气长输管道工程项目部生产运营管理提供实时指挥和辅助决策信息支持，全面实现油气长输管道整个生命周期的现代化管理。由于 GIS 技术直接影响到数字管道系统的性能，所以选择技术全面的 GIS 平台是开发出先进系统的基本保证。因此需要从功能、性能和技术架构等多方面剖析 GIS 产品，选择能较好支持数字管道系统应用的 GIS 平台。

二、遥感及遥感影像处理技术

（一）遥感的含义

遥感，顾名思义，就是遥远的感知，即根据物体对电磁波的反射和辐射特性获取地物信息。

广义而言，遥感泛指各种非接触、远距离的探测技术，将来可能涉及声波、引力波和地震波。狭义而言，遥感是一门新兴科学技术，主要指从远距离、高空以至外层空间的平台上，利用可见光、红外、微波等探测仪器，通过摄影或扫描、信息感应、传输和处理识别地面物质的性质和运动状态的现代化技术系统。

任何物质在绝对温度零度（-273℃）以上都会反射或辐射不同波长的电磁波。人的眼睛或普通照相机只能感受其中的可见光谱段，但特殊的遥感仪器却能把紫外、红外或微波的信息强弱及其空间差异记录下来，经过电子计算机和光电设备加工处理，再现这些物体的影像，变成人眼可以识别的图形，甚至按照专家系统的分析直接输出结论性的专题地图。

遥感在 20 世纪 30 年代航空摄影和判读的基础上，随着太空技术、电子计算机和地球科学的发展，产生了质的飞跃。

遥感的主要特点如下。

第一，从以飞机为主要运载工具的航空遥感发展到以人造卫星为主要运载工具的太空航天遥感，人们开始从一个新的高度——太空来观测地球。

第二，超越人眼所能感受的可见光的限制，延伸了人的感官。

第三，快速、及时地反映自然和社会现象，用来对比分析自然的动态变化，从而赢得预测、预报的时间。

第四，广泛吸收激光、光纤、全息等技术成就，涉及天文学、地学、生物学等科学领域。

（二）遥感的分类

遥感按平台、技术和信息获取方法可以进行不同的分类。

1. 按平台分类

遥感按平台可分为两大类。

（1）航天遥感

其平台包括飞船、航天飞机和人造地球卫星等。

（2）航空遥感

其平台包括高空、中空和低空的遥感飞机。

2. 按技术特点分类

遥感根据所用技术的特点不同可分为两大类。

（1）图像类型遥感

其中属主动方式的有微波雷达和激光雷达，属被动方式的有光学摄影（采用宽谱段摄影、多光谱摄影和高光谱摄影）、光电摄像（采用各种摄像的电视摄像机系统）和光学机械扫描（采用多光谱、高光谱扫描仪）。

（2）非图像类型遥感

包括雷达高度计、激光雷达以及电磁场、重力场、辐射场、温度场和气体分析等的遥感技术。

3. 按信息获取方式分类

遥感按信息获取方式可分为两大类。

（1）摄影方式遥感

包括紫外摄影、普通全色摄影、红外摄影、热红外摄影、彩色摄影、假彩色摄影和多波段摄影等。

（2）非摄影方式遥感

包括热红外扫描、多谱段和高光谱扫描及空中侧视雷达等。

（三）遥感及遥感影像处理技术的应用

概括地说，遥感是运用物理手段、数字方法和地学规律的现代化综合性探测技术，它为经济建设、资源勘测、环境监测、军事侦察提供了现代化的技术手段，反映一个国家太空科学技术的进展、计算机技术的水平、地学科学的理论储备以及对资源、环境科学管理与预测、预报的能力。同时，遥感也是高技术开发和信息时代的新兴行业。

遥感，特别是航天遥感是空间对地信息获取的最重要，最理想的技术手段。空间对地观测包括光学遥感成像、红外遥感探测、激光遥感和微波遥感等。

遥感影像处理技术是遥感技术应用的关键。目前，遥感影像的智能化理解和识别技术——图像分类技术得到迅速发展，人工神经元网络分类法、模糊分类法、纹理分类法和基于知识的图像分类等都取得了明显进展。遥感影像信息的融合技术研究不同遥感技术获得的遥感影像的配准、多光谱与 SAR 图像配准，有利于获得对地表的最佳认知。目前最成功的遥感影像信息压缩技术仍是小波分析压缩方法，它对于遥感影像的实际应用具有十分重要的意义。基于遥感影像的三维地学仿真技术（基于分形技术的地景生成技术等）已经取得实用性成果。数字正射影像数据与数字高程模型自动生成技术已有成熟的软件用于生产。全数字摄影测量系统迅速发展，国内地方和军方都推出了自己的软件，有力地推动了数字线划图的生产。

航空航天遥感技术是通过在飞机、卫星和航天飞机等遥感平台上安装光学、红外、微波等遥感器，远距离接收电磁辐射信息。这些信息以数字方式记录，再经微波传输到遥感地面接收站，经处理后制成遥感磁记录产品或遥感影像模拟胶片、相片等，提供给用户使用。数字管道系统中主要应用遥感技术来测定地面目标的三维坐标，自动获取数字高程模型的精度。

三、多分辨率数据融合技术

数字管道中图形信息处理总要依赖于一定的比例尺。但数字管道信息是以固定的基本比例尺存储于数据库中的，为每一种所需比例尺的数据都建立数据库显然是不现实的。因此，有必要在数字管道中开发多分辨率数据融合功能以支持多比例尺操作，即利用基础数据库本身来生成各种所需比例尺或分辨率的数据。这不仅可以节省大量人力、物力、全面降低数据采集、存储、维护和更新的费用，而且可以提高现有数据库的价值和整个数字管道的效率。

四、海量数据存储与处理技术

海量数据用来形容巨大、空前浩瀚的数据。如今，随着数据库技术和数据采集技术的不断发展，人类每天获得的数据量剧增。同时，随着信息化程度的提高，数据的形式也多样化，它包含各种空间数据（如影像数据和矢量数据等）、统计报表数据、文本、超文本以及多媒体等。如何有效地组织管理和充分利用这些海量数据，将是人类不断探索与研究的一个新课题。

长输管道是油田油气运送的主要：手段，在油气管道设计、建设、运营管理过程中所产生的数据具有结构复杂、存储介质多样、格式多样等特点，尤其 SCADA 实时采集和处理数据海量，达万亿字（TB）级，对这些数据的存储和处理应采用先进的存储网络和技术方案。

五、元数据技术

元数据是关于实际数据的地址、来源、内容、格式等说明的信息，是一种数据结构标准，是为促进数据集的高效利用与计算机辅助软件工程（CASE）服务建立起来的。其内容包括：对数据集的描述，对数据集中各数据项、数据来源、数据所有者及数据序列（数据生产历史）等的说明；对数据质量的描述，如数据精度、数据的逻辑一致性、数据完整性、分辨率、源数据的比例尺等；对数据处理信息的说明，如量纲的转换等；

对数据转换方法的描述；对数据库的更新、集成方法等的说明等。元数据应尽可能多地反映数据集自身的规律特征，以便于用户对数据集的准确、高效与充分地开发和利用，因此不同领域的数据库元数据的内容会有很大差异。用户通过元数据可以有效地检索、访问数据库，对数据进行加工处理和二次开发等。

元数据技术提供了一种框架体系和方法来描述、表征数字化信息的基本特征，并通过一套通用的编码规则，将来源各异的数字化资源归纳到一个标准的体系中，它是实现数据交换、数据集成、数据共享的核心内容之一，也是数字管道应用集成的关键技术之一。

六、数据库技术

GIS 关键性的技术问题之一是其空间数据模型的完备性和适应性。实践表明，对现有空间数据模型认识和理解的正确与否在很大程度上决定着 GIS 空间管理系统研制或应用空间数据库设计的成败，而对空间数据模型的深入研究又直接影响着新一代 GIS 的发展。由于其本身的特征，用传统的数据库来管理空间数据时，存在着以下弊端。

第一，传统数据库管理的是不连续、相关性较小的数字或字符，而空间数据是连续的，并且有很强的空间相关性。

第二，传统数据库管理的实体类型较少，并且实体类型之间通常只有简单、固定的空间关系，而空间数据的实体类型繁多，实体之间的空间关系较为复杂。

第三，传统数据库系统存储的通常为等长记录的数据，空间数据通常由于描述对象的不同而具有变长记录，并且数据项也可能曲而复杂。

第四，传统数据库系统只操作和查询数字和文字信息，而空间数据的管理中需要大量的空间数据操作和查询。

GIS 的一项重要功能就是空间分析功能。它要求不仅软件要有空间分析模型，而且使用的数据库必须支持空间分析功能，即数据库储存拓扑关系的数据，通常空间拓扑数据与图形数据是合二为一的。GIS 要求在数据库内部必须能够很好地进行数据通信和协调，否则极易造成数据库混乱。同时，GIS 要求具有强大的信息检索和分析功能，这建立在其数据库强大支持的基础上，要求能高效访问大量数据，特别是一些图形影像等数据。

正确评估、选型与数据库技术本身同样重要。在挑选和评估过程中，首要目标是选择一套能够满足甚至超过预定要求的技术或解决方案。正确选型方法将使用户在面对众多产品时拥有做出最佳选择的能力。在数据库选型时，必须考虑以下五大因素。

（一）稳定可靠

企业的信息化可以促进生产力的提高，但如果选择了不稳定的产品，经常影响业务生产的正常运营，则实际效果很可能是拖了企业的后腿。无论是计划中（数据库维护等正常工作）还是意外的宕机都将给企业带来巨大的损失，这意味着企业会减少收入，降低生产力，丢失客户，在激烈的竞争中丧失信心。信息系统的稳定可靠是由多方面因素决定的，包括网络、主机、操作系统、数据库以及应用软件等几方面，这些因素互相又有一定的依赖关系，因此，在企业信息化的选型中要通盘考虑这些问题。数据库保存的是企业最重要的数据，是企业应用的核心，稳定可靠的数据库可以保证常年运行，而不会因为数据库的宕机遭受损失。因而数据库要具备灾难恢复、系统错误恢复、人为操作错误恢复等功能，同时要尽量缩短计划内维护宕机时间。

（二）可扩展

企业的应用是不断深入和扩展的，数据量和单位时间的事务处理量都会逐渐增加。如果要求企业购置一套信息系统足以满足未来若干年发展的需要显然是不恰当的，因为这实际意味着企业要多花很多钱而不能发挥信息设备的最大效能，造成资源的浪费。比较好的解决办法是企业先购置一套配置较低、功能适用的系统，当未来业务有需要时可以方便地对系统进行扩展，使系统的处理能力逐步增加满足业务处理的需求。落实到数据库就是要选择具有良好的伸缩性及灵活的配置功能的产品，无论是主机系统的内存或硬盘方面的扩展还是集群系统的扩展，都能够被数据库利用，从而提高系统的处理能力。

（三）安全性

数据库的安全性是指保护数据库以防止不合法的使用造成数据泄露、更改或破坏。安全性问题不是数据库系统独有的，所有计算机系统都有这个问题。只是在数据库系统中保存着大量重要的数据，而且为许多最终用户共享使用，因此安全问题显得更为突出。系统安全保护措施是否有效是数据库系统的重要指标之一。数据库的安全控制主要通过用户标识与鉴别、存取控制、视图机制、审计、数据加密等机制完成。

（四）开发工具

无论是优秀的硬件平台还是功能强大的数据库管理系统，都不能直接解决最终用户的应用问题，企业信息化的工作也要落实到开发或购买适合企业自身管理的应用软件上。目前流行的数据库管理系统大都遵循统一的接口标准，所以大部分开发工具都可以面向多种数据库的应用开发。

（五）服务质量

在现今信息高度发达的竞争中，数据库厂商完全靠产品质量打动用户的时代已不复存在，各数据库产品在质量方面的差距逐渐缩小，而用户选择产品的一个重要因素就是厂家的技术服务。因为购买了数据库系统之后，面临着复杂的软件开发、数据库维护及产品升级等，需要得到数据库厂商的培训、各种方式的技术支持（电话、用户现场）和咨询。数据库厂家服务质量的好坏将直接影响到企业信息化建设的工作。

七、管道完整性管理技术

数字管道的核心内容是贯穿管道全生命周期的一个系统完整的数据库，它不仅涵盖设计阶段的可研、勘察、设计等数据和建设阶段的施工数据，更积累管道运营阶段的设备、管道、计划等信息，从而为管道完整性提供数据分析及决策支持。

第四节　网络与通信技术

一、微波通信技术

微波通信是利用微波传播进行的通信方式，它具有容量大、质量好的特点，并可传至很远的距离，因此是国家通信网的一种重要通信手段，也普遍适用于各种专用通信网。我国微波通信广泛应用 L、S、C、X 诸频段，K 频段的应用尚在开发之中。

微波的频率极高，波长又很短，在空中的传播特性与光波相近，也就是直线前进，遇到阻挡就被反射或阻断，因此微波通信的主要方式是视距通信，超过视距以后需要中继转发。一般说来，由于地球曲面的影响以及空间传输的损耗，每隔 50 km 左右就需要设置中继站，将电波放大转发而延伸。这种通信方式也称为微波中继通信或微波接力通信，长距离微波通信干线可以经过几十次中继而传送数百万米仍保持很高的通信质量。

微波站的设备包括天线、收发信机、调制器、多路复用设备以及电源设备、自动控制设备等。为了把电波聚集起来成为波束送至远方，一般采用抛物面天线，其聚焦作用可大大增加传送距离。多个收发信机可以共同使用一个天线而互不干扰，我国现用微波系统在同一频段同一方向可以有六收六发同时工作，也有八收八发同时工作，以增加微波电路的总体容量。多路复用设备有模拟和数字之分。模拟微波系统每个收发信机可以工作于 60 路、960 路、1800 路或 2700 路通信，可用于不同容量等级的微波电路。数字微波系统应用数字复用设备以 30 路电话按时分复用原理组成一次群，进而可组成二次群 120 路、三次群 480 路、四次群 1920 路，并经过数字调制器调制于发射机上，在接收端经数字解调器还原成多路电话。最新的微波通信设备数字系列标准与光纤通信的同步数字系列（SDH）完全一致，称为 SDH 微波。

微波通信由于频带宽、容量大，可以用于各种电信业务传送，如电话、电报、数据、传真以及彩色电视等。微波通信具有良好的抗灾性能，对水灾、风灾以及地震等自然灾害，一般都不受影响。但微波经空中传送易受干扰，在同一微波电路上同一方向不能采用相同频率，因此微波电路必须在无线电管理部门的严格管理之下进行建设。此外，由于微波直线传播的特性，在电波波束方向上不能有高楼阻挡，因此城市规划部门要考虑城市空间微波通道的规划，使之不受高楼的阻隔而影响通信。

近年来，我国成功开发点对多点微波通信系统，其中心站采用全向天线向四周发射，在周围 50 km 以内可以有多个点放置用户站，从用户站再分出多路电话分别接至各用户使用。其总体容量有 100 线，500 线和 1000 线等，每个用户站可以分配十几或数十个电话用户，必要时还可通过中继站延伸至数十万米外的用户使用。这种点对多点微波通信系统对于城市郊区、县城至农村村镇或沿海岛屿的用户及分散的居民点十分合用，较为经济。

微波通信还有"对流层散射通信""流星余迹通信"等，这些系统利用高层大气的不均匀性或流星的余迹对电波的散射作用而达到超过视距的通信，但在我国应用较少。

二、卫星通信技术

卫星通信实际上是微波中继传输技术与空间技术的结合，简单地说就是地球上（包括地面和低层大气中）的无线电通信站间利用卫星作为中继而进行的通信。卫星通信系统由卫星和地球站两部分组成，其特点有：只要在卫星发射的电波所覆盖的范围内，在任何两点之间都可进行通信（通信范围大）；不易受陆地灾害的影响（可靠性高）；只要设置地球站电路即可开通（开通电路迅速）；同时可在多处接收，能经济地实现广播、多址通信（多址特点）；电路设置非常灵活，可随时分散过于集中的话务量；同一信道可用于不同方向或不同区间（多址连接）。

卫星在空中起中继站的作用，即把一个地球站发上来的电磁波放大后再反送回另一地球站。地球站是卫星系统形成的链路。由于静止卫星在赤道上空 3 600 km，绕地球一周的时间恰好与地球自转一周一致，从地面看上去如同静止不动。3 颗相距 120°的卫星就能覆盖整个赤道圆周。故卫星通信易于实现越洋和洲际通信。最适合卫星通信的频率是 1 ~ 10 GHz 频段，即微波频段。为了满足越来越多的需求，目前已开始研究应用新的频段。

在微波频带，整个通信卫星的工作频带约有 500 MHz 宽度，为了便于放大和发射及减少变调干扰，一般在卫星上设置若干个转发器，每个转发器的工作频带宽度为 36 MHz 或 72 MHz。目前的卫星通信多采用频分多址技术，不同的地球站占用不同的频率，即采用不同的载波。这对于点对点大容量的通信比较适合。近年来，已逐渐采用时分多址技术，即每一地球站占用同一频带，但占用不同的时隙，它比频分多址技术有一系列优点，如不会产生互调干扰，不需用上下变频把各地球站信号分开，适合数字通信，可根据业务量的变化按需分配，可采用数字话音插空等，使容量增加 5 倍。另一种多址技术是码分多址（CDMA），即不同的地球站占用同一频率和同一时间，但有不同的随机码来区分不同的地址。它采用了扩展频谱通信技术，抗干扰能力强，有较高的保密通信能力，可灵活调度话路。其缺点是频谱利用率较低。它比较适合容量小、分布广、有一定保密要求的系统使用。

卫星通信系统不受地域影响，安装方便，具备特有的广播特性，是专网通信方式之一。使用该通信方式时，要购买其端站设备及租用该网络的卫星信道。

卫星通信技术的主要优缺点如下。

（一）主要优点

第一，不受地理条件限制，卫星通信覆盖区域大，传输距离远。

第二，建站速度快，组网灵活，不受管道施工的制约。

第三，管线发生事故时，不影响通信系统的正常运行，抗自然灾害能力较强。

第四，工程造价较低。

（二）主要缺点

第一，卫星通信受天气变化，如暴雨、暴雪及日凌等现象的影响较大，信号质量不稳定。

第二，有信号延迟现象，通信质量有时较差。

第三，供使用的带宽窄，且租用费用与带宽成正比。

第四，每年需要交纳高昂的频带租用费。

近年来卫星通信新技术的发展层出不穷，例如甚小口径天线地球站（VSAT）系统、中低轨道的移动卫星通信系统等都得到广泛关注和应用。20 世纪 70 年代卫星通信在我国首次应用，并迅速发展，与光纤通信、数字微波通信一起，成为我国当代远距离通信的支柱，也是未来全球信息高速公路的重要组成部分。

三、光纤通信技术

（一）光纤通信简介

利用各种电信号对光波进行调制后，通过光纤进行传输的通信方式称为光纤通信。

光纤通信不同于有线电通信，后者是利用金属媒体传输信号，光纤通信则是利用透明的光纤传输光波。虽然光和电都是电磁波，但频率范围相差很大。

光纤通信最主要的优点如下。

1. 容量大

光纤工作频率比目前电缆使用的工作频率高出 8 ~ 9 个数量级，故所开发的容量很大。

2. 衰减小

光纤每千米衰减比目前容量最大的通信同轴电缆要低一个数量级以上。

3. 体积小

重量轻，同时有利于施工和运输。

4. 防干扰性能好

光纤不受强电、电气化铁道和雷电干扰，抗电磁脉冲能力也很强，保密性好。

5. 节约有色金属

一般通信电缆要耗用大量的铜、铝或铅等有色金属，光纤本身是非金属，光纤通信的发展将为国家节约大量有色金属。

6. 成本低

目前市场上各种电缆金属材料价格不断上涨，而光纤价格却有所下降，这为光纤通信得到迅速发展创造了重要的前提条件。

光纤通信首先应用于市内电话局之间的光纤中继线路，继而广泛用于长途干线网上，成为宽带通信的基础。光纤通信尤其适用于国家之间大容量、远距离的通信，包括国内沿海通信和国际长距离海底通信。目前，各国还在进一步研究、开发用于广大用户接入网上的光纤通信系统。

目前，光纤通信技术发展较快，光纤传输设备的容量不断扩大，设备价格也不断下降。随着光纤放大器、光波分复用技术、光弧子通信技术、光电集成和光集成等许多新技术不断取得进展，光纤通信将会得到更快的发展。

光纤通信方式是当前数字管道建设采用的主流通信方式。随着油气长输管道的大规模建设，需要传输的信息量增加较快，对传输的速率及通道带宽要求较高，而光纤通信有着巨大的传输能力和易于升级扩容的特点，且可与管道同沟敷设，大大节约了施工及征地、赔偿费用。其主要缺点为：一次性投资高，施工工程量大。

（二）MSTP 技术

当前主要采用 MSTP 技术搭建专用通信网络平台。

1.MSTP 技术的主要功能特征

MSTP（基于 SDH 的多业务传送平台）是指基于 SDH 平台同时实现 TDM、ATM、以太网等业务的接入、处理和传送，提供统一网管的多业务节点。基于 SDH 的多业务传送节点除应具有标准 SDH 传送节点所具有的功能外，还应具有以下主要功能特征：TDM 业务、ATM 业务或以太网业务的接入功能；TDM 业务、ATM 业务或以太网业务的传送功能，包括点到点的透明传送功能；ATM 业务或以太网业务的带宽统计复用功能；ATM 业务或以太网业务映射到 SDH 虚容器的指配功能。

2.MSTP 的工作原理

MSTP 的节现基础是充分利用 SDH 技术对传输业务数据流提供保护恢复能力和较弱的延时性能，并对网络业务支撑层加以改造，以适应多业务应用，实现对二层、三层数据的智能支持。将传送节点与各种业务节点融合在一起，构成业务层和传送层一体化的 SDH 业务节点，称为融合的网络节点或多业务节点，主要定位于网络边缘。

MSTP 可以将传统的 SDH 复用器、数字交叉连接器（DXC）、WDM 终端、网络二层交换机和 IP 边缘路由器等多个独立的设备集成为一个网络设备进行统一控制和管理。MSTP 最适合作为网络边缘的融合节点支持混合型业务，特别是以 TDM 业务为主的混合业务。它不仅适合缺乏网络基础设施的新运营商，应用于局间或 POP 间，而且适合大企事业用户驻地。即便对于已敷设了大量 SDH 网的运营公司，MSTP 也可更有效地支持分组数据业务，有助于实现从电路交换网向分组网的过渡。所以，MSTP 将成为城域网近期的主流技术之一。

（三）传输系统容量选择

根据对长输管道通信业务需求预测，输气管道业务带宽总需求约为 779 Mbit/s，因此干线的通信系统容量不应小 TSTM-16（2.5 Gbit/s），考虑到管线数据业务对带宽需求逐年不断提高，干线光通信系统应具有平滑升级到 STM64（10 Gbit/s）的能力。

（四）光传输中继距离

光传输系统中继段的设计长度应同时满足系统所允许的衰减和色散的要求。即分别计算出衰减受限和色散受限时的中继段长，取其中的较小值。

（五）光传输时钟同步

光传输设备可选择的定时基准有外同步输入时钟、输入的 STM-N 信号、输入的支路信号和内部高精度振荡器时钟。在正常运行情况下每个网元由一个可选时钟源进行同步。由于 SDH 设备的时钟特性，其定时链路通常可以带 20 个网元。为使接入时钟站点链路尽量短，取中间点站作为主时钟源。

（六）光纤芯数选择

管道工程干线光通信系统分为骨干层和接入层。骨干层由各工艺站场组成，采用线路 1+1MSP 方式组网，全线占用 4 芯光纤。接入层由 RTU 阀室组成，利用 2 芯光纤将监视阀室和监控阀室串接并从两个方向接入相邻的骨干节点。因此光通信系统将总共使用 6 芯光纤。考虑到管道未来业务的发展，预留光纤 6 芯。同时，结合统一调控的规划，为已建及规划建设的管道预留光纤 8 芯。一般情况下，油气管道全线采用 24 芯以上光纤作为主干光缆。

第五节　其他技术

一、自动化技术

（一）数据采集与监视控制技术

数据采集与监视控制技术是保证 SCADA（Supervisory Control and Data Acquisition）系统正常运行的基本技术。SCADA 系统是一种以监督为基础的计算机控制系统，它能收集远处现场的操作信息，并通过通信线路将远方信息传送到控制中心进行显示和报告，控制中心的操作员监视这些信息，并能向远方的设备发送命令。SCADA 系统主要由远程终端设备（RTU）、主站计算机（包括软件和硬件）、操作装置、数据显示装置和控制盘以及有关外围设备组成。

数据采集与控制技术可以应用于电力系统、给水系统和石油、化工等领域的数据采集与监视控制以及过程控制等诸多领域。SCADA 系统是以计算机为基础的生产过程控制与调度自动化系统。它可以对现场的运行设备进行监视和控制，以实现数据采集、设备控制、测量、参数调节以及各类信号报警等功能。由于各个应用领域对 SCADA 的要求不同，所以不同应用领域的 SCADA 系统发展也不完全相同。

目前，国内已广泛采用 SCADA 系统来实现对油气长输管道的自动监控和保护，并已形成油气长输管道自动控制系统的基本模式。SCADA 系统的工作原理是：根据数据采集系统获得的系统运行工况参数与设计工况参数的比较结果，通过由调节阀和与之配套的电动、气动、电液联动或气液联动执行机构以及检测被调参数的仪表等组成的自动调节系统，对某些偏离设计工况的运行参数进行自动纠偏调节。

在油气长输管道日常生产运行中，除了人工采集的数据外，SCADA 系统每天实时采集大量数据，调控中心可以看到这些实时数据。如果和管道地理信息系统相结合，这些实时数据可以显示在地形图上。根据地理信息系统中地图比例尺的大小，SCADA 数据可由粗到细地显示。在小比例尺地图上，可以展示和查询整条管线的概貌数据，比如首站的进站压力、末站的出站压力、油气的组分和输量等。在大比例尺地图上，可以显示和查询每个管段或每个站场的动态数据，如进站压力、流量，进而可以查询站场部分主要设备的进出口压力、温度等数据。当然还可以进行专题查询，比如查询整条管线上压力高于某一定值的所有站场和管段等。还可以通过本系统对某一数据进行分析，形成数据趋势图。如有需要，也可以将各种数据汇总成报表，打印输出。

（二）管控一体化技术

管控一体化是处理 ERP 与现场控制层的中间层，它以生产过程控制系统为基础，通过对企业生产管理、过程控制等信息的处理、分析、优化、整合、存储和发布，运用现代化企业生产管理模式建立覆盖企业生产管理与基础自动化的综合系统。

管控一体化技术实现了对生产过程实时跟踪与监视，进行科学动态的组织、调度和控制。其实质是将企业的各个信息系统重新整合，打通各个专业之间的隔膜，彻底消除数据孤岛现象，实现生产企业管理信息化、信息资源化、传输网络化、管理科学化的现代企业目标，从而建设"高效、数字、生态、和谐、可持续发展"的现代新型企业。

油气长输管道作为流程工业，已经有了底层的生产控制系统，不少企业也实施了上层的 ERP 系统，但是管理层和控制层之间缺乏联系。数字管道系统的应用功能，就是利用管控一体化技术，在获取生产流程所需全部信息的基础上，将分散的控制系统、生产调度系统和管理决策系统等有机地集成起来，综合运用自动化技术、信息技术、计算机技术、生产加工技术和现代管理科学，从生产过程的全局出发，通过对生产活动所需的各种信息的集成，集控制、监测、优化、调度、管理、经营、决策于一体，形成一个能适应各种生产环境和市场需求的，总体最优的，高质量、高效益、高柔性的现代化企业综合生产管理平台。

管控一体化技术依靠先进管理理念和计算机网络及现代 IT 技术创新企业管理，完善企业内部网络硬件及软环境，构建数据信息统一共享平台，形成覆盖全公司的高效安全、信息共享、智能化、现代化的"数字化企业"支撑体系。因此，实现管控一体化是提高企业竞争力的一个重要环节，是传统生产企业迈向现代化企业的必经之路。

二、多系统数据交换技术

（一）标准数据接口

当设计一个 GIS 软件时，需要设计系统与标准数据的接口。所谓"标准数据"是指常用的商业 GIS 软件的数据格式，如 Mapinfo 的 Mif、Intergraph 的 MGE 工程、DGN 文件和 FRAME 文件等格式。接口的形式有两种。一种是直接存取，所开发的软件提供对该数据格式的支持。这种方式使用较为简便，也不存在数据损失，但是实现起来较为烦琐。目前，常用的 GIS 数据格式种类很多，很难实现对所有格式的支持。另一种是通过导入 / 导出机制进行数据转换，提供一种标准数据，用来与其他标准数据格式进行转换，如 Arcinfo 软件的交换数据 shp 格式可以转换成 Dxf 格式，同时，用 Dxf 格式存储的数据也可以用导入的方式转换为 shp 格式，从而实现 Arcinfo 支持的数据格式与其他标准数据格式的交流。使用该方法与标准数据进行交换，在数据格式变换过程中可能存在一定的数据损失。

（二）GIS 与 EAM 接口

EAM 主要对管道站场的资产进行统一管理，但 GIS 与 EAM 内的要素并不是一一对应的关系，因此接口应符合以下要求。

第一，根据资产与设备的对应关系，及时记录和更新资产价值。

第二，保持两个系统的数据及时同步更新。

第三，根据设备的地理位置、运行状态和运营要求制订合理的维护计划。

第四，根据维护计划生成工单，及时完成费用估算。

（三）GIS 与 SCADA 系统接口

数字管道系统的运行离不开管道生产运行数据,这部分数据除部分手工录入之外,大多都需要从 SCADA 系统中获取，SCADA 系统是管道运行管理中重要的数据来源。静态 GIS 地理空间数据与动态 SCADA 数据结合，通过 GIS 动态地展示整条管线的运行状态，为许多应用提供数据支持，如隐患点分析、维抢修预案生成等。

GIS 与 SCADA 系统的接口建设主要体现在对 SCADA 系统数据的引用，通过 GIS 在图上显示站场的位置，在站场的属性查询中可以获取 SCADA 系统的实时数据，包括管道监测点的介质压力、流量和组分等。不建议在 GIS 中进行控制操作，以保证系统运行的安全性。由于显示这些数据时，实时性要求并不是很高，因此可以对传入的数据频率进行适当的放宽，以减小系统和网络带宽的压力。必须注意的是，目前在技术上 SCADA 系统已经可以进行远程监控，即通过网络在异地就可以对 SCADA 系统进行控制，如开关阀门，改变传输线路等，但数字管道系统不对具体设备做控制操作，因此它并不能代替 SCADA 系统实现控制管理功能。

GIS 与 SCADA 系统的接口应符合以下要求。

1.实现地图可视化

基于地图的、与站场关联的工艺流程图调阅和叠加显示 SCADA 实时数据，按指定时间间隔刷新显示。

2.严格保证安全

通过专用服务器连接到 SCADA 生产网络，只进行读取数据操作，该服务器仅开放只读数据接口。

为了不影响 SCADA 等生产运行系统的正常运行，避免出现其他不必要的安全问题（如电脑病毒等的破坏），管道生产运行网络必须与数字管道系统网络相隔离，GIS 不能直接从 SCADA 及通信管理等生产运行系统采集数据。因此，在 SCADA 系统外设置一台机器，称为前置机，GIS 与 SCADA 系统通过局域网采用标准的 IP 协议连接，由前置机每隔一定的周期从 SCADA 系统及通信管理系统中采集数字管道应用系统所需要的数据，该周期一般为 15 ～ 60 min。

GIS 与 SCADA 数据进行结合可以开展很多深层次的应用，例如管道泄漏快速定位，管道盗油、盗气分析等。管道特别是长输管道的泄漏监测是一项很有意义的工作，对管道运行安全至关重要。基于 GIS 的泄漏监测系统借助地理数据及可视化功能，与 SCADA 系统相结合，对 SCADA 压力、流量等数据进行分析，可以根据压力的瞬时变化情况对泄漏进行定位，并根据流量数据和时间等信息判定泄漏量和对环境造成的危害，结合 GPS 等指导工作人员快速抵达现场，为泄漏处理提供支持等。

第五章 油气长输数字管道的数据采集技术

第一节 新建管道空间数据采集与处理

一、三维数字管道模型的建立

虚拟三维数字管道就是建立真实管道地形环境的三维模型，通过它可以顺着不同的方向和角度更详细地了解管道周边的地物和地形地貌，方便施工、规划以及应急事件的处理等。虚拟三维数字管道系统对数字油田建设有着重要的意义。

目前，数字高程模型的获取方法主要有三种：野外人工测量、立体摄影测量和激光雷达（LIDAR）。三种方法各有优缺点。野外人工测量效率太低，不适宜采集大面积的数字高程模型数据；立体摄影测量是目前用得最普遍的方法，它适用于对数字高程模型精度要求较高且采用摄影测量方法进行测量的项目；LIDAR 能快速获取高精度的数字高程模型，但成本也相当高。

目前数字正射影像图还只能通过航空摄影测量和遥感的方式获取。数字正射影像图是带有地理坐标的影像，它不同于普通的相片，而是经过辐射纠正和几何纠正后得到从中心投影向正射投影转变的影像。

三维数字管道模型建立采用的是相同坐标系下数字高程模型和数字正射影像图叠加的方法，对于不同精度要求的项目，可以采用航空摄影测量、遥感以及机载 LIDAR 的方式获取数字高程模型和数字正射影像图。

对于长距离管道工程，由于要求的精度较高，且一般都需要出数字线划图，只有采用航空摄影测量的方法才能达到测绘大比例尺地形图的要求，并可以充分利用航空摄影测量得到的一系列信息量更丰富的产品。通过采集的线划图，可以得到数字高程模型信息，同样也可以生成数字正射影像图。

随着高分辨率传感器的发展，通过 Quick Bird、WorldView Ⅰ、World View Ⅱ 等高分辨率卫星遥感影像，经过几何纠正和图像处理后得到精度较高的地形纹理信息，然后通过卫星遥感影像的立体像对在数字摄影测量系统上采集，获取数字高程模型信息。也可以直接从测绘局购买相应区域的数字高程模型，这种方法比较适合大面积区域的三维建模，目前数字高程模型的精度已经能达到 1 ： 5000 的要求，对精度要求不高的项目可以采用。

近几年来，三维激光扫描技术快速发展，克服了传统航空摄影测量高程精度较差的缺点，通过机载 LIDAR 进行航空摄影测量能快速获取高精度的数字高程模型数据，并同时拍摄影像。这种方法精度非常高，速度也非常快，特别适合于地物相对较多的城市的三维建模，但这种方法费用也相对较高。

通过上述方法得到数字高程模型和数字正射影像图后，在 Virtual GIS 中设置管线漫游路径、观察视角和背景颜色等。在这个虚拟三维数字管道系统中，可以从任意视角进行观察，还可以读取坐标信息等，通过这个虚拟三维数字管道系统，可以对洪水淹没以及地质灾害等进行分析，这对后期管线的规划、设计、维护以及数字管道的建立都非常有意义。

二、空间数据采集周期

根据数据库中数据的更新频率可以将数据采集的内容分为四种：一次性采集、长周期采集、短周期采集和实时采集。一次性采集是指对于固定不变的数据进行一次性采集，录入数据库后不再需要对此类数据进行更新。长周期采集是指数据录入数据库后采集和更新的周期相对要长一些，一般在一年以上。短周期采集是指数据录入数据库后采集和更新的周期相对比较短，一般为两天、一周或者一个月。实时采集是指数据库中的数据根据需要可以实时进行采集和更新。

（一）一次性采集

一次性采集的数据在录入数据库中便不再进行更新，这类数据主要包括管道设计数据和管道施工数据。对于有变动的设计数据将在管道施工数据中录入，管道施工数据是指在管道施工过程中产生的一些施工过程数据，主要记录管道施工时一些管件、设备的进场数据以及施工记录中与管道运行维护相关的内容，如管道发生事故需要重新施工，则采集根据采集周期的长度归为长周期采集或短周期采集。在施工结束后管道设计数据一般不再变动。

（二）长周期采集

长周期采集的数据录入数据库后在一年或一年以上的时间更新，需要重新采集数据。长周期采集的数据主要分为以下两小类数据。

1. 管道竣工数据

管道竣工数据是建立数字管道系统的基础，数字管道中一切实体的图形和属性数据基本来源于此，并要以此为基准。但由于建立了数字管道后，可能会发现竣工资料中不准确的数据或错误数据，因此在后期管道的运营维护中需要采用一些技术手段（如管道中心线的探管复测等）重新采集数据来对管道竣工数据进行更新和相应的审核工作。

2. 基础地理信息数据

基础地理信息数据的更新周期与国家保持一致，如全国基础地理数据图幅的更新和建库标准的更新。在国家数据更新后，购买更新管道沿线所需基础地理数据，入库后，进行相应数据的审核工作。采集的内容根据自然资源部的数据更新情况而定。

（三）短周期采集

短周期采集的数据在录入数据库一年以内需要更新，要重新采集数据。这类数据主要包括完整性管理数据和管道运行数据中的事件支持类数据及事故维抢修类数据，采集周期视数据变化情况而定。

（四）实时采集

实时采集的数据在录入数据库中要实时进行更新。这类数据主要是指管道运行数据中的管道设施类数据、通信设施类数据和电力设施类数据。根据运行情况采集实时数据。

三、空间数据质量要求与质量控制方法

（一）数据质量的概念

狭义的数据质量主要指在数据生产过程中形成的"质量"，如精度、一致性、完整性等，也称本征质量。随着数据资源的积累与广泛应用，数据质量的概念有所扩展。对用户要求的满意程度成为衡量数据质量的重要指标。在这种意义上，数据质量可以说是满足使用要求的相对状态，这就是广义的数据质量，其要点是从用户或数据共享的角度出发描述数据质量。除本征质量外，可访问性、满足用户要求的程度、表达是否清晰易懂以及动态质量等也成为衡量数据质量的重要方面。

（二）数据质量元素

数据的质量问题是数据最关键的问题之一，数据的准确性直接影响其可用性。数据质量的保证对应用系统至关重要，在不一致、不准确的数据基础上所做的分析、挖

掘工作只能付之东流。油气长输数字管道建设的数据质量战略始于数据采集，通过技术手段和管理手段在数据采集阶段控制数据质量，通过制度、流程控制来保证数据的准确性。数据质量元素的内容见表 5-1。

表5-1　数据质量元素的内容

数据质量类型	数据质量内容
基本要求	文件名称、数据格式、数据组织
数学精度	数学基础平面精度、高程精度，接边精度
属性精度	要素分类与代码的正确性、要素属性值的正确性，属性项类型的完备性、数据分层的正确及完整性；注记的正确性
逻辑一致性	拓扑关系的正确性、多边形闭合结点匹配
要素的完备性及现势性	要素的完备性，要素采集或更新时间、注记的完整性
整饰质量	线划质量、符号质量、图廓整饰质量
附件质量	文档资料的正确、完整性，元数据文件的正确、完整性

1. 数据精度

数据精度包括定位精度和属性精度。定位精度是指在数据集合（如地图）中物体的地理位置与其真实的地面位置之间的差别。属性精度中的属性数据要满足数据字典中定义的精度。

2. 逻辑一致性

数据元素间要有良好的逻辑关系，如行政境界与管理区域应严格一致，两个数据集合不仅位置精度水平要一致，逻辑关系上也应当一致，通过数据层与地图的叠加可以较好地看出数据间是否具有一致性。在管道专业数据中也要协调好数据之间的逻辑关系。

3. 数据完整性

数据完整性包括数据层的完整性和数据分类的完整性。数据层的完整性即研究区域可用的数据组成部分的完整性，这种不完整可能是数据属性包括数据集合内地理特征属性的不完整，也可能是数据未完全覆盖研究区域。数据分类完整性指如何选择分类才能准确表达数据，主要与分类标准有关。

4. 数据时间性与更新

对许多类型的地理信息而言，时间是个严格的因素，数据是否具有现势性是用户关心的数据质量的一个重要方面，需要进行更新的数据要及时更新。

（三）空间数据质量要求

空间数据质要求是通过对产品的数据说明、位置精度、属性精度、逻辑一致性及完整性等质量特性的要求来描述的。空间数据需要说明的内容见表 5-2。

表5-2 空间数据说明的内容

空间数据说明类型	空间数据说明内容		
产品名称、范围说明	产品名称，图名、图号，产品覆盖范围，比例尺		
存储说明	数据库名或文件名，存储格式和/或简要使用说明		
数学基础说明	椭球体、投影、平面坐标系、高程基准和等高距		
采用标准说明	地形图图式名称及编号、测图或编绘规范名称及编号、地形图要素分类与代码标准的名称和编号及其他		
数据源和数据采集方法说明	摄影测量方法采集	航空（航天）像片	航摄比例尺、航高、航摄仪焦距、像幅、航摄仪型号、航摄日期、航摄单位、传感器类型、卫星影像分辨率、波段选择和数据接收时间
		摄影测量仪器及软件情况	
	地形图数字化	数字化原图	原图比例尺、生产单位、生产日期
		数字化设备及软件情况	
	野外测量	测量设备及软件情况	
数据分层说明	层名、层号、内容		
产品生产说明	生产单位和生产日期		
产品检验说明	验收单位和精度及等级、验收日期		
产品归属说明	归属单位		
备注			

1. 完整性要求

（1）要素的完备性

数字线划地形图中各种要素必须正确、完备，不能有遗漏或重复现象。

（2）数据分层的正确性

所有要素均应根据相关技术设计书规定进行分层。数据分层应正确，不能有重复或漏层。

（3）注记的完整性和正确性

各种名称注记、说明注记应正确，不得有错误或遗漏。

2. 逻辑一致性要求

各要素相关位置应正确，并能正确反映各要素的分布特点及密度特征。线段相交，无悬挂或过头现象，面状区域必须封闭，各辅助线应正确，公共边线或同一目标具有两个或两个以上类型特征时只能数字化一次，拷贝到相应数据层中。对有方向性的要素其数字化方向必须正确，需连通的地物应保持连通。各层数据间关系处理应正确。逻辑一致性要求总的说来有以下几种。

（1）概念一致性

要素分类与代码、数据结构、属性、要素间关系在同一尺度上应保持一致，在不同尺度上应符合统一的体系规则。

（2）值域一致性

数据项的取值应在值域的界定范围内。

（3）格式一致性

数据存储应与数据集物理结构、规定格式保持一致。

（4）拓扑一致性

同类要素的拓扑关系应保持一致、正确。

3. 位置精度要求

①数据库中数据的位置精度应与入库数据的精度保持一致。

②入库数据、数据库中的数据及由数据库产生的数据产品的位置精度应满足相应产品标准的精度要求。

③同尺度不同类型数据的匹配和集成宜与产品标准规定的位置精度保持一致。

④图形定位控制点：RMS 误差小于 0.075 m。

⑤相对于扫描的工作底图，矢量化后的扫描点位误差不大于 0.1 mm，直线线划误差不大于 0.2 mm，曲线线划误差不大于 0.3 mm，界限不清晰时的线划误差不大于 0.5 mm。

4. 平面精度要求

①数字线划地形图中的图廓点、公里网或经纬网交点、控制点等的坐标值应符合理论值和已知坐标值。

②数字线划地形图实测数据（地面测量、摄影测量采集的数据）地形点对邻近控制点位置中误差以及邻近地物点间的距离中误差不得大于相应比例尺测图规范的规定。

5. 高程精度要求

①实测数据的数字线划地形图高程注记点和等高线对邻近高程控制点的高程中误差不得大于相应比例尺测图规范规定。

②地图数字化采集的数字线划地形图高程点和等高线的高程值应正确，二者不能产生地理适应性矛盾。

6. 形状保真度要求

各要素的图形能正确反映实地地物的形态特征，无变形扭曲。

7. 接边精度要求

相邻图幅应自然接边。线要素与面要素既要进行图形几何位置接边，又要进行属性接边。当由于不同时期测图造成不能自然接边时，允许保持不接边状态，但应将问题记载，留待有可靠资料时再进行接边。

8. 属性精度要求

①要素属性中的分类代码应按"基础地理信息分类与代码"执行。

②数据库中要素的属性应与入库数据要素的属性保持一致。

③同尺度矢量数据接边时，应进行属性合并或协调。不同尺度矢量数据集成时，要素属性应进行关联。

9. 基本要求

（1）准确性

数据应真实、准确，不得编造。

（2）及时性

数据应及时更新和上报。

（3）完整性

数据应完整，必要信息不可缺少，确实无法获取的数据需要说明原因。

（四）质量控制机制

承建方应纳入监理的统一监管范围，进度、质量与工程进度同步，数字化单位负责人对数据质量负总责任。

承建方负责制定数据质量控制要求和岗位责任制，明确各组和各岗位工作人员数据质量控制的职责，明确各工作环节质量控制的要点，应明确分工，责任到人，出现问题时追究相关人员的责任。

承建方应安排专人对购买的地理背景数据的质量进行检查、审核。

各单位上报的数据提交至承建方，由承建方安排数据检查人员负责数据的检查验收，记录结果并上报数据质量负责人审核。存在问题的数据应填写数据质量问题跟踪表，对存在问题的数据进行跟踪。

承建方数据质量负责人应组织至少 3 人组成数据质量评估小组对相关人员的工作进行评估，对发现的问题进行整改，并追究相应的质量责任。

（五）地理背景数据质量控制

1. 质量控制内容

（1）数字线划图数据

①基本要求：文件名称、数据格式、数据组织。

②数学精度：数学基础、平面精度、高程精度、接边精度。

③逻辑一致性：拓扑关系的正确性、多边形闭合精度、结点匹配精度。

④要素的完备性：要素的完备性、注记的正确与完整性。

⑤整饰质量：线划质量、符号质量、图廊整饰质量。

⑥附件质量：文档资料的正确与完整性、元数据文件的正确与完整性。

（2）数字高程模型数据

①基本要求：文件名称、数据格式，数据组织。

②数学精度：数学基础、高程精度、接边精度、格网间距。

③现势性：数据生产日期。

④附件质量：文档资料的正确与完整性、元数据文件的正确与完整性。

（3）数字正射影像图数据

①基本要求：数据格式、数据组织、数学基础。

②数学精度：数学基础、平面精度、接边精度。

③影像质量：反差、灰度、色彩、清晰度、分辨率、外观质量。

④现势性：数据生产日期。

⑤整饰质量：注记质量、图廊整饰质量。

2. 质量控制流程

地理背景数据质量控制流程分为准备、数据采集与处理和数据入库 3 个阶段。准备阶段主要进行工作准备和技术准备，并进行数据源质量的检查。数据采集与处理阶段包括数据的更新和质量检查。数据入库阶段进行地理背景数据和元数据的入库及检查。要求在准备阶段输出数字化生产建库方案及评审记录和数据源质量验收报告，数据采集与处理阶段输出数据更新记录和更新后数据检查报告，数据入库阶段输出成果清单和检查验收记录及备份记录。

3. 质量控制关键点

①地理背景数据的质量检查包括数据源质量检查、数据采集更新质量检查和数据入库后的质量检查。

②任意单位产品只要出现一个严重缺陷，则判定为不合格。

③问题数据进行错误跟踪，改正后重新验收、入库。

④检查通过后进行成果提交，并提供检查验收记录和成果清单，出具质量评价报告。

（六）管道路由数据质量控制

1. 质量控制内容

①控制点测量。

②图根控制测量。

③管线测量。

2. 质量控制流程

①管道路由数据的产生主要涉及测量单位和承建方,同时也包括建设方、监理单位、第三方复测单位和施工单位的配合。

②测量单位按照测量任务进行测量工作并上报日报,按规定时间解算测量数据并上报;第三方复测单位对控制测量的精度和管线测量的精度进行复测检查。

③承建方检查测量进度与监理下发的测量任务是否一致,并进行数据质量检查,对出现问题的数据进行跟踪修改,直至数据合格。

3. 质量控制关键点

①在测量之前需要对仪器进行检测,并出具检测报告。

②测量单位根据测量规范的要求施测,并进行室内的拓扑、焊口编号、钢管长度、高程等必要检查,之后向承建方提供测量成果和解算数据。

③复测第三方单位对测量单位的测量结果进行复测检查,出具检查报告。当检验时发现观测数据不能满足要求时,测量单位应对问题数据进行补测或重测,必要时全部数据应重测。

④承建方对测量单位的数据进行室内检查,检查测量日报数据是否与监理下达的测量任务一致,如果不一致,应追查原因。同时,进行成图检查,包括位置关系、焊口编号、长度、高程等的检查。

（七）管道属性数据质量控制

1. 质量控制内容

（1）数据规范性

按照企业具体要求对各单位上报的数据进行规范性检查。

（2）数据唯一性

对各单位填报数据的唯一性进行检查,包括钢管编号、弯头编号、焊口编号等的唯一性检查。

（3）数据一致性

通过和监理提供的施工进度进行对比,检查填报数据是否和施工进度保持一致;对各单位间填报数据的一致性进行检查,包括采办、施工单位、检测单位、测量单位间数据的一致性检查。

（4）数据漏表漏项

由于填报表格众多,即使是完整性管理要求的核心信息也并非是各个阶段都存在的,比如地下障碍物信息、穿越信息,这就要求检查人员定期与施工单位沟通,获取现场情况，及时要求施工单位填报该信息。

2. 质量控制流程

管道属性数据填报过程中涉及的部门主要有施工单位、检测单位，另外还有采办以及承建方。承建方要分别对施工和检测单位填报的数据进行内部一致性检查，检查合格后进行这两个单位间填报数据的一致性检查。最后，与采办过程生成的钢管详细信息表进行一致性检查，确定是否合格。

3. 质量控制关键点

①必填字段不能为空。

②检测数据中的报告编号、焊口编号、标段名称在各表格中应保持一致。

③施工数据中的焊口编号、钢管编号在各表中应保持一致。

④同一表格中的报告编号、焊口编号、钢管编号不得重复。

⑤不同单位填报表格中的焊口编号和钢管编号应一致。

四、空间数据审核方法

（一）数据审核方法

1. 管道专业数据

管道专业数据的审核方法主要包括随机抽查、计划性检查和重点数据审查。

计划性检查是在审核前制订详细的审核计划，按照一定的比例和规律对样本单位进行数据检查。

随机抽查是对一般性数据按照一定的比例进行随机抽样检查，没有计划和目的，避免由于计划的不完备性带来的数据检查不完善。

重点数据审查是对于重点工程数据或特殊类型数据（如基础地理数据、管道中心线数据）必须检查的科目，这些数据必须详查，不能进行计划性检查和随机性检查。

根据上述审核方法，专业数据部分审核主要包括中心线数据准确性审核、数据完整性审核、图形和属性数据审核以及数据关联性审核。

（1）中心线数据准确性审核

管道中心线数据是建立数字管道的源头，因此在使用管道中心线数据前，必须要对管道中心线的准确性进行审核。主要审核依据为管道周边的主要建筑或站场、阀室等，还可依据管道的走向与实际地理要素进行对比审核。

（2）数据完整性审核

在专业数据入库前，需要对收集到的专业数据的完整性进行审核，审核数据完整性主要通过核对已有数据和实际需要采集的数据来进行。如某段管道需要采集的阴极保护测试桩有 102 个，要确认采集整理的数据量是否与此一致。

数据入库后，同样要对数据的完整性进行审核，要核对入库前数据与数据库中数据量是否一致。此项审核主要确认已入库的专业数据是否存在字段丢失的情况。如要确认某段管道套管数据的完整性，需从采集到的数据中找到此部分所有的套管资料，然后与库中套管数据进行比对。

（3）图形和属性数据审核

管道专业数据的审核包括图形数据和属性数据两部分，图形数据审核无法在数据入库前进行，需要在数据入库后进行。属性数据在入库前主要检查数据的正确性、字段的长度、字段域值的范围等；入库后，要审核数据入库的准确性、有效性等。

图形数据的入库后审核主要确认已录入图形数据的位置是否正确，主要定位参考为桩号。

管道专业数据的属性数据审核包括两部分内容，即入库前检查及入库后的审核工作。

属性数据的入库前检查需要对收集到的数据进行正确性的检查，保证即将入库的数据准确无误，同时根据信息系统对数据的要求，要对属性数据本身进行检查，如字段的精度是否符合入库要求、字段的长度是否在要求范围内，如果某一数据的字段为域值字段，则要确认收集到的数据的域值是否在数据库中已有，并进行替换等工作。

属性数据的入库后审核主要对入库前后数据进行对比，保证数据库中数据的有效性和准确性。要对照数据库中字段列表，比照数据入库的准确性；浏览录入数据的属性字段，确保所录入数据的有效性。

（4）数据关联性审核

由于建立数字管道系统的特殊性，数据的审核不仅要保证系统中数据的准确，还要保证管道专业数据与基础地理数据的一致性。部分管道专业数据是不能依托图形或基础地理数据而独立存在的，因此在数据审核的工作中还包括数据的关联审核。

2.基础地理数据

（1）数字栅格地图的审核方法

①数学基础与平面精度的审核：将数字栅格地图 4 个图廓点、千米格网、控制点的坐标在屏幕上逐个实现并与理论值进行比较。

②接边精度的审核：利用计算机软件或数字栅格地图回放在薄膜上，目视检查公共图廓边是否重合，接边要素几何上是否自然连接，面状要素是否封闭等。

（2）数字正射影像图的审核方法

①数字基础的审核：同数字高程模型的数字基础审核。

②平面精度的审核：每幅图的检测点数量视具体情况而定，一般不少于 20 个，可

采用从高一级线划图上读取一定数墨的明显目标点或加密一定数量的点，与数字正射影像图上同名的坐标进行比较，统计中误差。

③接边精度的检测：检查两相邻数字正射影像图搭接处，不应出现影像裂隙或重叠现象，接边处影像反差不宜过大，色调基本一致。

（3）数字高程模型的审核方法

①数字基础的审核：将所使用的各类、各级控制点、图根点坐标在屏幕上显示出来，逐一查对。

②高程精度的审核：包括对同名网点高程精度的审核和对高程模型内插出的任一点高程精度的审核。每幅图的检测点视具体情况而定，一般不少于 20 个点，并要求在图中均匀分布，四周可适当多分布几点。检查可采用数字摄影测量法、解析测图仪桩点法和散点法。

③接边精度的审核：将被检测模型的 4 条边与相邻周边做比较，检查是否超过限差，接边处是否有裂隙或重叠现象，两模型相邻行（列）格网点平面坐标应连续且符合格网点间要求。

④属性精度的审核：将模型特征点的分类代码及坐标显示出来，对照立体模型、地形图等进行查勘，检查是否正确。

（4）数字线划图的审核方法

①数学基础的审核：由绘图机将数学基础同放在薄膜图上，量出图廓线边长、对角线长与理论长度之差。

②平面和高程精度的审核：平面点选在明显的物点上，高程点选在地形特征点，一般不应少于 20 个点，可采用内业加密桩点法检查平面与高程点的精度，或将数字线划图回放在薄膜上，与地形进行目视比较检查其精度。

③接边精度的审核：可利用计算机软件或数字线划图回放后目视检查公共图廓边的要素是否完全重合、等高线是否连接。

④属性精度的审核：属性精度主要包括要素分类与代码的正确性、要素属性值的正确性、要素注记的正确性，主要通过回放原图套合或在屏幕上逐一显示要素进行检查。

⑤逻辑一致性和完备性的审核：审核时可将回放图与原图套合或采用平面漫游的方式目视检查面状要素是否封闭，线状要素是否连接，属性数据是否完整，同一地物在不同图幅内其分类、分层属性是否相同，注记是否完整等。

（二）数据审核方式

数据审核方式有三种：自查、互查和第三方审查。自查是指由采集单位的采集人员对采集的数据自行审查；互查是指由相同性质的采集单位之间互相审查数据；第三方审查是指由专门的审核单位来对采集的数据进行审核。

为了使数据审核工作保质保量，在油气长输数字管理系统数据审核中采用三种方式联合审核的方法：首先由采集单位自查，合格后进行互查，然后再进行第三方审查。

（三）数据审核流程

为了保证数据的完整、正确、有效，油气长输数字管道系统的数据审核流程采用三级审核机制，第一级审核主要由数据整理人员完成，审核入库前数据的准确性。第二级审核由系统维护人员完成，主要对数据有效性进行审核。第三级为数据主管部门负责人员对数据的正确性和完整性进行审核。

数据由各相关数据采集单位采集、检查后进行整理，并进行第一级数据入库前的审核工作，经审核的数据提交到系统维护人员，由系统维护人员进行数据的入库工作，入库后，由系统维护人员对入库后的数据进行数据有效性及数据精度审核，合格后交到该数据主管部门相应的负责人员，由其对提交的数据进行完整性和正确性审核，保证专业数据的完整和准确，检验合格后，由各相关部门把各自审核完毕的数据在系统上进行发布。

（四）数据质量评价

数据审核的质量对于不同类别的数据审核要求不同：对于一次性审核的数据要求一级审核的正确率和二级审核的正确率都在99%以上；对于长周期审核的数据要求一级审核的正确率在95%以上，二级审核的正确率在98%以上；对于短周期审核的数据要求一级审核的正确率在93%以上，二级审核的正确率在95%以上；对于实时审核的数据要求一级审核的正确率在92%以上，二级审核的正确率在93%以上。

对于不能达到要求的数据须交由采集单位重新进行采集，采集完毕后重新进行审核。

五、数据编码

（一）编制原则

1. 唯一性

编码是将分类的结果用一种易于被计算机和人识别的符号体系表示出来的过程。空间数据的编码是描述对象基本属性的唯一标识。有的编码对象可能有多个不同描述，可以按不同方式对其进行分类编码，但在一个分类编码中，每一个对象只有一个代码，一个代码唯一标识一个编码对象。

2. 稳定性

基础信息编码要反映对象最本质的属性或特征，要有相对的稳定性。

3. 可扩充性

基础信息编码设计要考虑到长远使用，应能满足几十年以至上百年使用。在各类基础信息编码中要留有适当的空间，以保证随着管道各项业务的发展而进行扩充和调整，但不打乱原有的体系和合理的顺序。

4. 规范性

在同一类基础信息编码中，编码的类型、结构以及编写格式必须统一。

5. 兼容性

与相关标准（原有编码，包括国家标准、中石化颁布标准）协调一致。

6. 实用性

代码要尽可能反映编码对象的特点，有助于记忆，便于填写。

（二）数据编码依据

根据管道公司管道各专业的实际需求，在参考国家和企业相关标准的基础上，制订数据编码方案。

为了便于作业和记忆，提高计算机分析检索的速度，代码力求简短，要求编码的点线要素代码由 7 位十进制的数字码组成，采用层级（线）分类法，以十进制的数字顺序排列，形成串、并联的树形结构，纵向为串联结构，上一级码和下一级码均为包含关系（一对多的关系）。每一级码横向均为并联结构，无包含关系。

（三）数据编码方法

现行《国土基础信息数据分类与代码》共分 9 大类，石油专用数据从性质上分类应属于国标码第九大类，即其他类，但这一大类中所分小类不能包含诸多管道专业数据。为了保证位码的一致和有利于扩展大类的需要，在原国标码的第一位大类码前又增加了一位分类码，用来区分基础地理数据、石油专业数据和系统元数据。基础地理数据的系统码为 1，石油专业数据系统码为 2，系统元数据系统码为 3。从管道的实际应用和发展角度考虑，今后用户对地理信息数据的需求可能更加具体化、专业化，为了满足系统扩展的需求，在原国际码的二级代码后增加一位扩充成两位，便于对地理信息特征的进一步划分。

进行数据编码时力求最大限度地与国标码一致，除管道特有的要素外，国标码上已有的基础信息数据均直接引用，体现在第二、三、四、五位码上，也有一些基础信息数据在二级代码分得更细些。

六、空间数据图形图式要求

（一）图形图式的编制原则

图形图式是在地图上表示各种空间对象的图形记号，它在有限大小空间中定义了定位基准的有一定结构的特征图形。为了便于操作，经常把"有限空间大小"定义为"符号空间"，并根据可视化要求（显示分辨率大小、符号精细程度要求）统一规范其尺度。在图形图式编制时需要遵循完备性、通用性、精确性、易用性、开放性和可扩充性的原则，下面是对这些原则的进一步解释。

第一，图形图式不仅能够编辑制作现有的标准地图图式如地形图、地籍图等，也要支持各种专题地图（地质图、环境评价图等）的符号，以及各种非标准地图符号。

第二，地图制图是地理信息系统的重要功能之一，地图符号的精度直接影响地图的精度和价值。符号的设计和绘制必须满足地图精度的要求，比如定位点的精度要高，符号的放大、缩小和旋转不能变形等。

第三，各个符号的形状、方向、亮度、密度、尺寸和色彩等视觉变量都是不同的，应有严格的定义。

第四，随着新事物的产生必须设计新的符号，系统要有能够方便地将新的符号纳入本系统的能力。

地图能完整、高效地显示的关键是地图符号的显示，因此图形图式的设计在数字管道系统中占有重要地位。

（二）图形图式的分类

1. 按表示的制图对象的几何特征分类

按表示的制图对象的几何特征分类是目前多数人认为图形图式最好的分类方法。地图符号的形成过程实际上是一种约定过程，根据约定性原理，其采用演绎的方法按符号的几何特征主要分为点状符号、线状符号和面状符号三类。

（1）点状符号

在地图上当符号所代表的概念在抽象意义下可以认为是位于几何上的点时，这些符号被称为点状符号。点状符号具有定位特征并且其大小与地图的比例尺无关，点状符号通过其形状或颜色的色相来表示物体的含义，用符号的定位点来表示物体的位置，并用符号的大小尺寸来表示物体的取要性等级或数量值。

（2）线状符号

在地图上当符号所代表的概念在抽象意义下可以认为是位于几何上的线时，这些符号被称为线状符号。线状符号有自己的方向性并且与地图比例尺有关。线状符号的形状或颜色的色相表示物体的类别，用符号的中心线表示物体的位置，通过粗细（尺寸）或颜色的亮度变化表示物体的等级。线状符号能表达事物的形状、弯曲程度及延伸方向。线状符号有单线、双线、虚线以及点线之分。符号的结构不同，在视觉上产生的效果也不同。就符号的宽度、连续性与复杂性来说，宽的比窄的要突出，连续的比间断的要突出，复杂的比简单的要突出。在地图中，线状符号的几何中心与地物实际位置是一致的，例如河流、道路和境界等；有些时候线状符号的几何中心并不一定在地物的实际位置上，而是只要求其位置比较合理。

（3）面状符号

在地图上当符号所代表的概念在抽象意义下可以认为是位于几何上的面时，这些符号被称为面状符号。面状符号所处的范围同地图比例尺有关，且不论这种范围是明显的还是隐喻的，是精确的还是模糊的。面状符号在地图中也很常见，如森林的范围、各种区域分划范围，水域范围，沼泽范围等。面状符号通过其外围轮廓线来表示物体的分布范围，因为面状符号都是依比例尺变化的，所以其分布的范围就是它的实际位置；用颜色的色相、亮度、饱和度、网纹的变化或者内部点状符号的形状变化来表示物体的性质。

2. 按地图上的符号与地图比例尺的关系分类

地图上符号与地图比例尺的关系是指符号与实地物体的比例关系，即符号反映地面物体轮廓图形的可能性。由于地面物体平面轮廓的大小各异，地图符号与物体平面轮廓的比例关系可以分为不依比例、半依比例和依比例三种，所以地图符号按其与地图比例尺的关系也分为不依比例符号、半依比例符号和依比例符号三种。

（1）不依比例符号

指不能保持物体平面轮廓形状的符号。不依比例符号所表示的物体在实地上占有很小的面积，一般为较小的独立物体，按比例缩小到地图上只能成为一个点而不能显示其平面轮廓，但是又很重要，必须表示它，所以采用不依比例符号表示。不依比例符号只能显示物体的位置和意义，不能用来量测物体的面积大小和高度。

（2）半依比例符号

指只能保持物体平面轮廓的长度而不能保持其宽度的符号，一般情况下多数为线状符号。半依比例符号所表示的物体在实地上是狭长的线状物体，按比例缩小到地图上之后，长度依比例表示而宽度则不能依比例表示。比如一条马路宽 5 m，在 1∶100 000 的比例尺地图上若是要依比例表示只能是 0.05 mm 的线，但是这么细的线人眼很难辨认，所以在地图上用半依比例符号来表示它。通过以上例子也可以说明半依比例符号只能供量测其位置和长度而不能量测其宽度。

（3）依比例符号

指能够保持物体平面轮廓图形的符号，又称轮廓符号或真形符号。依比例符号所表示的物体在实地占有相当大的面积，所以即使按比例缩小还能清晰地显示出平面的轮廓形状并且位置准确，其符号具有相似性，即符号的形状和大小与地图比例尺之间有准确的对应关系。比如在地图上表示森林、海洋、湖泊等的符号都是依比例符号。依比例符号由外围轮廓和内部填充标志组成。轮廓表示物体的实地位置和形状，有实线、虚线和点线之分；填充标志包括符号、注记、纹理、颜色，这里的符号只是配置符号，它和纹理、颜色一样起到说明物体性质的作用，注记辅助说明物体数量和质量特征。

3. 按符号的形状特征分类

根据符号的外形特征可以将符号分为几何符号、透视符号、象形符号以及艺术符号等。

（1）几何符号

几何符号是指用简单的几何形状和颜色构成的记号性符号，这些符号能体现制图现象的变化。几何符号图形简单，便于绘制，定位方便，容易区分大小，在地图中使用较多，例如圆形符号、三角符号、地图上的测量控制点等。

（2）透视符号

透视符号指从不同视点将地面物体加以透视投影得到的符号，根据观测制图对象的角度不同可以将地图符号分为正视符号和侧视符号，在地图上的面状符号一般都属于正视符号，点状符号多数属于侧视符号。

（3）象形符号

象形符号指对应于制图对象形状特征的符号，比如房屋、桥梁、森林等。

（4）艺术符号

象形符号指与被表示的制图对象相似，艺术性较强的符号，如专题地图中表示马、牛、羊的符号，多数以缩小简化的位图（或图片）的形式出现。

4. 按符号表示的制图对象的地理尺度分类

按地图符号表示的制图对象的地理尺度可以将地图符号分为定性符号、定量符号和等级符号三种。

（1）定性符号

指表示制图对象质量特征的符号。这种符号主要反映地图制图对象的名义尺度，即性质上的差别。普通地图上的地图符号除注记外基本上属于定性符号。

（2）定量符号

指表示制图对象数量特征的符号。这种符号主要反映地图制图对象的定量尺度，即数量上的差别。在地图上，通过定量符号的绝对比率或相对比率关系，可以获得制图对象的数量值。

（3）等级符号

指表示制图对象大、中、小顺序的符号。这种地图符号主要反映制图对象的顺序尺度，即等级上的差别。

七、空间数据更新要求

空间数据更新是依据规定区域内地表变化的现状，修正信息载体上相应要素的内容，以提高其精度和保持现势性的一项重要工作。

为了适应信息化的需要，彻底改变基础地理信息现势性差的局面，基础地理信息的更新应从产品模式和技术手段等诸多方面发生根本性的改变，才能适应我国经济和社会发展的需要。因此，基础地理信息更新不仅是对载体上对应变化的地表要素的内容更新，更体现在作业手段的有效、载体的多样性和周期短等方面。即指采用有效的技术手段，依照规定区域内地表基础地理要素变化的现实状态，修正基础地理信息载体上的相应内容。

（一）更新的目的

基础地理信息更新的目的是在一定周期内相对保持图载信息的现势性，不断提高基础地理信息产品的可靠性，最大限度地满足社会各部门对基础测绘的共同需求。

（二）更新的指导思想

基础地理信息更新的指导思想是：除了采用以摄影测量方法为主的技术方法对已有地形图覆盖区域进行更新外，根据各省实际情况，以建立省级基础地理信息数据库为目标，生产数字栅格地图、数字正射影像图、数字高程模型和数字线划图四种数字产品并相互补充，使产品的内容与规定的地表相应要素保持现势性，逐步完善基础地理信息更新技术体系，形成有效的更新模式。

（三）更新的判定条件

1.数字线划图和数字栅格图的更新判定

已有地形图覆盖地区出现下列情况之一时，应进行更新。

①地形要素变化率超过20%。

②地形要素变化率虽未超过20%，但某类重要地物或骨架要素发生较大的变化。

③政府部门根据当地经济和社会发展需要，提出更新要求。

④相应的技术标准指标发生变化。

2. 数字正射影像图的更新判定

已有影像图或无影像图覆盖地区出现下列情况之一时，应进行影像图的更新。

①地形要素变化率超过 20%。

②地形要素变化率虽未超过 20%，但某重要地物或骨架要素发生较大的变化。

③当地存有新飞的航摄资料不超过 1 年。

④政府部门根据当地经济和社会发展需要，提出更新要求。

⑤相应的技术标准指标发生变化。

3. 数字高程模型的更新判定

已有数字高程模型数据覆盖地区出现下列情况之一时，应进行更新。

①重要的高程注记点点位实地发生位移变化或消失。

②地貌发生较大的变化，导致相应等级数字高程模型高程值超过精度要求的点数达 20%。

③当地政府根据经济和社会提出更新要求或特殊专业部门提出要求。

④相应的技术标准指标发生变化。

（四）更新的技术要求

基础地理信息更新应严格遵循已发布的相应国家和行业标准，尚无标准或标准有关条文不适应更新工作之外的，应以技术规定形式作明确规定。技术规定可从以下几个方面来考虑。

第一，更新后的基础地理信息数字产品的基础内容应符合基础地理信息更新技术标准的有关规定。

第二，更新工作采用摄影测地方法时，航空摄影资料和外驻点必须严格按照相应的标准执行和检测，以保证数据源的质量。

第三，基础地理信息的更新与建库以保证数据的精度为前提，在此基础上考虑提高经济效益。对于特殊用途，几何精度可适当放宽，但必须报省级以上测绘主管部门审批，并报国家测绘局主管部门备案。

第四，全部更新和新测的工作中，应建立完善的档案管理制度，保存所有必须留存备查的技术报告和文档。

（五）更新技术方法

经过更新判定，并确定了更新与建库的工作项目以后，应尽可能地实施更新工作。在技术设计和实际更新工作中，可根据实际情况选择全面或局部更新方案。

技术方法和工艺流程的设计应根据四种数字产品的要求，分别选择数字摄影测量、解析摄影测量、光学微分纠正扫描、野外实测、要素提取或转绘等方法进行更新工作和产品生产。

第一，数字正射影像图可采用数字摄影测量方法更新。在有数字高程模型的条件下，应尽量采用单片微分纠正方法。对于平坦地区，也可采用光学纠正后，再扫描成数字影像的方法。

第二，数字高程模型采用数字摄影测量、解析摄影测量、野外实测、等高线内插等方法进行更新。其中，野外实测和等高线内插方法主要适用于局部数字高程模型更新。

第三，数字线划图可采用数字或解析摄影测量、外业实测、新地形图矢量化和在新数字正射影像图上提取变化要素的方法进行更新。

第四，数字栅格地图可采用在新数字正射影像图上提取要素、外业实测和利用新数字高程模型矢栅转换方法进行更新。其中应以利用现势性强的新数字正射影像图提取变化要素方法为主要更新方法。一般情况下，数字栅格地图仅做局部更新。

（六）历史记录处理方式

在数字管道系统中，对数据的连续性要求很高，需要将变化的历史记录下来，如地籍图的变更，需要一级一级追溯到最原始的状态，这实际上已经是最新的时态 GIS 技术了。而在 GIS 数据更新中最关心的是历史怎样记录下来，一般有以下几种方案。

1. 版本归档保存历史

版本归档保存模型是最简单、最原始、最直接的方法，但其不足之处显而易见：数据量增长巨大，更新周期长，不能反映数据更新的细节。所有 GIS 应用软件都可以做到这一点。

2. "基态修正"法记录历史

"基态修正"模型是以原始数据为基准状态，记录变化量。相对版本归档保存模型而言，"基态修正"模型数据量增长较小，更新周期较短，比较适合变化较为缓慢的应用领域，如国土资源。

3. 链式记录级元组记录历史

该模型中原始数据是起始数据链的起点，每一个时间片产生的数据都是数据链上的一个结点。其优点是回溯历史简单，只需指定时刻即可查询到相应历史时刻的数据；数据量增长小，时态更新周期可以任意选择（链式，可以保证其变化的不间断）；几乎可以做到"实时"。可以应用到实时精度要求较高的 GIS 应用部门，如动态监测领域。

（七）更新的质量控制和安全保障

在 GIS 图形数据更新过程中，数据质量必须得到保证。否则，不仅会使新数据无效，还会破坏原来的数据库。每个步骤都应该有质检员，通过抽样或者全面检查的模式对数据进行检查，不合格的坚决要求重新处理。这种人为的错误必须减到最少。

由于 GIS 图形数据尤其是大比例尺的数据是国家机密，因而其安全性相当重要。首先，从制度上要保证在数据更新过程中数据不能泄漏，无关人员不得接触数据；其次，不能随意下载数据，有一些软件采用加密算法，使得下载的数据不能正常使用等，这是保证 GIS 数据安全的有力武器。

第二节　在役管道的数字采集

在役管道数字化建设的目标是实现管道运营管理的自动化、规范化和智能化。目前，已经形成了从设计、施工到运营管理的数字管道建设的基本流程，虽然一些专业模块在平台上的功能不是很完善，管道属性数据和专业模型数据间的数据仓库一体化建设也不是很成熟，但是随着数字管道的建设投产，相关技术和手段相继被运用到其中，油气管道的数字化管理水平不断提高，内容不断深入。基于当前数字管道体系的研究成果，建立在役管道数字化体系。

一、在役管道数字化的数据问题

在役管道数字化建设的数据经济性评价流程和模型，是通过综合数据的采集成本与数据对管道运营管理重要度的比较实现的。数据的重要度根据管道的使用年限、在国家和社会发展中的重要程度、当前运营管理水平以及运行管理中的模型对数据的依赖度等内容确定。数据的采集成本主要取决于数据采集的设备、方法以及数据量等内容。通过量化采集数据的成本和数据带来的效益决定采集与否。由于管道建设和管理的差异，决定数据采集与否的平衡点对于不同在役管道是不同的。

二、数据分类和采集

管道数据库中的数据包括管道环境数据和管道及其运行数据两部分。管道环境数据包括土壤环境数据，管道周围的人口和财产分布状况，管道周围的地形、气象、水文、植被等。这些数据主要在管道的勘察设计和施工管理阶段采集并录入数据库系统，在运行管理过程中根据实际变化进行更新和维护。管道及其运行数据包括管道及其附属设施的空间数据、属性数据、运行监测数据等。这些数据主要在管道运行管理中通过相关监测设备进行监控采集，可以用于实现管道的运行模拟，及时分析管道的运行状况，为管道的安全平稳运行提供决策依据，并通过动态数据的采集完成事故危害的模拟，指导开展管道事故的应急救援行动。

对于在役管道，由于建成投产时间和管理水平不同，管道在勘察设计和施工建设阶段的数据完整性上存在很大差异，在完成数据的经济性评价之后，对于确定需要采集的数据利用相关设备和手段进行采集，如管道的具体位置（包括埋深）等空间信息和管道及其附属设施的属性数据，包括管道分段、管材、管径、建成时间等。这些数据可以在管道公司的文件资料管理部门和管道施工建设单位查阅获得或通过现场核查获取。管道周围的地形、气象、水文、植被、地质等数据主要通过遥感技术进行采集，并为管道的完整性模型以及应急救援模型提供数据支持和决策分析依据。

三、地下管道探测与数据恢复

现代非开挖地下管道施工技术于 20 世纪 70 年代出现，该技术由于工艺先进，经济效益显著，已广泛用于燃气、电信和电力等工程部门，尤其在一些无法实施开挖作业的地区铺设管线，如穿越公路、铁路、建筑物、河流、古迹保护区、闹市区、农作物及植被保护区等地区大量应用。

非开挖技术按施工工艺可分为导向钻进铺管技术、遁地穿梭矛铺管技术、顶管掘进机铺管技术和顶管铺管技术。管线穿越的距离通常长达上千米，埋深超过 5 m。而到目前为止市场上大部分地下金属管线仪器勘探深度小于 5 m，且大量非开挖排水管材质为非金属。所以寻求经济高效的探测方法是工程物探人员面临和亟待解决的课题。

（一）非开挖金属管线的探测

非开挖管线按材质可分为金属管线和非金属管线。当金属管线无法导入探头时，一般可采用地下金属管线探测仪、探地雷达（GPR）和磁梯度仪进行探测。可导入探头的管线采用导向仪和三分量磁力及重力探头探测。下面分别阐述以上几种方法的应用效果和局限性。

1. 探地雷达

探地雷达检测的基本原理是通过发射天线发射高频电磁波，当高频电磁波遇到介电常数不同的界面时，产生反射回波，根据接收天线接收到反射回波的时间和形式确定反射界面和顶面的距离。地下管线目标只要与周围介质之间存在足够的物性差异就能被探地雷达发现。因此，探地雷达的管线探测能力弥补了金属管线探测仪的不足。

2. 探头导入探测

探头导入探测具体方法如下：打开管线维护井，使用玻璃钢导管将探头沿光缆孔导入，探头发射高频电磁波，地面上用接收机进行定位和定深。导向仪是非开挖施工技术的专用设备，已在施工中大量应用。但该方法仅适用于探头可导入的管道，适用范围较小，附近有电缆等强电磁干扰时，对深度的测量影响较大，且当探测管排时（通常管排宽度不超过 1 m）导向仪无法分辨水平宽度。

3. 地下金属管线探测仪

地下金属管线探测仪常规探测方法最大探测深度只有 5 m。当穿越跨度很大时，采用向管线直接供电法，即远端接地的直连（单端直连）。通过长导线（大于100 m）沿垂直管线走向的方向与接地电极连接，以增大信号传输的距离，使地下管线体内形成的一次电流相对较大，场源也就更强，从而提高探测的精度和深度。当浅层有小管线干扰时，可将探测深度抬高 1 m。该方法为一种高效、经济的非开挖金属管线的探测方法，但精度不高，其经验参数和适用范围还需进一步验证研究。所以在使用地下金属管线探测仪探测非开挖管线时，经常结合其他物探方法，如将其与地质雷达相结合。

（二）非开挖非金属管线的探测

非开挖非金属管线（主要是砼质排水管）管径通常较大（直径大于 500 mm）。故可采用人工地震的方法来探测。目前常用的方法有地震映像法、面波法和高密度电法等。

1. 地震映像法

地震映像法是基于反射波中的最佳偏移距技术发展起来的一种常用于浅地层勘探的方法。这种方法可以利用多种波作为有效波来进行探测，每一测点的波形记录都采用相同的偏移距激发和接收。在该偏移距处接收到的有效波具有较好的信噪比和分辨率，能够反映出地质体沿垂直方向和水平方向的变化。21 世纪初采用不同频率检波器、不同偏移距的地震映像对地下水管进行探测，发现在低频（10 Hz）检波器、小道距的地震映像波形图上，目标体上方出现明显的绕射和波形异常。用该方法探测地下管道具有对场地要求低、高效等优点，但在处理解释时对技术人员的经验和专业知识要求较高，且只能探测管道的水平位置，无法取得埋深。另外，只根据绕射波对管道进行定位，通常会有 2 ~ 4 m 的误差。误差产生原因还需进一步研究。

2. 面波法

面波法是利用瑞利面波在非均匀介质传播中的频散特性以及传播速度与岩土物理力学性质的相关性作为探测手段的一种浅层地震勘探方法。随着计算机技术的高速发展，对面波频散曲线理论研究不断深化。该方法自 20 世纪 80 年代在我国工程勘探中开始应用，由于对场地要求低、经济高效，现已得到广泛推广，可解决诸多工程问题。但该方法在确定管道水平位置和管径上存在一定的局限性。所以在探测地下污水管、雨水管时，经常结合地震映像法一起使用，目前已取得一定的探测效果。为探明污水管的水平位置和埋深，可沿垂直污水管走向的方向进行地震映像采集。在地震映像上出现绕射、散射等明显地下管道产生的波形特征的上方再进行面波采集，然后对面波数据进行频散分析以确定管道的深度。

3. 高密度电法

高密度电法的理论基础与常规电阻率法相同，方法技术方面有所不同。它是一种阵列勘探方法，测量时采用多电极（几十至上百根）一次布极，跑极和数据采集自动化，具有成本低、效率高等优点，近几年在探测非金属管道和大管径金属管道中取得了一定的探测效果。

四、适用性分析

现今多种管线均采用非开挖的埋设技术，其探测方法的选取主要取决于管线材质、管径及是否可导入探测探头等（见表5-3）。因此要根据具体情况选取不同的探测方法，或采取多种探测方法组合。

表5-3 不同种类非开挖管线的材质、管径和探测条件

管线种类	材质	管径/mm	能否导入探头
给水	铸铁	通常大于300	否
燃气、煤气		通常大于300	否
电力	铜	通常小于300	部分能
信息通信	光	100左右	能
雨污水		通常大于500	否

第一类管线，如给水、燃气等不能导入探头的金属管道，可采取如下探测方案：使用管线仪，首先在浅埋区或在阀门井处采用直接法，即远端接地的直连（单端直连），通过长导线（大于100 m）沿垂直管线走向与接地电极连接，加大施加信号的强度，从而加大探测深度；采用修正过的70%法，即75%法测定管道的埋深；如管径大于500 mm，亦可采用高密度电法和地震映像及面波法先进行辅助定位和定深。如需精确定位，可在之前的探测基础上采用钻孔触探，结合孔中磁梯度测量对管道深度和水平位置进行精确测定。

第二类管线，如电力或信息光缆等，在非开挖敷设时都通常有套管保护，并且入土和出土位置均有维护井。探测方法是在维护井处用导向仪或三轴磁分量传感器和三轴直力加速的探棒导入进行探测和测量；当管线穿越道路、水域等无法探测区域时，仅可采用后者进行探测。

第三类管线，如雨污水非金属材质的大管径管道，可采取多方探测方法相结合进行探测。可先沿垂直管道走向布置高密度电法或地震映像、面波测线，根据其电阻率的异常位置以及地震映像、面波的绕射波，判定管道的水平位置和埋深。有条件的亦

可进行钻孔触探进行精确定位。

非开挖敷设给水管、煤气等金属管道宜采用管线仪结合人工地震、高密度电法等方法进行初步探测，钻孔触探结合孔内磁梯度精确探测的方法进行探测。信息光缆、电缆等管线适宜采用导入探头的探测方法。上述方法均已取得不错的探测效果。

砼质雨污水管非金属管道主要采用钻孔触探和地震映像、面波法、高密度电法进行探测。其中钻孔触探需要预知探测管线的位置信息，效率低、成本高。地震映像和面波、高密度电法探测精度和准确性仍有待进一步研究和讨论。探测时要结合场地条件选择适宜方法，尽量采用多种方法配合使用、相互验证，积极收集资料，确保探测结果的准确可靠。可导入探头的非开挖管线、金属管道的探测已经取得了较令人满意的探测效果，对无法导入探头的深埋电缆以及深埋非金属管道的探测仍有待进一步研究，以提高探测精度。

随着城市化发展的不断深化，未来对非开挖管线探测的准确性要求将越来越高，物探的精度要求也因此将日益突出。积极探索新的方法和技术，并加以实际应用，才能更好地满足和服务城市建设管理需求。

五、数据管理

随着数据采集方法的改进和管道监测、检测水平的不断提高，数据的有效管理将会成为管道安全运营的一项重要工作，然而与发达国家相比，当前国内数据管理的技术手段相对落后。美国对于数据的有效维护和科学利用尤为重视，但在管道数据的研究方面仍然面临数据分析和管理存在缺陷的问题，例如美国曾花费大量资金获取管道的检测数据，但这些数据在管道运营管理决策中却并未发挥其应有的作用。国内在开展数据采集和管理等相关工作之前，应该借鉴国外的经验教训，以期有效利用采集的数据，不断提高数据分析和利用水平。数据的存储和更新已逐渐成为管道公司的日常工作之一，但是由于数据量的大幅增加，原来依靠数据管理维护人员完成所有数据的录入来实现数据更新已不能满足实际管道运营维护和评价的需要，导致管道运营决策的不准确。

数据管理的另外一项重要内容是实现数据的完整性，管道数据越准确、越完整，管道完整性管理的决策就越准确、越全面。海量数据分析方法在管道运营管理数据的处理中应用较少，对于管道数据的分析和管理都处于较低的水平。数据的有效利用不仅可以提高维护决策的有效性，而且可以减少一些不必要的检测开支，直接通过对历史监测和检测数据进行分析，预测管道的运行状况。例如，通过历史多次腐蚀内检测数据的有效分析和整理，可以准确预测管道当前的腐蚀状况，节省腐蚀检测费用。

　　总之，数字管道从可行性研究到实际应用已历时几年，虽已取得一些成绩，但对在役管道数字化建设内容的探讨尚未全面展开。随着数字管道技术的提高和发展进程的加快，在役管道数字化已成为数字管道建设的重要组成部分。在役管道数字化是在勘察设计和建设施工均没有数字化索取数据的条件下进行的，因此确定采集数据的类型和采集量是在役管道数字化的关键。采集的大量数据应能有效地指导管道公司日常工作的开展和专业模型的运行，同时加强对油气管道专业模型的探讨，使采集的数据得到充分利用，指导管道运营管理和决策。在役管道数字化建设要充分考虑管道数据的准确性和模型的全面性，其进程是一个在实践中不断完善的过程，须有更多先进的数据采集和传输技术手段融入其中。

第六章　城市天然气供应数据采集及控制

第一节　天然气供应数据采集系统

一、城市天然气 SCADA 系统

（一）SCADA 系统概述

监视控制与数据采集（supervisory control and data acquisition，SC ADA）系统，又称计算机四遥（遥测、遥控、遥信、遥调）系统，它是以计算机为基础的生产过程控制与调度自动化系统，可以对现场的运行设备进行监视和控制，以实现数据采集、设备控制、测量、参数调节，以及各类信号报警等功能。SCADA 系统自诞生之日起就与计算机技术的发展紧密相关，其技术建立在 "3C+S" ——即计算机（computer）技术、通信（communication）技术、控制（con-trol）技术、传感（sensor）技术基础上。

SCADA 系统的应用领域很广，它可以应用于电力系统、给水系统，以及石油、化工、天然气等领域的数据采集与监视控制以及过程控制等诸多方面。一般来说，SCADA 系统应达到以下几方面要求：技术设备先进，数据准确可靠，系统运行稳定，扩充扩容便利，系统造价合理，使用维护方便。

（二）SCADA 系统的原理

SCADA 系统是集站控系统（远程终端装置 RTU/PLC）、调度控制中心主计算机系统和数据传输通信系统三大部分于一体的监视控制与数据采集系统。

城市天然气系统的站场主要包括城市门站、储配站、调压站、阀室、阴极保护站、监测点、CNG 加气站等，这些站场均由调度中心通过站控系统监控，所以站控系统是 SCADA 系统运行的基础。站控系统监控的对象包括工艺运行参数（如温度、压力、流量等）、火警，以及气体漏失、输气气质指标（热值、H_2O 含量、H_2S 含量）、设备运行状态等。

　　站控系统通过 RTU/PLC 对站场进行监视和控制，并将站场、管道的关键运行参数以 SCADA 系统特有的数据规程，通过微波、光纤等数据传输通信通道送至调度控制中心——主站，并接受主站的操作指令，实现关键设备的远程控制。

　　调度控制中心主计算机系统的主要作用是主站计算机通过数据传输通信通道，连续不断地采集 RTU 的数据，根据 RTU 的设置数量，主站计算机对各 RTU 以一定的扫描周期巡回采集数据。一旦出现报警信息，主站计算机将优先接收事故信息并向操作人员显示和报警。主站计算机的控制信号通过通信设备传输到远程的 RTU/PLC，开关阀门或者完成其他遥控操作。

　　SCADA 系统的管理级层如表 6-1 所示。

表6-1　SCADA系统的管理级层

级层	位置	功能	设备	管理人员
1	输配系统站场（仪表）	压力测量、温度测量、在线分析流量计量调节/控制	压力变送器、温度变送器、分析仪调节阀	运行操作人员
2	输配系统站场（站控系统）	检测、监视、控制数据处理，控制设定报表	RTU/PLC	运行操作人员
3	调度中心	监视控制统计计算诊断报告、指令下达设定控制点报告、优化决策输配调度	工作站计算机	部门经理 主站工程师 高层管理人员

　　在管理级层的第 1 级层，仪器仪表安装在站场分离器、管道、压缩机等位置，用于显示、监控实际的运行状态。操作人员可方便地随时监视运行状态。系统能根据预先设定的条件，提供逻辑控制和触发自动执行功能，从而达到安全操作和保护运行设备的目的。级层控制的第 1 级层和第 2 级层设在输配系统站场。调度中心是最高级层的管理机构，对输配管网及站场实施监控。把握关键的运行参数及状态，下达控制指令及给定设定值，对输配系统进行分析和决策。

（三）SCADA 系统的组成

1. 站控系统及远程终端装置 RTU/PLC

（1）站控系统

　　站控系统（SCS）是天然气集输站场的控制系统，也是 SCADA 系统中最基本的控制系统。该系统主要由远程终端装置 RTU/PLC，站控计算机、通信设施及相应的外部设备组成。

　　站控系统通过 RTU/PLC 从现场测量仪表采集所有参数，并对现场设备进行监视和控制，据需要将采集的数据经过处理传送给站控计算机，并经通信通道传送至调度控制中心的主计算机系统，同时接受来自调度控制中心的远程控制指令，以对站场进行控制。

站控系统具有独立运行的能力，当 SCADA 系统某一环节出现故障或站控系统与调度控制中心的通信中断时，其数据采集和控制功能不受影响。站控系统的硬件配置和应用程序的设置根据站控的重要程度、规模和功能不同而异。

站控系统的监控对象可分为两类：第一类是大中型站，如城市门站、储配站、调压站等，为有人操作的站场；第二类是小型站，如阀室、监测点、阴极保护站等，通常为无人操作的站场。

典型的大中型站场的站控系统中 RTU/PLC 的 CPU 模块、通信模块、电源模块等采用冗余配置，通过通信服务器与作为站控计算机的工业计算机组成的局域网（LAN）相连。工业计算机通过局域网组成冗余配置。通信服务器通过通信站与调度控制中心进行数据通信。

站控计算机的作用是为站控系统提供灵活、友好的人机界面（MMI），其主要功能如下。

①对站控所属的工艺设备运行参数和相关数据进行集中显示、记录和报警。

②显示运行状态、动态趋势、历史趋势、工艺模拟流程图。

③显示天然气瞬时和累计流量，打印制表。

④打印报警信息、事件信息。

⑤调整站场的操作，切换站场流程，遥控站场的紧急截断阀。

⑥ RTU/PLC 的编程组态和控制回路设定点等的数据修改。

对于小型站场，由于无人操作，通常仅设置带液晶显示板的小型 RTU/PLC，不必设置站控计算机。必要时，由巡回检查人员使用便携式计算机通过接口对 RTU/PLC 进行编程组态和数据的修改。

（2）远程终端装置 RTU/PLC

远程终端装置是一个具有数据（模拟量和数字量）采集、数据处理、计算和远程控制功能的电子装置。

随着电子技术的发展，RTU 逐渐向智能化发展，已具有很强的数据处理能力和使用方便、灵活的特点，具体表现如下。

① RTU 与 PLC 一体化，即智能化 RTU，功能大大扩展，可完成数据采集、运算、处理，逻辑、PID 调节控制，编程组态，系统自诊断等功能。

②硬件和软件均为模块化设计，系统易于集成、扩展，适用于不同规模系统的监控，且维修十分方便。

③采用多种通信接口，并可支持不同工业通信协议的转换。

④ RTU 的功能可以通过编程组态而改变。

⑤关键部件采用冗余技术，提高了系统的可靠性。

⑥采用自诊断技术，实时监视内部数据处理模块的工作。

当上位计算机（站控计算机和调度控制中心主计算机系统）有通信或设备故障时，RTU/PLC 能独立完成数据的采集和控制，不会造成现场工艺过程的失控。在与上位计算机恢复联系后，RTU/PLC 能将中断期间的数据按照时间标志传输至上位计算机，以保证整个 SCADA 系统的数据完整性。

RTU/PLC 的通信方式一般以连续扫描为基础，采用电话线路、微波通信、卫星通信、光纤或其他通信方式，与调度控制中心的主计算机进行通信，传输数据和接收控制中心的控制指令。每一个 SCADA 系统制造商采用的数据传输协议、信息结构和检错技术都有其独特性，故存在着接口及协议转换问题。

RTU 模块化硬件的典型配置有模拟输入、模拟输出、数字输出、数据处理（包括固件）、通信接口、电源、维护试验等模块。

2. 数据传输通信系统

SCADA 系统的可靠性和可用性取决于从调度控制中心到 RTU，以及从 RTU 返回调度控制中心的数据传输情况。为使调度控制中心和 RTU 之间智能地、准确地传输数据，必须借助某种形式的通信媒体进行通信，为此，每种 SCADA 系统必须制订一种数据传输规程。

SCADA 系统主要采用以下几种通信媒体进行数据传输：有线、微波、卫星、同轴电缆、光纤通信及其他无线通信设备等。近距离 SCADA 系统可采用有线、光纤和同轴电缆进行数据传输；远距离 SCADA 系统则需采用微波、卫星等通信媒体进行数据传输。

数据传输通信方式的选择应根据城市天然气输配工程系统的规模，所经地区的地形地貌，管道站场的种类、数量、间距、环境状况和外电的可靠程度，远程控制的阀室位置和分布密度，邮电公网和 Internet 在该地区的发展程度等综合考虑。

SCADA 系统传输的数字数据（如 16 位格式的数据）必须以"1"和"0"同样的顺序来接收，否则远程终端装置应答将会有误。因此，所有传输的数据必须加以有效处理，并采用检错技术，以防任何位或位组的丢失。

数字数据信号在通信信道上传输时，必须转换成一个音频信号，该音频信号与人类语言相似。这种将数字信号转换成音频信号的技术称为调制，常用的几种调制方式有调幅、调频和调相等三种。调制器和解调器组件称为调制解调器（MODEM）。

远程终端装置把工艺数据信号转换成数字信号，这些数字信号可用纯二进制、二进制编码的十进制（BCD 码）、ASCII 码等数据格式传输到调度控制中心。尽管每个 SCADA 系统供应商提供的数据传输方式和数据规程都具有其独特性，但这些信号格式都是在 16、24 位，或 32 位数字信息的基础上编制的。

RTU 输出的数字信号经调制解调器转换成音频信号，然后由信号传输器发送，经过通信媒体传输至调度控制中心（主站）的信号接收器，经调制解调器转换成数字信号后进入主计算机系统调度控制中心。主计算机系统的数字信号以同样的方式传输至RTU。

考虑到调度控制中心和 RTU 之间的地址信息和应答信息交换顺序的特点，SCADA 系统属半双工系统，因此用双线通信线路如电话线就能满足要求。尽管SCADA 系统信息交换顺序的方式只是半双工方式，但其无线电通信一般采用全双工方式，即采用单独的发送和接收信道。

近年来，卫星通信在国际通信、国内通信、国防通信、移动通信，以及广播电视等领域得到了广泛的应用。卫星通信之所以成为强有力的现代通信手段，是因为它具有频带宽、容量大、适用于多种业务、覆盖能力强、性能稳定可靠、不受地理条件限制、机动灵活、成本与通信距离无关等特点。

卫星通信技术应用于气田与输气管道 SCADA 系统数据传输始于 20 世纪 80 年代。SCADA 系统中使用的甚小口径终端（VSAT）的卫星通信原理通常采用时分技术传输数据。其基本特征是：把卫星转发器的工作时间分割成周期性的互不重叠的时隙（时隙也称为分帧，一个周期则称为一帧），分配给各站使用。采用时分技术传输数据时，应保证卫星与地面主控站的时钟同步，这样才能保证数据的完整。

3. 调度控制中心主计算机系统

SCADA 系统的调度控制中心主计算机系统也称为主站系统。主站系统通过通信网络与各站控系统或 RTU 通信，采集现场设备状态和工艺运行参数等数据，担负着生产数据的采集、整理、存储、分析、调度和远程控制关键设施如关键阀门、压缩机的启 / 停等任务。SCADA 系统一般设置两个调度控制中心，一用一备，在主调度控制中心所在地发生洪水、地震等自然灾害，或主调度控制中心因断电、火灾等事故导致系统瘫痪时，启用备用调度控制中心，以保证 SCADA 系统监控功能正常。主计算机系统、通信设备及其网络系统，根据 SCADA 系统的规模，可以设置为总调度控制中心或区域调度控制中心。小型的 SCADA 系统通常只设一个调度控制中心，其管理级层相对较为简单。

主站系统按调度控制中心的具体功能要求，进行系统的硬件和软件配置。主站系统的基本功能如下。

①监视和采集 RTU 的运行数据。

②统计、分析、存储各种运行参数。

③打印报警 / 事故信息，提供生产报表。

④发送遥控指令，启 / 停压缩机和开 / 关站场和管道上的关键阀门。

⑤对管道系统的输配量进行调度，提高供气质量。

⑥模拟管道系统运行，优化管理，为管道系统运营决策提供依据。

⑦管道漏失的定位及监测。

⑧ SCADA 系统参数、状态、趋势、系统和站场流程的模拟显示。

⑨系统操作、维护的培训。

⑩系统组态、扩展。

4.SCADA 系统的可用性和可靠性

SCADA 系统的计算机系统、数据传输通信通道、通信设备、网络系统的可用性及可靠性是衡量整个 SCADA 系统能否长期、稳定和可靠运行的重要标志。通常，用下列公式来评价一个 SCADA 系统的利用率：

系统利用率 = 平均故障间隔时间 /（平均故障间隔时间 + 平均故障修理时间）=MTBF/（MTBF+MTTR）

系统的可靠性是衡量一个系统在规定的时间和规定的条件下，能正常工作的能力。高可靠性选型和冗余配置可使系统的利用率达 99%。

由于计算机的硬件制造技术的飞跃发展、系统自诊断技术的完善和维护水平的提高，SCADA 系统的可用性和可靠性已大大提高。

为保证 SCADA 系统具有高可用性和可靠性，可采取的措施如下。

①通信系统、通信处理系统和网络系统采用冗余结构。

②主站系统和关键站场 RTU 采用冗余配置。

③故障切换在操作系统这一级完成，然后送至 SCADA 系统处理。

④系统应有足够的备份存储能力。

⑤供应商在地区内的售后服务支持能力的加强，将大大缩短平均维护维修时间，因此，在选择供应商时，应考虑其在当地的售后服务支持能力。

二、城市燃气管网地理信息系统（GIS）

（一）GIS 概述

地理信息系统（geographic information systems，GIS）是一种采集、存储、管理、分析、显示与应用地理信息的计算机系统，是分析和处理海量地理数据的通用技术系统。地理信息系统为集计算机科学、地理学、测绘遥感学、环境科学、城市科学、空间科学、信息科学和管理科学于一体的新兴边缘学科。

地理信息系统是由软件、硬件和描述地理信息（如街道、地界、动力管道等）及相关附属信息的数据所组成的计算机系统。它与地图及普通的信息资料系统的主要区别在于：它不仅可以展示一条街道，从中知道街道名称、铺设时间、是否为单行线等信息，还可以把不同类型的数据按用户的需求有机地结合在一起，使用户能更有效地管理和使用这些数据。地理信息系统是一种功能强大的、形象化的分析工具。

城市燃气输配系统是城市重要的市政基础设施之一，是一个城市的地下"动脉"。随着经济的迅速发展、科技的突飞猛进，燃气管线的规模也会不断增大，其信息管理的难度、复杂程度也随之增长。

如何有效管理城市的燃气输配系统，充分为城市经济发展服务，是市政管理部门所关注的问题之一。针对城市燃气管网安全第一等具体特点，建立以 GIS 技术和计算机技术为支撑的城市燃气管网地理信息系统，代替传统的管网资料管理方法，能最大程度满足燃气管网的资料维护、信息查询、报警抢险等日常事务，且为提高燃气行业服务质量、管理水平，加强燃气生产调度和突发事件处理能力，保障安全供气等提供了高效率的支持。

根据城市燃气管网自身的特点和管理上的要求，城市燃气管网地理信息系统在设计时应充分考虑如下要点。

第一，燃气管网信息具有时间特征，因而系统是具有时间和三维空间数据的四维信息系统。

第二，燃气管网在空间分布上具有不均匀性，因而数据信息量具有随着发展而急剧增长的特征，系统需要具有处理急剧增长的数据信息量的能力。

第三，燃气管网数据必须完整、准确，具有现势性，这要求地理信息系统是一个动态可维护的信息管理系统。

第四，系统要能够提供设施管理与自动制图的技术和数据支持，满足日常业务的需要。

第五，系统的数据应能够共享，具有网络多用户的并发处理能力。

（二）GIS 的组成

系统硬件包括工作站（如可由两台服务器组成网络，加上计算机与数字化仪表以及打印机绘图仪等外部设备组成数字化工作站）。系统软件包括操作系统、GIS 软件、数据库软件等。系统数据库由三部分组成：全景数据库、底图数据库和管线数据库。全景数据库为一幅整个城市的地形示意图。

底图数据库由 1 ： 500 的地形图图幅所组成。为了便于管理，将这些图幅组合成一幅地形索引图；为了便于查询分析，对所有地形图上的地理要素均进行了编码。

管线数据库由煤气、液化石油气和天然气等管线索引图组成。管线的空间数据与拓扑数据均存于 GIS 内，而其属性数据主要存于关系数据库内。

（三）GIS 功能模块设计

在保证资料的准确性，为管网管理部门准确地提供所需的各种类型数据的基础上，GIS 应能满足以下用户需求：第一，燃气管线数据应以图形和报表等方式存在，系统能直接接收各种类型的管线数据，自动分类和入库，并维护数据安全；第二，能提供多种查询方式；第三，能按照管线数据的各种特性进行统计与分析；第四，能绘制、显示地形图和管线图，特别是具有三维显示功能，能对地下管线进行剖面三维显示；第五，系统经过结构模块化设计，易于升级与优化；第六，系统安全性好，易于维护；第七，操作界面友好，使用者无须具备专业的计算机知识，经短期培训即可熟练操作。

（四）GIS 的性能

综上所述，一个完备的城市燃气管网 GIS 可以实现以下功能。

第一，对图形和属性数据进行检索和查询，了解管线的确切位置、埋深、走向、填埋情况、直径、材质等。

第二，对各类管线数据及各类属性数据进行统计、缓冲分析、三维分析等。

第三，为规划设计部门提供确实可靠的数据，从而在建设施工中避免重大事故的发生。

第四，通过监测设备对供气设备（包括节点、阀门、气站）进行实时监控，并以二维和三维图形显示运行设备的运行状态。

第五，根据报警信号分析确定故障点，并提供最佳故障检修方案。

第六，突发事故的应急处理：根据报修电话，快速确定请求地点以及事故发生地，并与 119 消防指挥中心计算机联网，增强安全防范措施，提高对重大事故及突发事件的应急能力。

第七，制作及输出打印用户所需的各种不同比例的路网图、管线图、纵横断面图和各种类型的数据报表。

第二节 天然气输配系统调度

一、天然气负荷预测

天然气负荷预测是实现天然气管网管理现代化的重要手段。长期以来，我国天然气负荷预测问题一直停留在"凭经验"的阶段，计算机的普及以及预测学的发展和完善，为天然气管网的现代化管理提供了必要的条件。于是，对天然气负荷预测问题的研究越来越受到重视，并且逐渐成为现代城市天然气系统科学中的一个重要的领域。

（一）燃气负荷预测的原则

燃气负荷预测应结合气源状况、能源政策、环保政策、社会经济发展状况及城镇发展规划等确定。

预测前，应根据下列要求合理选择用气负荷。

第一，应优先保证居民生活用气，同时兼顾其他用气。

第二，应根据气源条件及调峰能力，合理确定高峰用气负荷，包括采暖用气、电厂用气等。

第三，应鼓励发展非高峰期用户，减小季节负荷差，优化年负荷曲线。

第四，宜选择一定数量的可中断用户，合理确定小时负荷系数、日负荷系数。

第五，不宜发展非节能建筑采暖用气。

燃气负荷预测应包括下列内容。

第一，天然气气化率，包括居民气化率、采暖气化率、制冷气化率、汽车气化率等。

第二，年用气量及用气结构。

第三，可中断用户用气量和非高峰期用户用气量。

第四，年、周、日负荷曲线。

第五，计算月平均日用气量、月高峰日用气量、高峰小时用气量。

第六，负荷年增长率，负荷密度。

第七，小时负荷系数和日负荷系数。

第八，最大负荷利用小时数和最大负荷利用日数。

第九，时调峰量，季（月、日）调峰量，应急储备量。

总负荷的年、周、日负荷曲线应根据各类用户的年、周、日负荷曲线分别进行叠加后确定。

各类负荷量、调峰量及负荷系数均应根据负荷曲线确定。

（二）原始数据的收集

在天然气企业成立初期，以积累数据为主，逐步搭建用气规律模型；在天然气企业快速发展期，数据库基本搭建，但用气结构的调整频繁，用气规律动态波动；在天然气企业用气发展饱和期，历史数据积累规模、用气结构、用气规律趋于平稳。原始数据连续积累时间应在5年以上，才能初步把握该区域内客户用气规律，保证预测结果精度。

短期气量预测，可按96个点预测并编制日气量预测区间（每日 0：00～23：45，每 15 min 一个点）。节假日气量预测，可对照历史数据进行气量综合分析预测。

当用户发展到一定规模并趋于稳定时，气象是影响短期气量最主要的因素。气象数据是指预测区域在过去某一时间（小时 / 日 / 月）内的气象要素（环境空气温度高值、低值、平均值，湿度、降雨、环境水温等）的实际值以及未来某一时间内的气象要素预报。气量预测结果应与气象数据周期性对应。短期气量预测受气象影响很大，应查看天气预报综合考虑气象因素对天然气气量的影响。

异常数据又称离群数据。对于离群数据的挖掘和分析主要有四种方法，即基于统计学的方法、基于偏差的方法、基于距离的方法和基于密度的方法。不同的方法对离群数据的定义不同，所发现的离群数据也不相同。离群数据产生的主要原因：部分天然气企业的数据采集、记录等环节自动化程度不高，数据的获得还处于人工记录的水平，因此产生数据记录错误；使用 SCADA 系统的天然气企业，在实际运行中，数据采集系统中的测量、记录、转换和传输过程中的任何环节都可能引起故障而导致数据记录反常；特殊的事件（如仪表故障、线路检修）也会引起气量数据出现异常等。另外，还应结合经济、天气、社会等因素，对离群数据进行分析，判断是否采用该数据。

（三）预测方法

城市天然气负荷预测可分为长期负荷预测、中期负荷预测、短期负荷预测和超短期负荷预测等四类。其中长期、中期与短期负荷预测的意义分别在于：长期、中期负荷预测能够合理安排后期工程、确定生产能力、安排设备的更新维修等；短期负荷预测可用于指导安排天然气生产计划，确定天然气产量、存储量以及天然气的合理调度。因此，在现实生产中，无论是制订天然气系统长期规划还是进行短期优化调度，进行相应的负荷预测都是必不可少的。有关资料表明，目前国际上有几百种天然气负荷预测方法，其中有几十种方法在不同领域中得到了广泛应用。城市天然气预测主要采用的预测方法可分为时间序列方法、结构分析法、系统分析法等三类，如表 6-2 所示。具体方法有人工神经网络模型、指数平滑预测模型、回归模型等，常用的预测方法及原理如表 6-3 所示。

表6-2　预测方法分类

分类	预测方法		
时间序列法	确定型	移动平均法	简单移动平均法
			加权移动平均法
		指数平滑法	一次指数平滑法
			二次指数平滑法　布朗单一参数指数平滑
			二次指数平滑法　霍特双参数指数平滑法
			三次指数平滑法　布朗单一参数指数平滑
			三次指数平滑法　温特线性季节性指数平滑
		趋势外推法	多项式模型
			指数曲线模型
			对数曲线模型
			生长曲线模型
		季节变动法	季节性水平模型
			季节性交乘趋向模型
			季节性叠加趋向模型
	随机型	马尔可夫法	一重链状相关预测
			模型预测
		Box-Jenkins method	自回归（AR）模型
			移动平均（MA）模型
			自回归移动平均（ARMA）模型
结构分析法	回归分析		一元线性回归分析
			多元线性回归分析
			非线性回归分析
	工业用水弹性系数预测法		
	指标分析法		
系统分析法	灰色预测法		灰色关联度预测
			灰色数列预测
			灰色指数预测
			灰色灾变预测
			灰色拓扑预测
	人工神经网络模型		
	系统动力模型		

表6-3　常用的预测方法及原理

方法	原理	适用范围
多项式拟合	拟合某类产业产值的预测值，类推天然气预测量	短、中长期
回归模型	应用回归分析方法判别影响天然气负荷的主要因素，建立天然气负荷与主要因素之间的数学表达式，利用数学表达式来进行预测	短、中长期
灰色预测GM（1，1）模型	用等时距观测到的反映预测对象特征的一系列数量值构造灰色预测模型，预测未来某一时刻的特征量，或达到某一特征量的时间	中长期
傅里叶级数模型	将天然气负荷的周期项分解为三角级数的有限项的和作为其数学模型	短期
人工神经网络模型	由输入层、中间的若干隐层和输出层组成，每层有若干神经元素，在相邻层间的元素与元素之间有单向的由输入层开始逐层指向下一层的信息传递关系	短期
果蝇优化算法FOA	模拟果蝇经由嗅觉和视觉搜索最佳距离食物源过程，从而实现复杂问题优化求解	短期
基于混沌理论和Volterra自适应滤波器的预测模型	对天然气时负荷时间序列进行日相关性分析、然后采用互信息法和伪最近邻域法确定延迟时间和最佳嵌入维数，再在相空间重构的基础上，对天然气时负荷时间序列进行混沌特性分析。针对现有预测模型多为主观预测模型的特点，将Volterra自适应滤波器预测模型引入天然气时负荷预测中	短期
指数平滑预测模型	用历史数据的加权来预测未来值。历史数据序列中时间越近的数据越有意义，对其加以越大的权重；相反亦同	短期
指标计算法	对用气系统历史数据进行综合分析，制订出各种用气定额，然后根据用气定额和长期服务人口计算出远期用气量	远期
系统动力学方法	把研究的对象作是具有复杂反馈结构的、随时间变化的动态系统，通过系统分析绘制出表示结构和动态特征的系统流程图，然后把变量之间的关系定量化，建立系统的结构方程式，用计算机语言进行仿真实验，从而预测系统未来	短、中长期
SVM支持向量机	通过求解局域二次规划，从理论上推导得到全局最优解，回归预测性能良好	短、中长期
负指数函数模型	只部分考虑趋势项，形态为S形曲线的负指数函数规律	中长期

二、天然气管网调度

天然气输配调度与管理系统，是对城镇天然气门站、储配站和调压站等输配站场或重要节点配备的有效的过程检测和运行控制系统，它通过网络与调度中心进行在线数据交互和运行监控。其基本任务是对故障、事故或紧急情况做出快速反应，并采取有效的操控措施保证输配安全；使输配工况具有可控性，并按照合理的给定值运行；及时进行负荷预测，合理实施运行调度；建立管网运行数据库，实现输配信息化。输配调度与管理系统是天然气管网安全高效运行的重要技术措施，也是天然气管网现代化的重要内容。

SCADA 系统适用于城市技术设施和能源系统，如天然气管网、供热管网和水力管网等。MIS（management information system）面向企业信息管理，GIS 面向管网信息管理。从系统结构与实现上看，MIS 和 GIS 都是基于数据库的信息组织、储存、处理和调用系统，与天然气行业的介质性质、管网结构和设备特征之间没有根本的相关性。

借助 CPC（OLE for process control）技术，MIS 和 GIS 在运行过程中可以访问 SCADA 系统的数据库，实现数据交互和数据共享。OPC 技术是为过程控制设计的 OLE 技术，为基于 Windows 的应用程序、访问过程、控制系统提供了标准化接口。

采用 SCADA 系统是实现天然气输配调度与管理自动化的合理方式，能够有效地满足管网运行监控、输配调度和信息管理等基本应用需要；基于 OPC 技术的 SCADA 系统主站服务器能够支持 MIS 和 GIS 的数据交互或系统集成。

（一）城市天然气输配调度与管理系统的特点

根据天然气输配管理控制节点地理位置分散、相对距离较远的特点，天然气输配调度与管理系统一般由天然气公司总调度中心（DCC）、各分公司（SCS）及所控各储配站和输气管网控制节点的自动化远程终端装置（RTU）组成。

该系统可实现天然气输配控制管理所需的功能，包括实时数据采集、模型计算、实时控制及监测、天然气输配调度方案及优化、管网维护及故障处理、报警及预测、用户信息管理、经营管理、金融服务、数据通信、数据库存储管理、GIS 编制及管理、画面显示、报表编制和打印、模型及软件开发与维护、网络故障的诊断和报警等。

（二）系统组成和结构

下面以一个城市的天然气输配调度与管理系统为例说明其系统组成和网络拓扑结构。

一般情况下，DCC 共有输配调度、用户管理和经营管理三个子系统，由路由器连接并隔离数据流。

输配调度子系统基于 SCADA 系统结构，由两台冗余服务器作 SCADA 服务器，服务器支持双 CPU 备份系统；硬盘采用磁盘阵列技术，保证了系统数据的可靠安全。两台冗余服务器共享一个磁盘阵列，互为冗余，互为备用，以保证计算机故障时实现无扰动切换。系统专门设置一台大容量、采用磁盘阵列、双 CPU 的 GIS 服务器，便于对天然气管网进行管理。

　　用户管理和经营管理子系统分别由两台支持双 CPU 备份系统的冗余服务器构成，两台冗余服务器共享一个磁盘阵列，互为冗余，互为备用，以保证计算机故障时实现无扰动切换。

　　SCS 管理自动化系统体系结构和功能基本相同，由两台支持双 CPU 备份系统的冗余服务器构成，两台冗余服务器共享一个磁盘阵列，互为冗余，互为备用。上述所有子系统根据各自功能需要，还配备有数量各异的终端和打印机等辅助设备。SCS 与 DCC 之间利用城市有线网实现数据通信，管网节点与 DCC 输配调度子系统的数据通信采用无线扩频通信的无线网络来实现。

三、数据采集及监控系统在管网调度中的应用

　　以天然气管网为例，数据采集及监控系统，把全市管网燃气压力和大用户的燃气流量、压力等主要工艺参数传到数据中心，进行现场数据的实时显示、监控，提高了天然气管网输配水平，优化了生产运行参数，对提升服务品质起到了很好的促进作用。对数据采集及监控系统采集的流量计工作压力、温度进行分析，及时发现处于异常工作状态的流量计，提醒工作人员及时检查、维护，尽可能降低计量损失，实现了数据资源的深层次应用。

　　数据采集及监控系统利用计算机技术、移动通信技术（GPRS 技术）、网络通信技术、数据库技术建立起一套完整的软、硬件平台，对天然气管网压力、大用户用气情况等数据实施动态监测，实现了压力报警、流量异常报警、远程信息传输等功能，并利用系统保存的历史数据进行综合分析形成各类报表，为科学调度提供了依据。数据传输单元（data transfer unit，DTU）是专门用于将串口数据转换为 IP 数据或将 IP 数据转换为串口数据，并通过无线通信网络进行传送的无线终端设备。

　　DTU 硬件主要包括：CPU 控制模块、无线通信模块、电源模块。采用 DTU 具有组网迅速灵活、建设期短、成本低、网络覆盖范围广、安全保密性能好、链路支持永远在线、按流量计费、用户使用成本低等优点。利用 GPRS 无线网络的方式真正实现了多点、远程、实时、同步的现场数据传输，大大方便了天然气大用户的用气量抄收，以及现场仪表的状态监控，可以有效对用气高峰和低谷时段进行生产调度。

　　数据采集及监控系统由三部分组成：现场采集控制部分，GPRS 数据传输部分、数据中心。DTU 和现场仪表之间通过标准的 ModBus 协议或仪表自身的协议进行数据传输，组成了现场采集控制部分。DTU 内置的 GPRS 通信模块和通信运营商提供的无线链路网络组成了 GPRS 数据传输部分。数据管理软件和数据库有效结合，对接收到的数据进行处理和发布，组成了数据中心。

　　数据采集及监控系统应用于天然气管网调度中，可实现以下功能。

（一）远程自动监测功能

能根据用户的要求，对每个现场站点的数据进行采集、统计、分析，并自动生成各种报表和曲线，存储每个现场站点的历史数据。

（二）故障报警和提示功能

可根据设定的温度、压力、流量的上下限对出现的异常发出报警，及时通知技术人员解决问题。

（三）信息查询功能

数据采集及监控系统采用 B/S 结构，最大的优点就是可以在任何地方进行操作而不用安装任何专门的软件，只要有一台能上网的计算机，就能通过浏览器进行数据查询。

第三节　智慧燃气

一、智慧燃气的特点

智慧燃气是指以智能管网建设为基础，利用先进的通信、传感、储能、微电子、数据优化管理和智能控制等技术，实现天然气与其他能源之间、各类燃气之间的智能调配、优化替代的技术。近年来，燃气企业为了提高生产运行管理水平，建立了多个信息化系统，如客户服务系统、SCADA 系统、GIS 等，为智慧燃气的建设和发展奠定了良好基础。通过信息采集，寻找数据间的关联，挖掘数据背后的规律，为解决问题找准方向，实现燃气数据分析、预测和预警等关键技术智能化，提升安全管控能力。

智慧燃气能更好地实现对管网系统运行的监测、分析和控制。智能管网实现了从感知、通信、数据、调控、运营、决策层面提升管网的运营管理水平，提高管网接纳多气源供应的能力，有效减少燃气事故的发生，保障管网安全、经济和稳定运行。

城市智慧燃气网络建设是燃气企业向信息化集成发展的全新阶段，应该具有以下特征。

（一）覆盖广泛

从系统的范围上来看，智慧燃气网络覆盖燃气运营与管理的各个方面，从远程供气、调峰，远程用气监控、检测，管网监测、监护到远程计量、统计计算，从调度到决策，从用户开发到为用户服务等。

（二）数据集成

智慧燃气网络通过客户端及管网的点、线、面编码，全面集成基础档案数据，实时、动态地管网各要素和供用气等信息数据，实现生产实时数据、空间地理数据和各类生产管理信息系统的无缝整合，同时可方便地让管理者和用户访问、利用。

（三）技术先进

现阶段最新的硬件控制技术与 IT 软件技术、物联网技术、云计算技术、多种终端访问设备（包括智能手机、电脑、平板电脑等）与技术等，均集成在智慧燃气网络中，通过对数据的挖掘与分析，实现城市燃气智能化管理。

（四）方法创新

智慧燃气网络建设是方法的创新：改原先的被动管理为预测预警、评价计算，良好适应大燃气时代的管网管理；改时段性近程监测监护为时刻性远程监测监护，提高管网安全水准；改呼叫式服务为关怀式服务，充分体现服务的人性化，提高服务水准。

（五）实时互动

各职能部门之间、企业和客户之间、各系统之间，从单向联系、被动联系到互动联系、实时联系，及时解决供用气过程中遇到的问题与困难。智慧燃气网络的建立标志着实时监控、数据集成、调度与作业、分析与决策等智能化时代的到来。

二、大数据收集及应用

（一）大数据对燃气行业的意义

信息系统已经越来越多地应用在科研、商业、工业、公共事业等领域，海量的数据产生了海量的信息。数据的深入挖掘有利于企业的管理，提高企业竞争力，支撑我们做出重大决策。

燃气行业也存在着海量的数据信息，如燃气输配管网通用的 SCADA 系统所收集的远程终端装置（RTU）的数据等。充分利用燃气行业中的大数据，我们可以做到以下几点：得出城市燃气输配管网的气量分布趋势、峰值发生的区域，通过建模、分析、总结规律，找到相关性，从而对输配管网设备损害程度进行预测、预防及预测性检修维护，最大化提高设备的使用率；分析用户用气特性，根据用户的用气模式定制费率套餐，提醒用户缴费充值；分析燃气公司业务量的数据，进行人员调配等。

（二）大数据在燃气行业中的应用

1. 输配管网设备预防和预测性维护

充分利用燃气输配管网通用的 SCADA 系统所收集的远程终端装置（RTU）的数据，包括监测管道的流量、温度、压力、开/关阀门、启/停泵等数据。利用 GIS 技术、大数据分析技术配合企业管理信息系统，如 ERP、用户关系管理系统 CRM 等系统的数据，将企业资源信息、个人用户基本信息、用户用气行为数据，再到用户的缴费、信用数据等海量数据，按照时间和空间进行数据分析，可以得出城市燃气输配管网的气量分布趋势，峰值发生的区域，通过建模、分析，总结规律，找到相关性，从而对输配管网设备损害程度进行预测、预防及预测性检修维护，最大化提高设备的使用率。

2. 监控用气状态，合理调度输配气供应

有效通过物联网技术，部署终端设备，获取用户基本信息、设备设施布点信息、远程操作控制信息、用户用气状态信息等。利用终端设备采集的数据，按照用户的区域分布、计费标准变化、季节用户高峰变化、企业用户和家庭用气的统计等进行数据挖掘和分析，得出用气量的变化规律，找出用气峰值，精准量化评估输配气能力、管线压力、检修频率和时间等，为输配气调度提供决策依据。

3. 燃气器具安全检测和故障预警

通过对用户相关数据的实体采集和分析，即在每次设备安装、维修、抄表、安检服务时，采集数据，将用户的燃气器具品牌、使用年限、工况等基本情况纳入管理，在客户信息平台中完善用户燃气器具基础数据。

分析用户的缴费、报修等历史记录，了解用户用气情况的行为数据，扩展到家家户户。

分析区域用户和分类用户的行为数据，针对使用不安全、临近或超过报废期的燃气器具的燃气用户进行安全提示，提醒用气安全，敦促及时更换燃气器具。

4. 燃气器具销售

结合用户燃气器具运行状态数据与燃气器具营销系统数据，按照地域和区域的数据进行统计分析，分类判断对燃气安装和器具购置的需求，可分析出用户对燃气器具的市场需求。

拓展新的针对性营销策略，如从其居住环境（如小区定位、居民家属楼、商业楼盘、高档公寓、别墅等）开展针对性的营销和服务，提供燃气配套安装和燃气器具销售服务等。

根据不同类型的用气设备，如地暖、壁挂炉等，甄别用户的支付能力和服务需求，针对性地提出个性化服务项目，如提供家庭燃气服务解决方案，包括高频的安检、定期维修保养、预约专人上门检修等。

三、智慧燃气系统设计

（一）智慧燃气总体结构

采用云计算、物联网、大数据等先进技术，在横向上，打破传统业务功能子系统独立建设、独立运行的格局，使得多个异构系统无缝融合，从而实现智慧燃气目标。

智慧燃气综合管理平台以互联网＋、大数据和云平台为基础，探索智慧燃气的整体构架和解决方案，打造一个统一运营管理平台，依托通信网、互联网、物联网、大数据和云计算，创造面向未来的智慧燃气运营管理系统。

1. 软硬件基础

它以信息化需求为出发点，建立一个可扩充的体系结构，满足信息化发展的需要，包括服务器、操作系统、企业内网、数据库管理系统，以及各业务应用子系统等。能对供气信息化各子系统服务器、存储设备及网络设备进行集中管理，并对系统运行进行实时监控。加强信息化管理队伍和技术队伍的建设，以完善的组织管理体系，确保基础设施的稳定可靠。

2. 数据中

它是实现数据信息集中处理、存储、传输、交换、管理等功能的服务平台。通过数据中心，企业能够按需调用各种资源（如服务器、存储器、网络等），实现对物理服务器、虚拟服务器等的自动化管理，实现各类应用的分布式运行。

3. 智慧应用

通过数据中心完成各业务应用系统的数据共享。对管网数据等海量数据进行挖掘，分析燃气产销差，能有效发现管网泄漏、窃气等问题。通过信息系统对业务的整合，实现业务流程的优化和业务创新，如通过 GIS、SCADA 系统、应急指挥系统、GPS 及巡检系统等系统业务和数据集成，实现联动控制、优化调度、智能调度；通过 GIS 对救援车辆路径进行优化和推荐；通过 GPS 对事故点附近车辆和人员进行优化调度；通过 SCADA 系统根据应急指挥系统优选方案实现远程智能调度，让数据驱动企业决策。

4. 用户访问

向客户提供企业基本信息，包括企业风采、供气服务、法律法规、企业文化、新闻中心等，同时客户还可以通过网站进行气费查询、网上咨询、网上报修等工作，增强客户与企业之间的互动。

（二）智慧燃气管理平台功能设计与实现

根据以上总体设计思路，智慧燃气管理平台具体涵盖八个子系统，包括燃气管网管理子系统、管网压力监测子系统、三维站场展示子系统、燃气管网巡检子系统、行政管理子系统、燃气管网应急处置子系统、燃气仿真模型子系统、燃气管网负荷预测子系统。各子系统功能设计如下。

1. 燃气管网管理子系统

该子系统主要完成数据的编辑、管理与高级管网分析。系统提供燃气管网管线信息和各类地理空间信息的展示和操作功能，并提供燃气管线数据采集维护、转入转出、监理查错、查询统计、报表输出以及相关辅助决策分析等功能，提高燃气管线的管理效率。

2. 管网压力监测子系统

该子系统主要由监控中心、通信网络、监测终端、现场计量设备四部分组成。用无线传输方式将现场采集到的数据传输到监控中心，从而可以实现对各个监测点的实时监控，掌握管网内动态，并将已测知数据进行存储整理，为客户的各种后期工作决策提供可靠的数据支持。

3. 三维站场展示子系统

该子系统根据站场的基本数据信息以及现场调研采集的照片，自动生成站场的三维模型。提供三维站场 SCADA 系统信息接入功能，实现 SCADA 系统监控信息的显示。提供三维站场视频信息接入功能，可以实时将固定视频采集设备采集的多路视频信号接入三维系统中，从而实现对现场监控视频的实时接入、显示。

4. 燃气管网巡检子系统

该子系统通过外业与内业的有机整合，实现巡线、报修、数据维护、数据处理的全自动对接；通过数据传递和定位，上传信息到控制中心，方便管理监督，巡线人员能及时将现场情况进行汇报；有效实现巡检模式的改革与创新，降低管理成本，事故发现更及时，事故管理更规范。

5. 行政管理子系统

该子系统提供信息报送、审核、批复及信息反馈等全流程管理模块功能。行业主管部门可根据日常燃气管控需求，按办公流程自行增加、删除或修改报送项目的信息，并对报送项目的审核、处理及反馈等信息进行监控。

6. 燃气管网应急处置子系统

该子系统主要面向燃气管网突发公共事件的处置响应，一方面按照建设意见进行设计，充分满足和市应急平台互联互通的需求，另一方面按照平急结合的理论进行设计，做到平台的日常守备和有事应急。

7. 燃气仿真模型子系统

该子系统提供一个离线管道模拟仿真模型，给客户的设计及调控中心使用，还有附加的模块（气体组分模块、气源追踪模块、清管器追踪模块）。同时，该子系统以 SCADA 系统采集的现场数据为操作参数，对管道的各种状况进行模拟、分析，为管道建设、调度运行、生产管理选择最佳方案。

8.燃气管网负荷预测子系统

该子系统是近期调度计划及远期管网规划不可或缺的工具。天然气操作公司针对历史操作、气象变化及流量数据，可利用先进的数据分析或人工智能方法建立消耗点或区域负荷的变化预测曲线，作为调度前景预测的基础和管网扩展规划的主要依据。

（三）智慧燃气系统设计说明

以下介绍几种智慧燃气系统的设计说明。

1.燃气管网 SCADA 系统设计

（1）SCADA 系统调度控制中心设计

① SCADA 系统调度控制中心功能。

调度控制中心实时采集远端各有人/无人值守站点的工艺运行参数，实现对天然气管网和工艺设备运行情况自动、连续地监视、管理和数据统计，为管网平衡、安全运行提供必要的辅助决策信息。其主要功能如下。

A. 数据采集和处理。

B. 数据维护，对有些无法直接从 SCADA 系统中采集到的数据，可以人工录入，包括生产数据发布、查询系统，采用 B/S 结构录入与查看等。

C. 工艺流程的动态显示。

D. 报警显示、管理，以及事件的查询、归档、打印。

E. 历史数据的归档、管理，以及趋势图显示。

F. 生产统计报表的生成和打印。

G. 流量计算、管理。

H. 管道事故处理，如管道发生泄漏、设备运行异常的处理等。

I. 安全保护。

J. 控制权限的确定。

K. 对系统进行时钟同步调整操作。

L. 为 MIS 提供数据。

M. 与企业自动化管理系统平台连接，进行数据交换。

② SCADA 系统运行模式。

A. 各站无线路由器与通信前置机通信，建立通信链路。

B. 通信服务器通过 ModBus 协议与现场 RTU 进行通信，读取各站数据。

C.SCADA 系统服务器与通信服务器交换数据（通过建立虚拟串口，将 TCP/IP 网络接收的数据转发到虚拟串口上），管理、处理数据。

D.SCADA 系统服务器将数据写入数据库服务器；报表系统从数据库服务器获取数据，生成生产过程报表与统计报表。

E. 操作人员工作站、维护人员工作站作为 SCADA 系统的客户端，从 SCADA 系统服务器获取实时信息、报警信息、历史趋势等。

F. 区域网内各办公室可以通过浏览器访问 Web 服务器，查看报表。

（2）门站 / 储备站 /LNG 站系统设计

门站 / 储备站 /LNG 站的现场站控系统已由业主建设完毕。SCADA 系统对门站 / 储备站 /LNG 站的功能有：与原有门站 / 储备站 /LNG 站站控系统通信，将数据读到 SCADA 系统；与调度控制中心通信，将数据传输到调度控制中心。

系统实现：经过调查分析，目前门站 / 储备站 /LNG 站站控系统实现技术路径相同，其 RTU 与现场监控计算机之间采用基于 TCP/IP 的 ModBus 协议实现。因此门站 / 储备站 /LNG 站要各设置一套通信 RTU，通信 RTU 接入现有站控系统的通信网络，与监控计算机一样通过 ModBus 协议的 OPC 方式与现有门站 / 储备站 /LNG 站的 RTU 通信获取数据。

门站 / 储备站 /LNG 站的 RTU 实现的 ModBus TCP 协议地址和数据字段定义已经得到，通信 RTU 编程与调试可在线进行，不用对门站 / 储备站 /LNG 站的 RTU 进行特别处理，不影响现有系统的正常运行。

（3）远端无人站设计

远端无人站可以分为高中压调压站、区域调压站、用户计量站。这些站点通过归类总结，可以设计成为三类标准化站控系统，即高中压调压计量站控系统、区域调压站站控系统、用户流量计量站控系统。

高中压调压计量站控系统和区域调压站站控系统配置一套 RTU 控制器和压力、流量、温度、泄漏报警探头若干；RTU 内置 ModBus RTU 协议，可以获得总线流量计数据，每种流量计通信程序只需开发一次即可标准化应用。RTU 除完成对所在站场的数据采集和监控任务外，还要完成与调度控制中心计算机监控系统之间的信息传递。RTU 和调度控制中心通信选用内置基于 GPRS/CDMA 的 SIM 卡 DTU，DTU 通过设置调度控制中心 IP 参数，将数据通过无线网络传给调度控制中心。

用户流量计量站控系统，由于采用数字仪表，所以无 I/O 输出，选用内置多种燃气计量数据协议采集单元的 DTU，通过 RS232 或 RS485 通信，采集每种流量计的温度、压力、瞬时和累积流量等实时数据，通过无线方式与主控中心通信。

2.燃气智慧巡检系统设计

燃气巡检管理是保证燃气输送和管道安全的一项基础工作。通过巡检系统可实时获取燃气管道周围环境变量的参数，进行数据分析，发现潜在的危险，进行必要的设备维护，保证整个燃气系统的正常运行。燃气智慧巡检系统融合了 GPS、GPRS、GIS 等技术，可对巡检工作实行自动化、智能化管理，包括实时监控巡检员的巡检轨迹、对巡检员返回的各种数据进行自动处理、指挥巡检员处理巡检过程中出现的各种问题及自动统计巡检员的工作情况等。

以燃气智慧巡检系统为例，对燃气行业巡检需求调研结果进行分析，参考类似产品的架构方案，该燃气智慧巡检系统采用 B/S 架构，分为三部分：第一，具备 GPS 定位和 GPRS 通信功能的移动终端，采用通用硬件平台和 Windows Mobile 的嵌入式操作系统；第二，具备 GPRS 无线通信接入的巡检数据处理中心，对巡检员上传的数据进行集中处理，生成巡检记录；第三，具备基于 Web 的巡检信息发布系统，实时发布巡检报表、上报隐患信息、制订任务、下发任务等。

手持移动终端的客户端软件要实现用户登录、基本信息录入，图片、数据上传，接收巡检任务，提供用户操作界面等基本功能。数据处理中心对手持终端上传数据进行分析处理，统计报表，下达指令，并对重要数据进行备份；Web 服务器则负责电子地图、巡检数据信息的及时发布，巡检人员考核管理，保持与当前获取的巡检信息同步等。

（1）系统功能模块

①服务器端。

实时发布巡检信息，方便企业管理人员及时了解和掌握线路及设备运行状况，从而有巡检工作动态；接收上报的漏检、故障、隐患信息等，并自动进行分类处理。同时通过 GPRS 将巡检任务或隐患信息传递给相应的管理人员，使管理人员能随时随地查询并掌握各条线路最新情况，第一时间了解到安全生产状况，对生产中出现的异常情况做出快速处理，杜绝管理上的人为疏忽，将安全巡检定点、定时、定人，落到实处。

A.系统管理功能：通过智能巡检系统可以管理所有的巡检人员，查看巡检人员的工作情况，向巡检终端发送控制命令，并且接收巡检终端反馈的各种信息。

B.巡检监控功能：在地图上显示出巡检员状态、实时位置及轨迹，任务安排情况等。

C.报表统计功能：自动统计各巡检员的是日报、月报，管线隐患、漏检等统计分析，作为巡检员工作量的量化评价。

D.隐患上报功能：实时发布巡检信息，接收上报的漏检、故障、隐患等信息，并自动进行分类处理，生成隐患工单并派发。

E.任务制定及下发功能：巡检系统可以根据巡检人员的情况，安排巡检人员的巡检工作计划。

②手持移动终端。

手持客户端由巡检人员操作，具有计划任务查询，数据同步，巡检信息录入，隐患信息录入、上报，巡检图片上传，巡检任务接收，考勤等功能。手持移动终端一般有 PDA、智能手机、平板电脑等，交互界面尽量做到简洁、流程简单、布局合理，方便巡检人员操作使用。

（2）关键技术

① GPS 定位技术。

GPS 是全球定位系统，是对海上、陆地和空中设施进行高精度导航和定位的精密卫星定位系统。其主要特点是全球地面连续覆盖、实时定位、全天候作业、定位精度高、观测时间短、应用广泛、操作简便等，在智慧巡检系统中用于实时定位巡检员位置，以及燃气隐患位置。

手持移动终端内置了 GPS 定位模块，可以获取巡检人员的位置信息，并对获取到的位置信息进行解析处理，在电子地图上显示其位置信息，同时将信息也上传服务器，并在服务器端电子地图中显示巡检人员位置，记录轨迹。

② GPRS 通信技术。

GPRS（general packet radio service）是以 GSM 系统为基础的无线通信数据处理技术。GPRS 系统有自身的通信规则，采用 GPRS 通信的方式都会按照其规则去运行。GPRS 通信技术提供的高速传输速率和"永远在线、按流量计费"的优点，使该系统具有良好的适用性、可靠性和可扩展性，而且易于管理与维护。智慧巡检系统以 GPRS 为传输网络。

③ Socket 通信技术。

Socket 是通信方式的一种，又称为"套接字"，通常分为客户端和服务器端两部分，客户端发送 Socket 的连接请求，当服务器监听到连接并接收连接请求时，双方建立连接，在此连接基础上进行数据的交换，完成通信会话。在 Socket 连接的双方当中，无论是客户端还是服务器端，套接字都处于同一地位。智慧巡检系统采用 Socket 通信技术实现客户端和服务器端的数据传输。

在客户端软件中通过拨号和服务器进行通信连接，在通信连接成功基础上建立 Socket 通信，实现数据收发，同时进行相应的控制、编码和解码工作。

3. 智慧燃气表缴费系统设计

当前民用智慧燃气表按照工作原理的差异，可以分为卡式燃气表和远传燃气等表等两种。

（1）卡式燃气表

卡式燃气表的功能主要体现在两方面：一是预收费；二是用气控制。其核心在于购气卡，用户与燃气公司之间的交易以及用户燃气使用都是通过购气卡来体现的，通过设置在燃气表中的读卡装置来对购气卡进行数据读取，自动调整燃气阀门的关闭与打开。根据购气卡类型的差异，卡式燃气表可以分为 IC 卡燃气表、CPU 卡燃气表、射频卡燃气表等三种。在卡式燃气表中，其功能十分完善，主要包括预付费功能、密钥功能、提醒功能、欠费阀门关闭控制功能、补气验证、非法卡识别功能等。卡式燃气表的利用可以解决传统入户收费的弊端，实现用户的自动缴费，有效避免用户欠费问题，提高燃气使用的安全性。

（2）远传燃气表

远传燃气表是指具有基表数据读取和远传功能的燃气表。其基表数据的读取与采集是由数据传感器完成的，再利用无线或有线通信方式，实现基表数据与燃气公司收费管理中心的信息传输，从而实现对燃气表的远程抄表，在收费管理系统中完成对气量的计算和费用的结算。远传燃气表主要有无线远传燃气表、有线远传燃气表等两种类型，其分类的依据主要是数据通信方式。

远传燃气表的功能主要包括以下几个：一是通信功能，实现燃气表与收费管理中心的数据传递，可以采取无线或者有线的方式，定期完成燃气表的抄表工作；二是阀门控制功能，通过收费管理中心发出的指令，完成阀门的关闭，实现远程阀门管控；三是安全保障功能，当燃气表遇到断电或者欠费等情况时，阀门自动关闭，确保燃气表始终处于带电运行状态。

（3）网络型红外传燃气表

近些年来，随着科学技术的进步，新一代智慧燃气表，即网络型红外传燃气表应运而生。相较于上述两种燃气表，网络型红外传燃气表具有更突出的优势。

与卡式燃气表相比，网络型红外传燃气表的电路采用的是固体模块结构，电路与气路是分隔开来的，且与环境隔离；数据采用动态红外光加密、分段加密、分层加密，并设有动态密码，有效克服了卡式燃气表可能爆炸以及数据易受干扰、易解密的弊端、安全性得到极大保证。同时，网络型红外传燃气表的可靠性也远远高于卡式燃气表的可靠性，具体体现在以下方面。

①在数据接口方面：网络型红外传燃气表采用红外光通信接口，电路完全密封在内部，对酸碱盐的腐蚀具有较强的抵抗能力，数据的传递介质没有使用寿命限制，在潮湿环境下依然可以使用。

②在器件寿命方面：网络型红外传燃气表器件对环境的要求不高，其使用寿命在10年以上，而 IC 卡燃气表的器件触电易氧化、接口弹簧片易腐蚀，对环境要求相对较高，

寿命较短。

与远传燃气表相比，网络型红外传燃气表采用了红外接口、非接触式磁电传感器，测控器模块是完全密封的，其电路也是低压超微功耗的，而远传燃气表的通信存在点燃燃气的隐患，红外传燃气表的安全性高于远传燃气表的安全性。同时，在可靠性方面，网络型红外传燃气表也是优于远传燃气表的，具体体现在以下方面。

A. 在电源方面：网络型红外传燃气表使用的是普通干电池，同时设有内部电源备份，用户可以自行更换；而远传燃气表使用的是内置锂电池，需要由专人进行更换，在锂电池电量用完之后，如果不及时更换，就会降低抄表可靠性。

B. 在数据方面：网络型红外传燃气表采用了关键元件备份机制，只要有一个元件是正常工作的，就可以确保机电间的精确转换；远传燃气表采用的多是双杆簧管累计计数的方法、容易受到电场、磁场的干扰，引起数据与字轮之间的误差，导致结算纠纷。

C. 在数据传递方面：网络型红外传燃气表预付费的数据是由内部产生的，传递方式为单向传递，其环节相对较少，不易受人为破坏；远传燃气表的数据是由远端传送来的，在数据传输过程中，易受磁场干扰、用户恶意屏蔽等，数据可能无法及时传递到收费管理中心，影响数据的可靠性。

第七章　城镇燃气管道的管理

第一节　管道完整性管理及评价

一、管道完整性管理概述

（一）管道完整性的定义

管道完整性（Pipeline integrity）是指：管道始终处于安全可靠的工作状态；管道在物理上和功能上是完整的，管道处于受控状态；管道运营商已经并仍将不断采取行动防止管道事故的发生。

燃气管道完整性与管网的设计、施工、维护、运行、检修的各个过程是密切相关的。

燃气管道完整性管理（Pipeline integrity management，PIM）定义为：燃气公司根据不断变化的管网因素，对天然气管网运营中面临的风险因素进行识别和技术评价，制定相应的对策，并不断改善不利影响因素，从而将管网运营风险水平控制在合理、可接受的范围内。

（二）管道完整性管理的原则

管道完整性管理的原则如下：在设计、建设和运行新管道系统时，应融入管道完整性管理的理念和做法；结合管道的特点，进行动态的完整性管理；要建立负责进行管道完整性管理的机构和管理流程，配备必要的手段；要对所有与管道完整性管理相关的信息进行分析、整合；必须持续不断地对管道进行完整性管理；应当不断将各种新技术运用到管道完整性管理过程中去。

管道完整性管理是一个与时俱进的连续过程，腐蚀、老化、疲劳、自然灾害、机械损伤等能够引起管道失效的多种因素皆随着岁月的流逝不断地侵蚀着管道，因此必须持续不断地对管道进行分线分析、检测、完整性评价、维修、人员培训等完整性管理。

（三）管道完整性管理的标准

管道完整性管理标准是实施管道完整性管理的重要指导性文件，研究国内外完整性管理的标准是燃气企业的重要任务。一方面要寻找适合于企业自身管理和发展特点的标准，为己所用；另一方面根据企业自身特点，编制自身的标准。

二、管网完整性管理的技术

管道完整性管理的技术体系主要由数据分析整合、风险评价、管道检测、监测、评价、修复、信息技术平台、公众警示等方面构成，组成一个完整的有机整体。

（一）数据分析整合技术

数据分析整合技术主要包括数据构成、数据收集、数据整合分类等。

1. 数据的构成

这里所说的数据是指管道完整性管理过程中所需要的数据，包括特征数据、施工数据、操作运行数据、检测数据和监测数据等。

2. 数据的收集

数据收集主要有以下几个方面。

①应重点收集受关注区域的评价数据，以及其他特定高风险区域的数据。

②要收集对系统进行完整性评价所需的数据，要收集对整个管道和设施进行风险评估所需的数据。

③随着管道完整性管理的实施，数据的数量和类型要不断更新，收集的数据应逐渐适应管道完整性管理的要求。

3. 数据整合

（1）开发一个通用的参考体系

由于数据种类很多，来源于不同的系统，单位可能需要转换。它们的相互关系应有一致的参考系统，才能对同时发生的事件及位置进行判断和定位。对线路里程、里程桩、标志位置、站场位置等数据需要建立通用的参考体系。

（2）采用先进的数据管理系统

国外已采用卫星定位系统（GPS）确定管道经、纬度坐标，也有将管道位置参数纳入国家地理信息系统（GIS）的。

（二）管道检测技术

管道完整性管理检测技术主要包括管道外检测、管道内检测和其他检测技术。

1. 管道内检测

管道内检测是指针对管道本体管壁完整性，即金属损失情况的检测。检测管壁金属损失的方法有漏磁检测法（MFL）和超声波检测法（UT）两种，另外的管道内检测为针对裂纹缺陷的检测。

（1）漏磁检测

①漏磁检测的基本原理：漏磁检测通过在管壁上放置磁极，能使磁极之间的管壁上形成沿轴向的磁力线。无缺陷的管壁中磁力线没有受到干扰，产生均匀分布的磁力线；而管壁金属损失缺陷会导致磁力线产生变化，在磁饱和的管壁中，磁力线会从管壁中泄漏。传感器通过探测和测量漏磁量来判断泄漏地点和管壁腐蚀情况。漏磁信号的数量、形状常常用来表征管壁腐蚀区域的大小和形状。

②漏磁检测的特点：复杂的解释手段来进行分析；用大量的传感器区分内部缺陷和外部缺陷；测量的最大管壁厚度受磁饱和磁场要求而限制；信号受缺陷长宽比的影响很大，轴向的细长不规则缺陷不容易被检出；检测结果会受管道所使用钢材性能的影响；测结果会受管壁应力的影响；设备的检测性能不受管壁中运输物质的影响，既适用于气体运输管道也适用于液体运输管道；进行适当的清管（相对于超声波检测设备必须干净）；适用于检测直径大于等于3in（8 cm）的管道。

③可检测缺陷类型：外部缺陷；内部缺陷；各种焊接缺陷；硬点；焊缝（环形焊缝、纵向焊缝、螺旋形焊缝、对接焊缝）；冷加工缺陷；凹槽和变形；弯曲；三通、法兰、阀门、套管、钢衬块、支管；修复区；胀裂区域（与金属腐蚀相关）；管壁金属的加强区。

漏磁在线检测设备一般分为标准分辨率（也叫作低的或常规分辨率）设备，高分辨率设备，超高分辨率设备。其中高分辨率设备适合于检测不规则管道，所需处理的数据量比较大，数据处理的过程复杂。

（2）超声波检测

①超声波检测原理：当在线检测设备在管道中运行时，超声波检测设备可以直接测量出管壁的厚度。其通过所带的传感器向垂直于管道表面的方向发送超声波信号，管壁内表面和外表面的超声反射信号也都被传感器所接收，通过它们的传播时间差以及超声波在管壁中的传播速度就可以确定管壁的厚度。

②超声波检测的特性：采用直接线性测厚的方法结果准确可靠；可以区分管道内壁、外壁以及中部的缺陷；对多种缺陷的检测都比漏磁检测法敏感；可检测的厚度最大值没有要求，可以检测很厚的管壁；有最小检测厚度的限制，管壁厚度太小则不能测量；不受材料性能的影响；只能在均质液体中运行；超声波检测设备对管壁的清洁度比漏磁检测设备要求更高；检测结果准确，尤其是检测缺陷的深度和长度直接影响评价结果的准确性；设备的最小检测尺寸可达到6in（15 cm）。

③可检测的缺陷类型：外部腐蚀；内部腐蚀；各种焊接缺陷；凹坑和变形；弯曲、压扁、翘曲；焊接附加件和套筒（套筒下的缺陷也可以发现）、法兰、阀门；夹层；裂纹；气孔；夹杂物；纵向沟槽；管道管壁厚度的变化。

（3）裂纹缺陷的检测

裂纹缺陷出现后会导致管道泄漏和破裂，对裂纹最可靠的在线检测方法是超声波检测，这是因为大多数裂纹缺陷都垂直于主应力成分，而超声波发送的方式使管道得到最大的超声响应。

①超声波液体耦合检测器：液体耦合装置让超声脉冲通过一种液体耦合介质（油、水等）调整超声脉冲的传播角度，可以在管壁中产生剪切波。在钢结构管道检测中，超声波入射角可以调整为 45° 的传播角，更适合于裂纹缺陷的检测。

②超声波轮形耦合检测器：这种装置使用液体填充盘作为传感器，产生剪切波以 65° 的入射角进入管壁。

检测器特性：在气体或者液体管道中运行；能区分内部和外部缺陷；目前不能用于直径小于 20 in（51 cm）的管道。

③电磁声学传感器装置（EMAT）：电磁声学传感器由放置在管道内表面的磁场中的线圈构成。交变电流通过线圈在管壁中产生感应电流，从而形成洛仑兹力（由磁场控制），产生超声波。传感器的类型和结构决定超声波的类型模式以及超声波在管壁中传播的特征。电磁声传感器在在线检测设备中的应用目前还处于研发阶段，电磁声传感器不需要耦合介质，可稳定地应用于气体输送管道。

④其他方法：环形漏磁检测装置也可用来进行管道沟槽、裂纹的检测。其特性是在气体和液体运输管道中运行，不能区分内壁和外壁缺陷，能检测管壁金属的腐蚀。

2. 管道外检测

（1）防腐层的 PCM 检测

①检测原理：通过仪器发送机对管线施加外加电流，便携式接受机能准确探测到经管线传送的信号，跟踪和采集该信号，输入计算机，测出管道上各处的电流强度。由于电流强度随着距离的增加而衰减，在管径、管材、土壤环境不变的情况下，管道的防腐层的绝缘性能越好，施加在管道上的电流损失越少，衰减亦越小，如果管道防腐层损坏、如老化、脱落，绝缘性就差，管道上电流损失就越严重，衰减就越大，通过这种对管线电流损失的分析，从而实现对管线防腐层的不开挖检测评估。

②检测结果：检测时发射机沿管线发送检测信号，在地面上沿管道记录各个检测点的电流值及管道埋深，用专门的分析软件，经过数据处理，计算出防腐层的绝缘电阻及图形结果。计算出的绝缘电阻通过与行业标准对比即可判断各个管段防腐层的状态级别，图形结果可直接显示破损点的位置。

（2）防腐层的 Pearson 法检测

①检测原理：检测原理主要是利用电位差法，即交流信号加在金属管道上，防腐层破损点有电流泄漏流入土壤中，管道破损裸露点和土壤之间就会形成电位差，在接近破损点的部位电位差最大，埋设管道的地面上检测到这种电位异常，即可发现管道防护层破损点。

②具体的检测方法：操作时，先将交变信号源连接到管道上，检测人员带上接收信号检测设备，两人牵引测试线，相隔 6 ~ 8 m，在管道上方进行检测。

③优点和缺点。

优点是：常用的防腐层漏点检测方法，准确率高；很适合油田集输管线以及城市管网防腐层漏点的检测。

缺点是：干扰能力差；要探管仪及接收机配合使用，必须准确确定管线的位置，通过接收机接收管线泄漏点发出的信号；受发送功率的限制，最多可检测 5 km；只能检测到管线的漏点，不能对防腐层进行评级；检测结果很难用图表形式表示，缺陷的发现需要熟练的操作技艺。

（3）DCVG 检测技术

①工作原理及测试方法：在施加了阴极保护的埋地管线上，电流经过土壤介质流入管道防腐层破损的钢管处，会在管道防腐层破损处的地面上形成一个电压梯度场。根据土壤电阻率的不同，电压梯度场的范围将在十几米到几十米的范围变化。对于较大的涂层缺陷，电流流动会产生 200 ~ 500 mV 的电压梯度，缺陷较小时，也会有 50 ~ 200 mV。电压梯度主要分布在离电场中心较近的区域（0.9 ~ 18 m）。

②判断标准：由于管道距离较长，实测 DCVG 数据较多，采用实测数据与标准电压梯度相比较判断缺陷工作量较大，而实际检测过程中由于检测位置的变化，检测的 DCVG 数据的电压梯度变化较大，为方便判断，对 DCVG 数据进行转换并定义了一个电压 V_1 标准，其定义为：

$$V_{1标准} = 50 \ mV - V_{实测的绝对值}$$

当 $V_{1标准} \geq 0$ 时，在防腐层基本无缺陷；

当 $V_{1标准} < 0$ 时，防腐层很可能存在缺陷。

随着防腐层破损面积增大或越接近破损点，电压梯度会变大和更集中。为了去除其他电源的干扰，DCVG 检测技术采用不对称的直流间断电压信号加在管道上，其间断周期为 1 s。这个间断的电压信号可通过通断阴极保护电源的输出实现，其中"断电"阴极保护的时间为 2/3 s，"通电"阴极保护的时间为 1/3 s。

（4）CIPS 密间隔电位测量技术

在阴极保护运行过程中，多种因素能引起阴极保护失效，如防腐层大面积破损，引起保护电位低于标准规定值，又如杂散电流干扰引起的管道腐蚀加剧等。因此，阴极保护的有效性评价是当务之急，而 CIPS 密间隔电位测量技术就可解决此问题。

①工作原理：密间隔电位测量是国外评价阴极保护系统能否达到有效保护的首选标准方法之一，其原理是在有阴极保护系统的管道上通过测量管道的管地电位沿管道的变化（一般是每隔 1 ~ 5 m 测量一个点）来分析判断防腐层的状况和阴极保护是否有效。

②判断依据：测量时能得到两种管地电位，一是阴极保护系统电源开时的管地电位（V_{ON} 状态电位）。通过分析管地电位沿管道的变化趋势了解管道防腐层的总体平均质量优劣状况。防腐层质量与阴极保护电位的关系可用下式来衡量：

$$L = \frac{1}{a\ln\left(\dfrac{2E_{max}}{E_{min}}\right)}$$

式中：L——管道的长度；

a——保护系数（与防腐层的绝缘电阻率、管道直径、厚度和材料有关）；

E——管道两端的阴极保护电位值（V_{ON}）。

管道的防腐层质量好时，单位距离内 V_{ON} 值衰减小，质量不好时，V_{ON} 值衰减大。

CIPS 测量时同时获得阴极保护电流瞬间关断电位（V_{OFF} 管地电位），该电位是阴极保护电流对管道的"极化电位"，由于阴极保护系统已关断，此瞬时土壤中没有电流流动，因此 V_{OFF} 电位不含土壤的 IR 电压降，所以，V_{OFF} 电位是实际有效的保护电位。通过分析 V_{ON} / V_{OFF} 管地电位变化曲线，可发现防腐层存在的大的缺陷。当防腐层有较严重的缺陷时，缺陷处防腐层的电阻率会很低，这时阴极保护电流密度会在缺陷处增大。由于电流的增大土壤的 IR 电压降也会随之增大，因此在缺陷点周转管地电位值（V_{ON}，V_{OFF}）会下降。在曲线图上出现漏斗形状，特别是 V_{OFF} 值下降得更多些。

3. 管道全面检验

管道全面检验是指按一定的检验周期对在用埋地压力管道进行的较为全面的检验。在役埋地压力管道检验周期一般不超过 6 年，使用 15 年以上的在用埋地压力管道，检验周期一般不超过 3 年。埋地压力管道定期检验周期可根据具体情况适当缩短或延长。

属于下列情况之一的管道，应适当缩短检验周期：新投用的管道检验应在 2 年内完成首次检验；发现应力腐蚀或严重局部腐蚀的管道；承受交变载荷，可能导致疲劳失效的管道；埋地压力管道定期停用一年后再启用，应进行全面检验；埋地压力管道定期输送介质种类发生改变时，应进行全面检验；多次发生泄漏、爆管等事故的管道以及受自然灾害和第三方破坏的管道；介质对管道腐蚀严重或管道使用环境腐蚀严重的；防腐层损坏严重或无有效阴保的管道；运行期限超过 10 年的管道；一般性检验中发现严重问题的管道；检验人员和使用单位认为应该缩短检测周期的管道。

（1）全面检验的项目

全面检验的项目一般包括：一般性检验的全部项目；管道智能内检测；管道敷设环境调查；管道防腐层检测与评价；管道阴极保护检测与评价；管体腐蚀状况测试；焊缝内部质量检验；理化检验；压力试验。

（2）全管段划分原则

在进行全面检验时，应将整条埋地压力管道定期划分为若干管段。

①应按管道材质规格相近、外部环境相似、腐蚀条件和状况相同，具有相似的地电条件，可采用相同的地面非开挖检测仪器等要求设定管道划分标准。

②管段划分标准可以根据地面非开挖检测结果作适当调整。

③具有相同性质的管段可以是不连续的，即可分别处于管道的不同地段，如跨越河流的两岸条件相似，可将两岸的管道划为同一个管段。

（3）全金属管道敷设环境及阴极保护调查与评价

金属管道敷设环境及阴极保护调查与评价按相关管道腐蚀与阴极保护标准实施。

4. 其他检测

（1）土壤检验

包括土壤腐蚀性检测，土壤剖面描述，土壤腐蚀电流密度与土壤平均腐蚀速度检测，土壤理化性质测试，土壤腐蚀性初步评价。

（2）防腐层检验

包括防腐层状况检测，防腐层外观检测，防腐层厚度检测，防腐层黏结力检测，电火花检测，防腐层性能指标检测，防腐层状况初步评价。

（3）外部管体检测

包括腐蚀产物分析，腐蚀类型分析（细菌型腐蚀，pH 值腐蚀），腐蚀类型确定，腐蚀坑检测及腐蚀面积测量，射线无损探伤检测，超声波无损探伤，磁粉探伤，管道硬度检测等。

（4）管道材料性能、机械性能测试

包括材料性能测试，化学成分分析，拉伸性能测试。

（三）管道监测技术

监测技术体系的建立，主要包括腐蚀监测、内外壁壁厚监测、沉降变形定量监测、一般性监测与检验、线路监测、地质位移监测和运行参数监测等多个方面的内容。

监测技术是完整性管理的重要内容，其作用为：科学管理与决策提供依据；预防事故的发生；测设备寿命；改善管道运行状态，提高设备的可靠性，对保证管道的安全、操作人员的安全和减少环境污染方面起到有益的作用；有利于分析影响管道完整性的原因，了解失效过程与管道运行工艺参数之间的关系，评价技术方法的实际效果。

1. 管道腐蚀监测技术

（1）管道腐蚀监测技术分类

腐蚀监测方法分为两大类，一是内部腐蚀监测，二是外部腐蚀监测。

①内部腐蚀监测方法的分类：管道内部腐蚀监测是通过在管道内部或对管道内部排出的液体进行分析监测，以达到定性或定量分析或获取管道内部金属损失或金属损失速率的方法，内部腐蚀监测方法分类见表7-1。

表7-1　内部腐蚀监测方法分类

方法	检测原理	应用情况	测量装置
电阻探针法	通过正在腐蚀的与管道同等材料的电阻对金属损失进行累积测量，可以计算出腐蚀速度和腐蚀量	经常使用	通过插入管道内部的电阻探针，气流经过后，引起的冲蚀和腐蚀会引起探针电阻的变化，同时将监测数据记录到记录仪中，通过变送器传到调控中心，实时监测
电位监测法	测量被监测的管道相对于参比电极	用途适中	可用一个输入阻抗约10 MΩ、满刻量程$0.5 \sim 2$ V的简单电压表进行测量的金属电极可以单独设计或者参比电极改制成腐蚀探头的参比电极测量通常是$Cu—CuSO_4$
腐蚀挂片试验法	经过固定的暴露期后，根据试样失重或增重测量平均腐蚀速度	当腐蚀是以稳定的速度进行时效果良好；在禁用电气仪表的危险地带有效，是一种费用中等的腐蚀监测方法，可说明腐蚀的类型；使用非常频繁	放入管路和容器中的腐蚀短管和金属试样容易安装；此法劳动强度大；加工试样的费用视材料而变化
化学分析法	测量腐蚀下来的金属离子浓度或缓蚀剂浓度	可用来逐一鉴别正在腐蚀的设备；只有中等程度的专用途	需要对范围广泛地分析化学方法，但是对特定离子敏感的专门的离子电极很有用
pH值分析法	监测诸如管道排放废液pH值的变化，废液的酸性可引起严重腐蚀	应用非常频繁	各种标准pH计

②外部腐蚀监测方法分类：外部腐蚀监测方法分类见表7-2。

表7-2 外部腐蚀监测方法分类

方法	检测原理	应用情况	测量装置
辐射显示法	通过射线穿透作用和在膜上的探测，检查缺陷和裂纹	特别适用于探测焊缝缺陷；广泛应用	X射线设备、γ射线设备
超声波法	通过对超声波的反射变化，检测金属厚度和是否存在裂纹、空洞等	普遍用作金属厚度或裂纹显示的检查工具；广泛应用	超声波测厚仪、超声波探伤仪
涡流法	用一个电磁探头对管道进行扫描	探测管道缺陷，如裂纹和坑；广泛应用	涡流探测仪
红外成像	用温度或温度图像指示物体物理状态	用于耐火材料和绝热材料检查，炉管温度测量，流体物体探测和电热指示；应用不广泛	带有快响应时间的灵敏红外探测器
声发射法	（1）探测泄漏，空泡破灭，设备振值等；（2）通过裂纹传播期间发出的声音探测裂纹	用于检查泄漏和磨粒腐蚀、腐蚀疲劳以及空泡腐蚀的可能性，用于探测管道的应力腐蚀破裂和疲劳破裂。目前还只是一种新技术，严格来说不是一种监测；应用不广泛	单通道或多通道的声发射仪
零电阻电流表法	在适当的管道液体排污物电解液中测定两种不同金属电极之间的电偶电流	显示管道腐蚀的极性和腐蚀电流值，对大气腐蚀指示漏电条件；可作为金属开裂而有腐蚀剂通过的灵敏显示器；不常使用	使用零电阻电流表法；采用运算放大器可以测量微弱电流，也可以采用小型恒电位仪
定点壁厚测量法	当管道壁厚的变化量显示出管道的极限容许壁厚时	用在腐蚀冲蚀造成无规律减薄的管道弯头处；可以防止泄漏、穿孔等破坏性事故发生；经常应用	从设备内壁或管道外侧定位一点或多点，定期监测管道壁厚的变化，从而推断腐蚀速率和腐蚀量的变化
警戒孔法	当腐蚀裕度已经消耗完的时候给出指示	用在特殊的管道腐蚀能造成无规律减薄的管道弯头处；可以防止灾难性破坏；是最早的监测手段，监测周期一年、两年或更长（直接在管道外壁上操作）；不常应用	从设备内壁或管道外侧钻一孔，使剩余壁厚等于腐蚀裕度；一个正在泄漏的孔就指示出腐蚀度已经消耗完；用一锥形销打入洞内可将泄漏临时修补，适合低压

（2）内腐蚀探头监测技术

内腐蚀探头监控是使用与管道材质相同的探头，通过检测探头金属失重引起的电阻变化来监测管道的腐蚀速率。

满足的功能要求：应用于长距离、大口径、高压天然气管道的内腐蚀速率监控；系统的设计、加工及使用应符合相关标准和规范；系统应能在任何具有腐蚀和磨蚀过程的天然气环境下，实现快速、准确测量腐蚀速率的功能；探头应具有伸缩性；系统反应快、使用寿命长；对操作温度和介质组分的范围具有一定的适用性。

满足的安装要求：对于系统所有的现场安装的设备，防爆等级必须满足电工标准 EEx（d）Ⅱ CT5，防护等级满足 IP65；探头采用水平方式安装和垂直方式安装时，系统应能正常工作。

腐蚀监测系统至少由监测探头、变送器、数据记录仪、数据接口转换器、安装短管和阀门几部分组成。

监测位置的选择：监测点的选择以检测天然气对管道内壁的腐蚀速率为主要出发点，监测气质、压力及流速等对内壁腐蚀速率的影响；应对工艺流程进行分析后，安装的内腐蚀速率监测系统应考虑到管道流速大、粉尘冲刷严重等点的问题；如果是建设期，设计上要选择在管道低洼地段进行安装；如果是运行期，建议在站场进行安装，为减少或避免站内带压开口施工，在保证监测点数据具有代表性和真实性的前提下，每个站探头安装位置都尽量选择在有旁路的站内管线上。

内腐蚀监测分析报告内容：应分析管道的腐蚀速率与磨蚀速率；应分析管道的年腐蚀量、月腐蚀量、日腐蚀量；应分析气量与腐蚀速率与磨蚀速率的分析；应分析天然气气质与腐蚀速率及磨蚀速率的关系；应评价腐蚀量是否在许可范围内。

（3）金属挂片监测技术

在停气或在生产过程中，把试片挂入到装置各个部位，经过一定时间，取出试片称重，计算挂片前后的质量变化，对于管道内部腐蚀试片的安装需结合管道站场的情况，选择合适的地点安装，如果监测外部环境对管道的腐蚀，则需要与管道外部环境相同的地点安装。

为了使挂片腐蚀速率接近于实际腐蚀情况，挂片时间应不少于 30d。

长方形试片一般采用长度 30 ~ 200 mm、宽度 15 ~ 25 mm、厚度 2 ~ 3 mm；圆形试片一般采用直径 30 mm、壁厚 3 ~ 5 mm，挂片的穿孔直径与绝缘瓷环一致，可使用低碳钢或与管道同等材料。

两试片间使用外径 9.5 mm、内径 6.5 mm、长度 12 mm 的瓷环隔开，穿过试片的不锈钢丝或者钢条与试片间用外径 5.5 mm、长度 6.5 mm 的瓷环绝缘，两端用角钢固定。

试验后处理可使用机械法、化学法和电解法去除试片表面的腐蚀产物，也可采用三者结合处理，然后干燥称质量，描述试片表面腐蚀情况。

2. 管道内外壁壁厚、沉降变形定量监测

线路和站内外露管线关键部位壁厚检测，测量部位包括：运行露天管线弯头背部；

三通背部及拐角处；排污管线；调压阀阀体；其他受冲刷较严重部位；低洼地段管道。

应定期对干线、站场管道，全面测量管线关键部位的壁厚，以监测管线由于天然气粉尘的冲刷影响产生的壁厚变化。测量及相关要求如下。

①建立管道壁厚监测数据库，保留测量相关记录。

②每次测量的位置应固定，在管线上标出测量位置。

③测量结果由各单位初步分析后，根据测量结果进行安全评估，根据评价结果，如果超过临界壁厚，确定具体整改方案后进行整改。

④壁厚的测量位置尽可能保持一致，选择合适的测量点，以减少人为误差的影响，采用面壁厚测量和点壁厚测量进行对比测量，以保证测量精度。

水平管线水平度测量范围包括：站场所有外露水平管线；站场水平设备（或设备基础）；沙漠中管段；采空区沉降；黄土堀地段的管段；其他地段的管道。

根据测量结果进行安全评估，定期进行全面的安全评价，如果管道受力状态超过临界沉降应力，应确定具体整改方案后进行整改。

报警管理是针对不同的隐患，其影响程度表现为缓慢增加，通过检测、监测等方式确定出了缺陷的大小，进一步预测其缺陷的发展趋势，并及时对管道运行提出报警，包括以下几项：粉尘磨损壁厚报警；内外腐蚀壁厚报警；与干线相连管道沉降、变形报警；管道线路交叉、并行、重载报警。

报警报告应包括目前的情况、依据何种标准、标准控制范围、事情发展的动态和经历，并提出继续安全使用的时间。

3. 日常监测与检验

日常监测与检验是为检查管道的安全保护措施而进行的常规性检验。

日常监测与检验一般以宏观检查和安全保护装置检验为主，必要时进行腐蚀防护系统检查。

管道的重点监测部位包括：穿跨越管段；管道出土、入土点、管道分叉处、管道敷设时位置较低点；经过四类地区的管道以及穿跨越管道；曾经出现过影响管道安全运行的问题的部位；工作条件苛刻及承受交变载荷的管段。

日常监测与检验的项目有：宏观监测与检查、防腐保温层检测、电法测试、阴极保护系统测试、环境腐蚀性调查、壁厚检查、介质腐蚀性检测等。

检查人员应对管道运行记录、开停车记录、管道隐患监护措施实施情况记录、管道与调压站改造施工记录、检修报告、管道故障处理记录进行检查，并根据实际情况制订检验方案。

宏观检查的主要项目和内容如下。

①泄漏监测与检查：主要检查管道穿跨越段、阀门、闸井、法兰、套管、弯头等

组成件的泄漏情况。

②位置与走向检查：管道位置和走向是否符合安全技术规范和现行国家标准的要求；管道与其他管道、通信电缆、有轨交通、无轨交通之间距离是否符合有关规范要求。

③地面标志位移检查：管道标志位移桩、锚固墩、测试桩、围栏、拉索和标志位移牌等是否完好。

④管道沿线防护带调查：监测和检查管道是否存在覆土塌陷、滑坡、下沉、人工取土、堆积垃圾或重物、管道裸露、管道下沉、管道上搭建（构）筑物等现象；管道防护带和覆土深度是否满足标准要求，管线防护带内地面活跃程度情况（包括地面建设及管道周围铁路、公路情况等）与深根植物统计。

⑤管道埋深检查：检查管道埋深及覆土状况，管道埋深应符合《输气管道工程设计规范》的规定。

⑥穿跨越管段检查：穿越段锚固墩、套管检查孔完好情况；跨越段管道外覆盖层是否完好，伸缩器、补偿器完好情况；吊索、支架、管子墩架是否有变形、腐蚀损坏。

⑦法兰检查：法兰是否偏口，紧固件是否齐全，有无松动和腐蚀现象；法兰面是否发生异常翘曲、变形。

⑧绝热层、外防腐层检查：检查跨越段、入土端与出土端、露管段、阀室前后的管道的绝热层与外防腐层是否完好；检查外防腐层厚度与破损情况（包括露管段统计）。

4.线路巡检监测

（1）管道线路巡检监测的工作范围和要求

①沿管道徒步巡线。

②检查水工保护是否完好，发现轻微损坏应就地取材进行维修，严重损坏应立即汇报地区公司。

③检查管道是否发生露管，一旦发现应立即回填，并向地区公司汇报。

④检查三桩是否完好，发现三桩倾、倒，应将其恢复位置并回填固定，发现桩体严重损坏或丢失，应记录其桩号当天汇报地区公司。

⑤检查管道两侧100 m范围内，是否有机械施工行为。

⑥检查管道周围50 m范围内是否有挤占管道的行为。

⑦检查管道沿线是否有可疑人员或车辆出现，管道上方、两侧是否有新近翻挖动土迹象。

⑧每天应将线路巡检、维护情况记录在巡线记录中，并按要求的内容向地区公司汇报。

⑨巡线中要穿、戴公司配发的劳保用品及工具，遵守公司有关的 HSE 要求。

（2）违章设施和违章行为监测

①建立所辖管线的违章档案，详细记录沿线现有违章设施情况。

②将违章档案内容分解并对其进行有关内容的专题培训，应采取多种形式，长期向当地政府、属地居民等宣传法规和管道保护的重要性。

③对于管道经过人口稠密、正在进行大规模修路、经济开发建设的地区，根据实际情况适当埋设加密桩和警示桩，标清管道走向和报警方式。

④在巡线过程中发现违章行为，如在管道两侧 5 m 之内取土、建房、挖塘、排放腐蚀性物质等，要立即制止并汇报，在问题没有得到彻底解决之前，要安排管道维护工对该地点进行加密巡线。

⑤处理违章应主要依据法规条例，在地方政府的协助下解决，必要时可通过司法程序解决。

⑥对于管道建设期遗留下的问题应积极与当事人协商，寻求解决方案。

此外线路巡检监测还应包括相关工程监测管理、周边工程监测管理、埋深监测管理、地上标志位移物管理、重车载荷监测管理、人为破坏监测管理等。

5. 地质位移监测

（1）地质位移监测的方法

以用井眼位移计来对少量滑坡位移进行监测；利用水位指标器对地下水位进行监测，以确定滑坡可能发生的部位；利用管体焊接装置来监测地表滑动；利用应变仪监测地层移动导致的管道应变等；用目测观察法来判断滑坡和塌方；GPS 监测管道位移。

（2）地质位移监测的方法的选择遵循原则

地质位移监测装置的选择要遵循易于安装的原则；地质位移监测装置的选择要遵循数据传输可行的原则；地质位移监测装置的选择要优先考虑地震断裂带和黄土塬地区；地质位移监测装置的选择要考虑洪水冲击、水文情况复杂、滑坡倾向的地区。

（3）地质位移监测的数据传输

数据传输可采用：数据存储方式，统一在固定时间下载的方式，实现本地计算机与记录仪之间的数据传输存储方式；数据在有微波传输的区域或光缆传输信号的区域，或 RTU 卫星传输的三种方式实现远程传输。

（4）地质位移监测的报警

可采用自动报警和监测分析后报警两种。

①自动报警：设定报警值后，当位移超过设定值后，自动在控制中心或信息传输地出现。

②监测分析后报警：主要是在不具备实时传输条件下，经过离线分析后，得出目前的位移影响管道的运行，预报会出现地质位移的萌芽期。

优先选择自动传输报警方式，但必须考虑监测项目的经济性和可行性。

（5）GPS 位移测量

GPS 位移测量的技术设计是进行 GPS 定位的最基本性工作，它是依据国家有关规范及 GPS 网的用途、用户的要求等，对测量工作的网形、精度及基准等的具体设计。

GPS 位移测量包括以下内容。

①基础控制点的测量：选择管线沿线已有的控制点约 10 个进行测量，作为最后平差的已知点用。

②标志位移点的测量：用 GPS 静态测量方法测量出已经设置好标志位移点的坐标，经平差后提供三维坐标，并按照甲方要求对所做点进行编号。

三、管道完整性评价

（一）管道完整性评价的内容

管道完整性评价是在役管道完整性管理的重要环节，主要用于风险排序结果表明需要优先和重点评价的管段。完整性评价包括以下内容。

第一，对管道及设备进行检测，评价检测结果。包括用不同的技术检测在役管道，评价检测的结果。

第二，评价故障类型及严重程度，分析确定管道完整性。对于在役管道，不仅评价它是否符合设计标准的要求，还要对运行后暴露的问题、发生的变化和产生的缺陷进行评价。

第三，根据存在的问题和缺陷的性质、严重程度，评价存在缺陷的管道能否继续使用及如何使用，并确定再次评价的周期，即进行管道适用性评价。

（二）管道完整性评价的方法

1. 在线检测（In-Line inspection）

应用在线检测器在管内运行来完成对管道缺陷及损伤的检测，又称内检测。从 20 世纪 60 年代开始应用的内检测器，目前在检测能力、范围、精度等方面得到了很大改善。

（1）可检测到的管道缺陷

可以检测到的管道缺陷主要有三种：几何形状异常（凹陷、椭圆变形、位移等）；金属损失（腐蚀、划伤等）；裂纹（疲劳裂纹、应力腐蚀开裂等）。

（2）在线内检测器的主要类型

内检测器按其功能也有三类：变形检测器、金属损失检测器、裂纹检测器。从检测原理区分，目前用于检测管道的腐蚀缺陷和裂纹检，主要有漏磁检测器和超声波检测器两种，其性能及应用各有其特点。

内检测器是将无损检测设备及数据采集、处理和存储系统装在智能清管器上，在管道中运行时对管体逐级扫描，能对管道缺陷的形貌、尺寸、位置等进行检测、记录、储存，是获取管道完整性信息的最直接的手段。但内检测器价格昂贵，不同缺陷类型及不同口径的管道需要不同型号、规格的检测器。有的早期建设项目的在役管道受条件所限，不能顺利通过内检测器。

（3）在线检测的工作程序

为了使内检测顺利进行并确保价格昂贵的内检测器安全运行，必须做好检测工作的程序安排，并严格执行。

第一步：管道调查及附属设施整改。

对管道走向沿线地理环境等进行现场勘察，了解管道运行维修历史情况如阀门、管件、三通等有无变形，卡堵清管器的情况；收发球装置长度能否满足检测器要求等，若不符合检测器要求，需进行整改。为便于跟踪检测器，在线勘察过程中要沿线设立标志，确定管顶位置及走向。

第二步：检测前清管。

①常规清管：一般进行几次清管，尽可能将管壁的结蜡层等附着物清除干净。

②管径检测：用测径器进行检测，分析管道变形并对严重处开挖检查，对不满足检测器通过的管段进行改造。并再次运行测径器以确认已无妨碍内检测器之处。

③特殊清管：管径检测后还应针对所输介质特点进行清管，以排除可能造成伪信号的管内杂质。

第三步：通过模拟器。

模拟器是一个外形及尺寸与内检测器相同的模型。用以检查管道通过检测器的能力。万一它在运行中发生堵卡，抢修过程中不致损坏价格昂贵的检测器。

第四步：投运检测器。

①设备调试：对检测器的探头进行标准化调试，使它们对相同的信号有相同的信号输出，从而保证在线检测的准确性。

②检测器投运及跟踪：检测器装入发球筒后，切换输油流程为发球流程，跟踪人员携带地面标记器，按沿线设立的标志，定点对检测器跟踪，并用标记器向检测器发射标记信号，为检测器的里程记录及缺陷定位提供参考点，这可以减少里程定位的误差。

③测器接收及数据处理：检测器到达收球筒后，切换收球流程为正常输油流程。取出检测器，打开记录仪的密封舱盖，将记录的数据传入数据分析计算机。处理数据后，可得到检测出的全部缺陷清单及严重缺陷的清单。

④提交检测报告：检测报告的概述中包括管道的腐蚀状况、检测器技术指标、管

道运行参数、清管情况等。要以数据或直方图的形式表示管道缺陷的分类统计数据，并对严重缺陷进行描述，列出开挖检查点。

⑤开挖验证：根据检测报告提供的严重金属损失或几何变形的缺陷，从中选择适当管段进行开挖、验证、测量及测绘，做出开挖验证报告。将开挖的检测结果与内检测结果比较，以检查在线检测的精度是否满足检测器的精度指标。

有关在线检测过程的管道调试、施工组织、检测报告及开挖验证报告是管道完整性管理的重要资料，应长期保存。

2. 压力试验（Pressure Testing）

对不能应用内检测器实施在线检测的管道，要确定某个时期内其安全运行的操作压力水平，可以采用压力试验。压力试验一般指水压试验，特定条件下也有用空气试压的。这是长期以来被工业界接受的管道完整性验证方法。它可以用来进行强度试验或泄漏试验，可以检查建设及使用过程中管段材料及焊缝的原始缺陷及腐蚀缺陷等的综合情况。

在役管道的水压试验的局限性在于需要停输几天到几周来进行试压，而且可能有破坏性；大型管道试压用水量很大，含油污水的排放和处理花费大。水压试验与最贵的内检测相比，试压的费用陆上管道较后者高几倍，而海底管道的试压费用更高。在役管道的试压对正在持续发展的腐蚀缺陷，特别是局部腐蚀的检测不是很有效，因为它只能证明试压时管道是完好的，不能保证管道今后长期完好。因此，运用压力试验来评估管道完整性时一定要注意管道腐蚀控制的情况，要研究阴极保护状况、防腐涂层状况的检测资料、管道泄漏情况，综合研究管道风险评估结果及预计的缺陷类型、程度等，来确定何时进行及如何进行压力试验。

若第一次压力试验后，与时间有关的、很小的缺陷已扩展到临界状态，就需要再次压力试验。试验的间隔时间取决于多种因素：试验压力与实际操作压力之比值，特殊缺陷长大的速率（如腐蚀造成的金属损失、应力腐蚀裂纹、疲劳裂纹等长大的速率），可以应用完整性评价数据及风险评价模型帮助确定再一次试压的间隔时间。

3. 直接评价（Direct Assessment）

直接评价方法主要针对内、外腐蚀缺陷，在它们发展到破坏管道完整性之前，进行缺陷检测和预防。对于输气管道，可能同时存在内、外腐蚀的情况。

（1）油气管道外腐蚀的直接评价

以下内容主要介绍管道外腐蚀的直接评价步骤，它包含预评价、管段检测、直接调查和后评价四个过程。其关键是确定管道外腐蚀位置和程度，同时也能提供其他失效，如机械损伤、硫化物应力腐蚀、第三方破坏等方面的信息。

①预评价：目的是选择先前发生过或当前可能发生腐蚀的管段作为调查区，确定

间接调查方法；收集并综合分析管道历史及现状的资料、数据，估计腐蚀程度和可能性，以确定需要进行直接评价的管段，并选择在该条件下使用的检测方法和工具。

②管段检测：采用地上或间接检测的方法检测管段阴极保护情况、防腐层缺陷或其他异常。例如，对于埋地管道的外腐蚀，常用变频—选频法、多频管中电流法、防腐层检漏等方法来检测防腐层性能；密间隔电位法、直流电位梯度法等检测阴极保护有效性；土壤电阻率、自然电位等测试土壤腐蚀性等。

由于这些间接检测方法各有特点，没有一种是绝对准确的，除了检测方法本身的局限性以外，还与检测人员的素质直接相关。因此，每个管段上至少需要两种方法来检查管道及涂层的缺陷，在基本调查方法出现困难或有疑问时，应采用第二种方法做补充调查。补充调查范围至少为基本调查的 25%。若两种方法的结果出现矛盾时，应考虑第三种方法以保证检测结果的可靠性。检测结果应提供缺陷的量化数据（缺陷的连续或孤立状况、严重程度及等效壁厚损失等），并和再评价间隔周期相联系。缺陷确认不仅要靠检测结果，而且还要有合理的解释。通过对检测数据的分析得出管段缺陷的状况、性质及严重程度。

③直接调查：对上一步发现的最严重危险部分进行开挖和自测检查，以证实检测评价的结论。一般每个直接评价的管段开挖点控制在 1~2 个，至少开挖一处。在防腐层破损处及管壁腐蚀处详细测量、记录缺陷情况，用于评估管道最大缺陷的情况及平均腐蚀速率。并对环境参数（土壤电阻率、水文条件、排水状况等）进行测量记录。如果条件许可，应对足够多的防腐层缺陷样本进行统计分析，推算可能存在的最大缺陷尺寸。如果缺乏其他数据，可以按已发现缺陷的深度、长度的 2 倍，作为最大缺陷的估计值。

④再评价：综合分析上述各个步骤的数据及结论，确定直接评价的有效性和再评价的间隔时间。

再评价的间隔时间是以保证上次评价中经过修复的缺陷不至发展成为危及管道安全的危险缺陷来确定。若修复缺陷的数量多、占发现缺陷的比例大、修复的标准越高，再评价周期就越长。例如，对间接调查发现的所有缺陷点进行开挖，并将在 10 年内可导致管道失效的缺陷全部修复，那么再评价周期可以选定为 10 年；如果只进行部分开挖，同样只修复 10 年内可导致管道失效的缺陷，则再评价周期应当减半，可定为 5 年。

再评价过程是重复上述管段检测、直接调查步骤，其中至少应当包括一次在原缺陷部位的开挖。结合开挖结果，根据开挖实测的腐蚀缺陷与腐蚀发展预测值的比较，来衡量直接评价方法的有效性。如果实测值小于预测值，则方法有效；实测值大于预测值时，方法无效。这种情况就需要修正腐蚀发展模式、改变再评价周期或改进调查方法。

（2）输气管道内腐蚀的直接评价

本方法主要用于短期内可能存在湿气及游离水的输送天然气的钢质管道。如果管内从不存在水或其他电解质，则不需要本方法。如果整条管道内部都存在腐蚀（如污水管道），则这一方法也不适用，而应利用在线检测或水压试验等方法进行评价。

以下介绍管道内腐蚀的直接评价步骤，它包含预评价、选择调查点、局部调查和再评价四个过程。其关键是发现输气管道内部可能发生游离水积聚的部位，因为只有这些部位及其下游区域才可能出现管道内腐蚀。

①预评价：预评价需要收集管道与附件、管输介质、操作运行、管道走向、地形等方面的数据资料。

②选择调查点：分析管道内水的原始积聚位置需要多相流知识及其他参数（如管道沿线地形、海拔高度、管内压力和温度变化等）。大型管道的气体流速很高，管输气体的含液量很少时，液体一般呈薄膜附着在管壁或呈细微的液滴分散在气流中，形成环雾型流动。若气流速度下降或液膜厚度增加（例如在管道的下坡段或凹陷部分），当液膜所受的重力大于与管壁的剪切力时，就会出现液体成层流动和滞留。根据多相流计算可以确定管内出现积液时的流速和管段倾斜角度的临界值。

③局部调查：局部调查在电解液最可能积聚的位置进行，一般需要开挖和用超声波检测管壁厚度。其他方法也可以作为调查工具，如挂片法、各种电化学腐蚀探针以及旁通管法等。如果在被怀疑为腐蚀最严重部位并没有检测到腐蚀，那么可认为整个管段无内腐蚀危险，反之可以确定存在内腐蚀的潜在危险。

④再评价：再评价重复上述过程，但需要一次新的开挖，位置应选在原始水积聚部位的下游，并且管道倾斜角大于上述计算的临界角度。如果被怀疑最可能发生腐蚀的位置并没有发生腐蚀，那么可以认为整条管道不存在内腐蚀危险，反之则需要新的开挖调查或修改管道内腐蚀直接评价的方法。

4. 完整性评价方法选择

由于许多在役管道现有的条件无法运行内检测器，采用水压试验费用很高且需要停输，还将面临大量含油污水处理等各种困难，为了按要求在规定时间内完成评价过程，采用直接评价方法是一种可行的选择。

第二节　压力管道安全管理

一、压力管道的定义和类型

（一）压力管道的概念和定义

1. 管道的概念

管道是由管道组成件和支承件组成，是用以输送、分配、混合、分离、排放、计量、控制或制止流体流动的管子、管件、法兰、螺栓连接、垫片、阀门和其他组成件的装配总成。

管道组成件是指用于连接或装配管道的元件。它包括管子、管件、法兰、垫片、紧固件、阀门以及膨胀接头、挠性接头、耐压软管、疏水器、过滤器和分离器等。

管道支承件是指管道安装件和附着件的总称。其中安装件是指将负荷从管子或管道附着件上传递到支承结构或设备上的元件。它包括吊杆、弹簧支吊架、斜拉杆、平衡锤、松紧螺栓、支撑杆、链条、导轨、锚固件、鞍桩、垫板、滚柱、托桩和滑动支架等。附着件是指用焊接、螺栓连接或夹紧等方法附装在管子上的零件，它包括管吊、吊（支）耳、圆环、夹子、吊夹、紧固夹板和裙式管座等。

压力管道的构成并非是千篇一律的，由于它所处的位置不同，功能有差异，所需要的元器件就不同，最简单的就是一段管子，但大致可以分为管子、管件、阀门、连接件、附件、支架等。

2. 压力管道的定义

压力管道是指利用一定的压力，用于输送气体或者液体的管状设备，其范围规定为最高工作压力大于或者等于 0.1 MPa（表压）的气体、液化气体、蒸汽介质或者可燃、易爆、有毒、有腐蚀性、最高工作温度高于或等于标准沸点的液体介质，且公称直径大于 25 mm 的管道。

3. 压力管道的特点

①数量多，标准多。②管道体系庞大，由多个组成件、支承件组成，任一环节出现问题都会造成整条管线的失效。③管道的空间变化大；距离长却经过复杂多变的地理、天气环境；在相对固定的环境里，但是其立体空间情况复杂。④腐蚀机理与材料损伤具有复杂性：易受周围介质或设施的影响，容易受诸如腐蚀介质、杂散电流影响，而且还容易遭受意外伤害。⑤失效的模式多样。⑥载荷的多样性，除介质的压力外，

还有重力载荷以及位移载荷等。⑦材质的多样性，可能一条管道上就需要用几种材质。⑧安装方式多样，有的架空安装，有的埋地敷设。⑨实施检验的难度大，如对于高空和埋地管道的检验始终是难点。

（二）压力管道的类型

压力管道按其用途划分为工业管道、公用管道和长输管道。

二、压力管道的管理

（一）压力管道破坏形式

压力管道的破坏形式可分韧性破坏、脆性破坏、腐蚀破坏、疲劳破坏、蠕变破坏以及其他破坏形式。

1. 韧性破坏

材料经受过高的应力作用，以致超过了其屈服极限和强度极限，使其产生较大的塑性变形，最后发生破断的形式。

2. 脆性破坏

在低应力的情况下，即在材料的屈服极限之内，没有什么大的塑性变形，而突然发生破裂，这种破坏和脆性材料破坏现象差不多，故称为脆性破坏。脆性破裂时，一般没有明显的塑性变形，通常都裂成较多的碎片（块）。这种破裂事先很少有前兆，断裂速度极快。

3. 腐蚀破坏

材料在腐蚀性介质作用下，使厚度减薄或强度降低而产生的损坏。腐蚀一般可分为均匀腐蚀、局部腐蚀、晶间腐蚀和断裂腐蚀四种类型。腐蚀破裂时，通过对断口及金属表面进行微观检查就可以鉴别，必要时通过金相检查更易鉴别。

4. 疲劳破坏

材料经过长时间或多次的反复载荷作用以后，由于疲劳而在比较低的应力状态下没有明显的塑性变形，而突然发生的损坏，称为疲劳破坏。疲劳破裂时，没有产生明显的整体塑性变形，也很少断裂成碎块，仅是一般地撕裂开，突然发生泄漏、损坏而失效。那些在使用上间歇操作较频繁或操作压力大幅度波动的容器才有条件产生。

5. 蠕变破坏

金属材料在高温条件下受力的作用，其变形随时间的增长而增加，在变形不断增大的情况下，材料会在较低的应力状态下发生破坏，这种破坏叫蠕变破坏。蠕变破裂多发生在高温操作的压力容器上,破裂部位有明显的残余变形,金相组织有明显的变化。

（二）压力管道破坏事故原因

压力管道破坏事故原因主要有：因存在原始缺陷（包括设计不合理、元件质量差、安装质量低劣等）而造成的低应力脆断；因超压造成过度的变形；因环境或介质影响造成的腐蚀破坏；因高温高压环境造成的蠕变破坏；因运行管理不科学、不合理造成的破坏；因意外伤害造成的破坏等。

（三）压力管道的安全管理

鉴于压力管道的特点和在经济、社会生活中特殊的重要性，其安全问题早已受到国家安全监察机构的重视。通过强制性的国家监察，使压力管道如同锅炉压力容器一样作为特种设备对待，指定专门的机构负责压力管道的安全监察工作，并拟制定一系列法规、规范、标准，供从事压力管道的设计、制造、安装、使用、检验、修理、改造等方面的工作人员共同遵循，并监督各环节对规范的执行情况，从而逐渐形成压力管道安全监察或监督管理体制，目的是使压力管道事故控制到最低的程度。

1. 提高本质安全水平，强化压力管道源头安全监管工作

加大压力管道源头安全隐患治理力度，建立新建压力管道安全监管长效工作机制。严格规范压力管道元件的设计制造环节，明确压力管道安装单位必须取得质监部门的安装资质，施工单位按要求履行必要的安装告知手续，接受特种设备检验机构对压力管道实施的安装监督检验。

并逐步推进在役压力管道使用登记工作。对于城镇范围内的公用燃气管道，相关企业应摸清压力管道安全使用状况，结合自身信息系统，办理使用登记手续。考虑管线不可视、环状结构和支线连通等复杂特性，建立管线台账和管线档案。管线台账应涵盖名称、GIS 图档编号、压力级制、启用日期、材质、管径、数量、线上关联设备等基本信息，管线安全技术档案则以台账为建档依据，记录竣工资料、示意图、注册检验以及动态维修信息等内容。管线台账与档案的结合，不仅有利于数据统计汇总、摸清底数，做好管线的登记造册工作，而且可以清楚及时地掌握管线的动态变化，确保整个管网的安全运营。

2. 落实企业安全主体责任，规范运行维护和定期检验工作

按照燃气法规和标准的要求开展压力管道的定期巡查和检测。落实压力管道检测规范要求，开展压力管道定期检验和合乎使用评价工作。

在管线日常维护和检查方面，要按照不同周期的要求，规范日常巡查、泄漏检测、防腐层检查、阴极保护系统测试维护、安装保护装置检查和腐蚀情况检查等常规性工作。

在管线的定期检验方面，有序推进有关工作。有针对性地从在用管道年度检查、全面检验和使用评价三个层次和深度逐步开展。年度检查是指在运行过程中的常规性

检查；全面检验则是由有资质的检验机构对在用管道进行的基于风险的检验；使用评价是在全面检验之后进行，包括对管道进行应力分析计算，对危害管道结构完整性的缺陷进行的剩余强度评估与超标缺陷安全评定，对危害管道安全的主要潜在危险因素进行的管道剩余寿命预测，以及在一定条件下开展的材料适用性评价。检验检测结果将直接指导管网更新改造和消隐工程。

3. 注重关键点管理，避免施工破坏造成的管道事故

管道燃气在城市逐步普及，不但极大地方便了人民群众的日常生活，而且为改善城市环境、促进工业的发展发挥越来越重要的作用；但是，随之而生的管网事故也给人民生命财产安全带来威胁，使居民的燃气供应受到影响。所以管道的安全管理应为各地燃气企业安全管理工作中的重中之重。

国内燃气事故多发于市区内的埋地燃气管道，且以燃气管道遭施工破坏而引发的事故居多。管道遭破坏事故多发的原因有以下几个方面。

①路网施工中各专业管道较多，各专业管道在满足规范要求的情况下几乎布满了马路两侧，有些部位无法满足规范要求需采取共占措施。频繁的机械施工给燃气管道安全运行带来重大隐患。

②大型施工机械在各专业施工队伍中的普遍采用，增大了各管线单位地下设施遭破坏的概率。燃气管线被挖掘机、装载机施工破坏的事例每年均有发生。

③非开挖施工工艺的采用也是管道遭破坏事故多发的一个原因。燃气施工中采用水平定向钻机施工，在一定程度上也可能带来管道遭到破坏的事故。以水平定向钻机为主要设备的非开挖施工敷设的燃气管道，管道定位难以做到十分准确，这就使其易遭周围机械施工的破坏，特别是有其他的非开挖施工时更是如此。

④ PE 管的大量采用也是燃气管道易遭破坏的原因之一。PE 管具有耐腐蚀性强、寿命长、施工简便等优点，但其易遭到利器冲击而破损，形成燃气泄漏事故。大量的燃气 PE 管的应用，使管道遭到破坏的概率增加。

为解决这些问题，应采取以下应对措施。

A. 加大宣传力度，建立施工前管道单位间的沟通机制，为共同保护管道奠定基础。在必要的情况下，公布所有在路面下有设施的单位的联系电话，同时通过有效的途径加以宣传，以减少除路网施工以外的零星施工对地下设施可能产生的破坏。

B. 健全燃气管道管理制度，使管道管理有章可循。自工程交工、置换、运行管理，建立一整套的管理制度，保障管道的安全运行。

C. 在施工作业前签署管道保护协议，告知施工方管道的各种属性，建立燃气管道附近有施工时固定人员的盯守制度和有机械作业时管道管理人员的旁站看护制度。

D. 加强固定人员的值守和管道管理人员的巡回检查制度，确保各项管理制度落到

实处。

E. 加强竣工未投入运行管道的管理也是避免事故发生的一个重要手段。

F. 借助现代科技手段对管道准确定位，减少事故的发生。有些事故的发生完全是由于管道位置不准而造成，因此有条件的地区在管道施工时，借助现代科技手段增设易于识别管道的标志。

4. 依托信息化的管理手段，实现压力管道完整性管理

利用信息化管理系统和平台，如物资管理信息系统、GIS 图档系统、运行管理系统、设备资产管理系统等，将从物资采购安装、管线可视化、现场处理记录和管线动态信息记录等方面实现管线全生命周期的完整性管理。

①物资管理信息系统及电子商务平台反映了供应商管理、管材采购等环节管控，确保设备源头的可靠性。

②GIS 图档系统的任务是完善管线图档数据，优化流程，及时真实地反映管网现状，为管网抢修、技改大修提供地理位置信息。

③设备资产管理系统则是从台账、档案及竣工档案、注册登记、维护检验、处置管理等方面全过程地记录管线的完整变化，并积累、沉淀相关知识和统计数据，最终实现规范管线信息的准确性及完整性，加强共享，达成动态管理的目标。

④运行管理系统则为管线维护检验各环节的工作记录了真实的现场记录的第一手资料和过程数据，实现过程管控的目标。

系统平台间的有机结合和链接将贯穿管线管理的各个环节，全面反映管线的真实状态，利用信息化手段实现管线完整性管理目标。

⑤强化部门协调和信息沟通建立安全监管长效机制

在落实企业主体责任的基础上，进一步加强部门协调和信息沟通，建立压力管道安全监管长效工作机制。

第三节　人为因素对燃气管道安全的影响

一、燃气管道设计安全

（一）燃气管道设计安全的理念

1. 概述

燃气管道工程是一项投资大、涉及面广、安全风险高的系统工程。因此，必须从

燃气管道系统工程的设计开始,就应按照相关法规和标准的要求系统地考虑管道施工、投产、运行和维护的诸多方面问题,并对不同的设计方案进行风险分析,使之满足管道安全、可靠和高效运行的设计理念。

目前,我国新建燃气管道已逐步与国际标准接轨,如采用了新的设计标准、先进的工艺运行控制技术、高强度的管道材质、技术先进与制造优良的输气设备等。但由于管理体制的因素和我国相关法规、标准以及装备技术整体水平的原因,管道的系统性效率及其安全性、可靠性等综合水平还有待提高。

2. 理念

①尽可能降低社会公众、燃气企业员工及环境所受风险。

②研究相关法规和标准的实效性,必须高于其要求;探讨新理念、新方法及新技术的发展和应用。

③要评估系统试运投产的可行性和安全性。

④要考虑管道的运行安全、成本控制以及维护的便捷性。

⑤要考虑是否便于工程施工、运行操作以及项目运作的灵活性。

3. 原则与要求

①首先,合理的规划是确保燃气管网工程安全、可靠的关键,要结合国家的能源战略、产业政策以及各地经济的发展规划,进行全国或地区的燃气管网规划。

②在管网的规划基础上,燃气管道的设计应考虑管道间的联网运行,而燃气管道联络线的设计应考虑保安供气和双向输送的功能。

③燃气管道的设计应考虑近、远期的各种极端工况、调峰工况、事故工况、日常工况等,合理地确定管道的管径和运行参数,以增大管道的适应性。

④关于全线燃气调压站的布局和位置,应在管道的输送压力和管径确定后、优化压比后确定;其他站场的布局应根据市场分布、站场功能及社会依托条件等综合确定。

⑤为提高对社会安全保障的要求,调度控制中心应能对全网和全线进行远程控制。

⑥站场工艺流程应根据确定的功能进行优化,要简化流程,以减少压力损失,合理进行设备选型,确保系统安全及变工况运行。

⑦燃气管道原则上仅为下游用户承担季节调峰,对于燃气电厂等用气规模大、用气规律特殊的用户可以考虑承担小时调峰。

⑧管道安全保护系统动作先后顺序宜为:自动切换,超压紧急切断,超压安全放散。一般站场的安全保护系统应包括 ESD 系统(即紧急停车系统)、自动切换、超压紧急切断、超压安全放散等。

（二）系统安全影响因素

1. 管道压力

管道的最大允许工作压力（MAOP）受安全、设计、材料、维修历史等因素影响。系统运行压力不得超过该系统认证或设计的最大允许工作压力。如果任何管段发生影响管段最大允许工作压力的物理变化，必须对最大允许工作压力进行重新认证。

管段的最大允许工作压力应取决于以下各项的最低值：管段最薄弱环节部件的设计压力；根据人口密度和土地用途确定设计压力等级；根据管段的运行时间和腐蚀状况确定最大安全压力。

通过应力分析进行管道及管道构件的设计，管道及管道构件的压力等级应保持一致。

2. 管道路由

管道通过地区的洪水、地震、滑坡、泥石流等地质灾害已成为对管道安全造成危害的主要因素。因此，应在地质勘查的基础上，结合国内外先进的经验，对沿线地质状况进行仔细分析和研究，制订出可靠的防护方案。

近几年来，发达国家都在对通过各种地质灾害影响区域的管道敷设方案进行大量的研究，提出了很多措施。由于地质活动的复杂性，为减少和减轻地质灾害对管道造成破坏，在设计时就应综合考虑线路路由和对地质灾害有效的防护措施，以便确定最佳的线路方案；并应长期对活动多发带的地质活动和管道应力变化进行监测，并将其纳入管道控制之中，以便随时掌握地质活动情况和管道安全状况，确保管道运行安全。

3. 腐蚀控制

腐蚀控制系统的设计应符合相关规范，确保所有新建埋地阴极保护在投产前完成。

设计中应规定所需的测试、检测和调查，以判定管道设施上腐蚀控制的有效性，例如：大气腐蚀检测，阴极保护水平调查，绝缘设备检测，杂散电流调查，整流器和地床检测，外界干扰搭接的调查，避雷设施检测，牺牲阳极的调查，外界搭接检测，整流器运行情况检测，外露管道检测，干扰测试。

4. 燃气气质

进入管道的燃气气质必须符合国家燃气气质标准。应使用气相色谱仪、硫化氢分析仪、露点分析仪等设备检测进入管道的燃气，避免超标的燃气进入管道。站控系统在检测到气质超标时应产生报警。气相色谱仪应实时分析管道的气体组分。气体组分和热值数据应上传到站控系统。色谱分析仪向站控系统提供设备诊断信息和设备报警信息。

（三）系统安全保护

1. 系统保护

（1）管道保护系统

管道保护系统需进行分级设置，并确定优先顺序。例如，部分单体设备应单独采取本地保护措施，以保护其自身系统；通过站控系统和安全系统来对整个场站设施进行保护；按照管道系统保护原则，通过 SCADA 系统对整个管道系统进行保护。SCADA 系统监控整个系统的异常情况或威胁系统完整性的情况，如果控制中心操作员没有采取任何措施，SCADA 系统可自动采取保护措施确保整个管道系统的安全。

保护系统的逻辑至关重要，在管道系统出现问题时，不能简单地通过停止设备或关闭阀门来解决，这样可能会增加问题的严重性而不能消除问题。

此外，还应考虑 SCADA 远控失效情况下的系统保护。如果 SCADA 系统不能正常下发控制命令来保护系统或找出问题时，本地保护系统应该能够控制和保护现场设备。如果站控 PLC 或 RTU 与控制中心通信中断，站控 PLC 或 RTU 可自动判断出通信中断，并能够自动由远控方式切换到站控控制方式。

（2）调控中心

在整体系统保护理念下，安全始终是运行及控制原则中首要考虑的问题，要实现安全第一的目标，调控中心应执行以下任务。

①整个系统按以往操作历史进行评估，并对操作的复杂程度进行分级。

②应考虑使用 PLC 作为本地过压自动保护系统的控制器。PLC 对检测压力进行处理，并按照预先编制的控制逻辑自动向过压控制设备发出控制命令。

③每个场站应设置站控人机界面（HMI），便于本地维护人员和站控 PLC 之间交互。

④应采取积极的态度，借助自控系统硬件和软件防止系统发生过压情况，而不是在系统发生过压后再做出反应。

⑤应考虑在上游和下游站采取压力设定值的方式，保护站间系统。

2. 安全保护

输气站的紧急停车系统（ESD）包括压缩机组的 ESD 系统（或其他单体设备 ESD 系统）和站场 ESD 系统。压缩机组的 ESI 系统用以完成压缩机组安全的逻辑控制，站场的 ESD 系统用以完成输气站安全的逻辑控制。

ESD 系统动作可手动（调度控制中心、站控制室的 ESD 手动按钮、工艺设备区现场的 ESD 手动按钮、压缩机组的 ESD 手动按钮）或自动（站场 ESD 系统或压缩机组的 ESD 系统信号）触发。无论 ESD 命令从何处下达及 SCS（站控系统）或 UCS（单元控制系统）处于何种操作模式，ESD 控制命令均能到达被控设备，并使它们按预定的顺序动作。所有 ESD 系统的动作将发出闭锁信号，在未接到人工复位的命令前不能再次启动。

ESD 系统设备一般应由 UPS 供电。

（1）压缩机组的 ESD 系统

压缩机组的 ESD 系统是压缩机 UCS 中独立的系统，该系统在下列任一信号发出时，将使正在运行的压缩机组按预定的程序停车，并自动关闭压缩机组的进出口阀，关闭燃料气供给系统等。ESD 系统的启动主要包括以下信号：ESD 按钮动作；接到调度控制中心或 SCS 的 ESD 命令；压缩机组或燃气发动机轴振动超高报警；空冷器振动超高报警；压缩机组或燃气轮机轴承温度超高报警；润滑系统故障；压缩机机罩火焰探测器报警。

（2）站控制系统的 ESI 系统

站控制系统的 ESD 应单独设置。在下列任一信号发出时，ESD 系统将按预定的程序停车，并关闭进出站阀，打开站内放空阀使站内高低压分别放空，待进出站压力平衡后打开越站阀使燃气走越站流程。主要信号有：ESD 按钮动作；接到调度控制中心的 ESD 命令；两个及两个以上可燃气体浓度探测器检测到可燃气体浓度超过最低爆炸下限的 40%；两个及两个以上压缩机厂房火焰探测器报警；经确认的输气站内重要设施发生火灾；站场 ESD 与压缩机组 ESD（或其他单体设备 ESD）具有连锁功能，当站场 ESD 启动时，压缩机组 ESD 自动启动。

场站至少安装两个 ESD 按钮，执行紧急关站。ESD 按钮应硬接线到站 ESD 系统。站 ESD 系统应独立于站控系统。所有 ESD 按钮状态都应在站控系统显示。ESD 系统在维护和测试时可被屏蔽，并在站控显示 ESD 系统的屏蔽状态。

（四）场站设计要求

1. 一般要求

现场布置、间距和设备安装方位应采用统一标准，但可根据各站具体情况有所差异。在对现有系统进行改造和扩建时，场站系统设计应与已建系统保持一致。

场站的设计至少应满足以下要求。

①系统中的所有构件（压缩机、仪表、阀门和管道）的尺寸选择应保证性能最优，所有设备应能满足所有运行工况。

②整个系统的设计应满足设计工况范围（压力、温度、密度、黏度、质量和流速）。要保证单体设备和整个系统的灵活性，设备和相连管道应满足极端工况要求。

③对新建、改扩建系统或设施，应考虑操作、维护的便捷性和未来的设施扩建，包括所有仪表、阀门、阀执行机构、双截断阀放空管、法兰、排污管、注脂、电气接线盒和面板都要有合理操作和维护的空间。

④对于需要拆卸维修的机械装置或设备，如压缩机、阀、仪表元件、仪器、仪表管、电气套管、法兰螺栓、吊车、临时外部连接头，要保证留出足够空间。

⑤应为站场所有设备的操作、巡检和维护提供畅通无阻的通道、台阶和平台。

⑥各站场应有消防通道、回车场和吊车装卸作业通道。

⑦站内设施布局设计应考虑风向影响，放空管线、排污池应设置在站场主设备和控制室的下风侧。

⑧设备的最大噪声水平应满足国家及地方标准。设计时应考虑将噪声对员工健康和安全的影响降至最低，对附近社会公众和设施的影响也应满足要求。

⑨有人值守站场，如果发生报警应设置有报警声音警告现场人员。

场站宜设置区域阴极保护系统，以防止地下管道的腐蚀，保证地下管道的安全。

2. 站场功能

站场的各类系统至少应达到如下要求。

（1）分离（过滤）系统

①过滤设施上下游管道上应设置就地压力检测仪表和差压报警检测仪表。

②过滤器差压报警设定值设置应考虑工艺条件以及过滤器滤芯的承压能力。

③过滤器后的截断阀宜采用远控阀门，并应将阀门信息远传至站控制系统和调度控制中心。

④滤器发生故障或差压开关报警时应立即切换到备用过滤器。

⑤在过滤器切换时，必须在备用过滤器上、下游截断阀位处于全开位置时，故障过滤器上、下游截断阀才能关闭。

（2）调压系统

①分输调节阀宜设置为选择性保护调节，有压力控制和流量调节两种控制方式。

②压力和流量的设定可由调度控制中心或站控制系统完成。

③调压阀应具有自动调节和强制阀位调节两种模式。

④调压阀应设置为故障保持模式。

（3）站场放空系统

①站场的进、出站管线上，压缩机及分离、计量、调压设备的下游应设置放散管线。

②站场的进、出站管线上的放空宜为自动放空系统，其他部分的放空宜为手动放空。

自动放散系统的控制要求：自动放散系统应设置电动放散阀，电动放散阀应设置为故障保持模式；电动放散阀宜纳入站场 ESD 系统；ESD 触发时自动打开，排放站内管道燃气。

（4）清管系统

①清管器的收、发筒应考虑可以发送和接收管道内检测器。

②清管器的接收筒应考虑接收硫化亚铁杂质时的加湿措施，以防硫化亚铁遇空气自燃。

③清管器收、发送作业应为现场有人操作。

④清管站应设置有排污池。

（5）分输系统

站场分输系统一般应有压力控制和流量控制两种模式。当流量低于限制值时，宜为压力控制；当流量高于限制值时，应转为流量控制。

要保证经过流量计的流速在流量计允许范围之内。如果不设置调压阀，应考虑防止流量计反转的措施。

（6）线路截断阀室

线路截断阀室一般应设置为远控或远程监视功能，线路截断阀执行器应选择气液联动执行机构，执行机构必须具有依靠自身动力源快速关闭线路截断阀的功能。其旁通阀、放空阀应为就地手动操作。

线路远控截断阀控制要求：降速率检测和自动关断；线路远控截断阀具有就地、远控关阀等功能；线路远控截断阀应有全开、全关阀位显示，并将信号远传到调度控制中心；在调度控制中心应设置远控关闭的权限；调度控制中心远程 ESD 关闭。

线路远程监视截断阀要求：压降速率检测和自动关断；在调度控制中心宜有远程设置截断阀报警参数及自动关断参数的权限；线路远控截断阀应有全开、全关阀位显示，并将信号远传到调度控制中心；线路远控截断阀具有就地开、关阀等功能。

二、第三方破坏

燃气管道的第三方破坏是指由于非燃气企业员工的行为而造成的所有的管道意外伤害。近年来，随着我国城市建设的加快，燃气管网遭到第三方破坏的安全事故时有发生，对城市公共安全构成了严重威胁。燃气管道第三方破坏已经成为管道损坏的主要原因。管道第三方破坏起因复杂且随机性强，不易预测和控制；同时，燃气企业的员工也不易及时发现，不易及时采取控制措施。由第三方破坏造成燃气管道破损的，往往可能造成着火、爆炸、人身伤害等严重的后果，产生较大的社会影响。

（一）第三方破坏事故原因分析

通过国内各地区燃气企业近年来发生的第三方破坏事故分析得知，大多数燃气第三方破坏事故是由人的不安全行为，燃气设施的不安全状态，环境、管理缺陷以及它们之间的共同作用引起的。

1. 人的不安全行为

①人员缺少安全意识、安全知识；社会公众和施工企业对燃气知识的不了解，导致安全意识淡薄。

②车辆驾驶员驾驶时精力不集中，小区内业主或施工车辆操作不当或酒后驾车对地上管线的碰撞、碾压等破坏。

③施工机械驾驶员在对施工现场已有管道缺乏详细调查情况下野蛮施工。

④施工单位在未告知燃气企业的情况下，为求工期和进度强行施工，因对地下管线位置不明而造成破坏；或即使对地下管线情况了解，明知有燃气管线的情况下，对破坏后果不了解或不重视而强行施工造成破坏。

⑤个别不法人员把正在使用的燃气管道误判为废弃的管道，私自盗取。

⑥违规施工。施工单位拒不办理相关的手续，在不清楚燃气管道位置时，擅自在燃气管道附近进行开挖沟渠、挖坑取土、顶进作业，或擅自使用重型机械在管道上碾压，造成管道破裂，引起燃气外泄。

2. 燃气设施的不安全状态、不安全环境

①地上燃气管道位于道路边，缺少防护装置。

②由于道路改造，原来处于路边的凝水缸、阀门井等现在处于路中间。

③燃气管线的警示标志不健全。

④燃气管道处在市政修路、城区拆迁、建设区域内。

3. 管理缺陷

①目前，有关燃气管道设施保护从法律法规层面上有一些原则性的规定，多数省市都已制订了燃气行业管理的专门条例。但这些规定往往过于原则，没有具体的实施细则，执行的时候程序不明确、相关责任单位的职责也不明确。

②部分施工（如钻探、零星维修作业等）未纳入施工许可范畴。施工时建设单位无须办理施工许可，往往不主动查清施工范围内地下设施特别是燃气管道设施状况，盲目施工。

③建设单位（或施工单位）在办理施工许可时，未被强制规定到燃气企业办理相关燃气管道设施确认手续。城市档案部门提供的图纸可能与现场实际情况并不一致，在未查清施工范围内地下燃气管道设施状况的情况下施工。

④施工单位未报建开挖施工、无证施工、工程项目中途转包、强赶工程进度，对施工现场管理不严。夜间施工很难预防和监督。

⑤施工前，建设单位、施工单位没有向项目经理、现场技术负责人、施工员、班组长或操作工作安全技术交底，没有告知施工区域地下管网状况或信息不准确。

⑥燃气企业巡线员、施工现场管理人员监护措施落实不到位；同时燃气企业缺乏

有效的考核手段，管线巡线人员"偷工减料"，责任心不强。

⑦施工单位已经通知联系燃气企业，但燃气企业未能提供准确定位的竣工图纸，燃气管网（特别是老旧管网）竣工图与实际管网状况不符，从而导致施工单位操作无借鉴资料而误操作造成破坏。

⑧燃气管道及设施保护方案不合理，方案执行不到位，如：未设定燃气管道保护控制线，开挖方式、悬空管保护方式不合理，在管道设施上方随意堆放物料，重车碾压管线，未及时通知燃气企业监护人员到场指导与监管，等等。

（二）遏制第三方破坏发生的主要措施

第三方施工破坏燃气管道设施事故的成因相对复杂，针对其背后深层次的管理方面的问题，从事故预防及事故到应急处理全过程各个关键环节进行控制，才能遏制第三方施工破坏燃气管道设施事故的发生，并最大程度减轻事故危害程度。通过借鉴吸取国内外燃气管道设施保护的经验，结合燃气行业自身特点，我们提出了以下较为有效的保护办法和措施。

第一，提高城镇市政规划质量与效率。市政管道应统一规划、同步铺设，减少在管道附近挖掘施工的次数。

第二，制订完善相关的法律法规、管理制度，更加有针对性确保施工单位施工前与燃气企业协调，通过人工开挖探管、明确管道位置，减少因管道位置不确定所造成的施工破坏管道的概率。

第三，燃气企业应主动与城镇建设主管部门等有关单位、部门进行工作联系，了解市政建设的有关情况，及时进行沟通，参与有关市政工程的前期协调会议，掌握市政施工动态；发现在燃气管线附近有开挖沟槽、机械停放、搭建隔离带、工棚等施工迹象，立即与施工方联系，告之施工现场地下管线的详细情况，并与施工方签订《燃气管道保护协议书》，由施工方制订管线保护措施，填写施工联络单，对各施工单位做好施工现场安全措施交底，建立信息沟通平台，确保信息畅通。安排专门人员，加大巡线频次，变日常的巡线为有计划、有重点地监护。

第四，加强燃气管道安全保护宣传教育，增强施工单位、管道沿线村民、城市市民的保护意识。发动广大市民，提供燃气管道施工或被挖断信息的，给予一定的奖励。宣传方式可采取发放安全宣传单、沿管线走访进行宣传。

第五，加大燃气管道安全保护的事故责任追究，对施工单位加大处罚，媒体曝光。

第六，针对第三方施工作业对燃气管道设施的危害特点，燃气企业要建立对第三方施工工地的巡查监护和管道设施保护协调程序，对第三方施工时燃气管道设施保护监管过程实施程序化、标准化的控制管理。通过对第三方施工作业监管过程的规范化控制，明确相关角色职责，设置管道设施保护关键控制点。具体包括第三方施工信息源的获取、安全协调工作的开展、安全保护工作实施、安全保护措施的落实、安全协调保护过程的监控等一系列工作。

第七，对相关的燃气设施（主要指地上燃气设施、露天燃气设施）安设防撞装置。

第八，根据燃气管道敷设、运行实际，增设标志砖、标志桩、标志贴等警示标志。燃气管道施工严格按照燃气工程施工规范要求，铺设示踪带：对埋设在车道下的管道，标志形式可用嵌入路面式、路面粘贴式或路面机械固定式；对埋设于人行道下的管道，标志应使用与人行道砖块大小相同的混凝土方砖嵌入式标志，也可使用高分子材料标志进行路面粘贴式标志；对绿化带、荒地和耕地，宜使用标志桩进行标志；对于拆迁区域、道路区域的施工，管道位置的标志，可于人工探测出具体管位后，在管位正上方用指示旗、警示带、喷漆、画线、插木牌等形式予以标志。

第九，加强燃气施工管理，确保燃气竣工图准确无误。图档资料适时更新、完善。

第十，形成联动工作机制。同自来水、热力、光缆等市政管线巡线人员建立联动，互相通报、告知管线附近有无施工情况。

第十一，建立应急预案。施工过程中发生意外情况，应事先制订好应急措施，配备好抢修器材，一旦第三方事故发生，燃气企业应急人员可以迅速到达现场，控制事故扩大；同时，有效地与现场施工单位联络人联系，以得到施工单位的配合。为加强事故抢修应急的反应能力，需定期和不定期地进行实际演练。

总之，应通过政府部门、市政部门、建设单位、施工单位、燃气企业等单位的共同努力，实施好事前的沟通和协调、事中的监督和监控、事后的应急处理和责任追究，做好多方面的安全宣传和预案的演练，第三方破坏事故就会有效降低或避免，从而进一步确保燃气管网的安全运行。

第四节 PDA在城镇燃气管理中的应用

一、关于 PDA

（一）PDA 简介

PDA 是 Personal Digital Assistant（个人数字助理）的简称，是集电子记事本、便携式电脑和移动通信装置为一体的电子产品，即将个人平常所需的资料数字化，能被广泛传输与利用。狭义的 PDA 是指电子记事本，其功能较为单一，主要是管理个人信息，如通讯录、记事和备忘、日程安排、便笺、计算器、录音和辞典等功能。广义的 PDA 主要指掌上电脑，当然也包括其他具有类似功能的小型数字化设备。

目前，PDA 可分为电子词典、掌上电脑、手持电脑设备和个人通信助理机四大类。而后两者由于技术和市场的发展，已经慢慢融合在一起了。

随着人类科技水平的不断发展，诸如射频识别技术（RFID）、通信互联技术（Wi-Fi，GPRS，5G）、全球卫星定位技术（GPS）以及存储技术等方面突飞猛进的发展，特别是硬件产品集成化程度的提高，使得 PDA 或其他个人手持数字终端设备的能力发生日新月异的变化。

PDA 相对于传统电脑，其优点是轻便、小巧、可移动性强，同时又不失功能的强大；但缺点是屏幕过小，且电池续航能力有限（其实，近期大容量电池的出现，对延长 PDA 连续工作时间有了一定改善）。PDA 通常采用触控笔作为输入设备，而存储卡作为外部存储介质；在无线传输方面，大多数 PDA 具有红外（IrDA）和蓝牙（Blue Tooth）接口，以保证无线传输的便利性；许多 PDA 还能够具备 RFID 射频识别功能，Wi-Fi 连接以及 GPS 全球卫星定位系统。

其便携性介于个人电脑和 PDA 之间的个人电脑产品有笔记本电脑、超级移动电脑（UMPC）及平板电脑（PAD）。其实从处于当前的功能来看，PDA 与智能手机（Smart Phone）、与平板电脑，由于产品功能相互渗透，边界已经比较模糊，相互之间的差别变得很小了。

与标准台式电脑和笔记本电脑一样，PDA 的各种功能也是靠微处理器来完成的。微处理器就像 PDA 的大脑，能根据程序指令协调 PDA 的各种功能。与台式电脑和笔记本相比，PDA 使用的处理器体积更小、价格更便宜，虽然速度较慢，但对于在 PDA 上执行的任务来说已足够了。

PDA 没有硬盘，其基础程序如操作系统等都储存在只读存储器（ROM）上，关机后仍能保持完好无损；后来存入的个人数据和程序则存放在随机存取存储器（RAM）中，而 RAM 中的信息只在开机时保持。PDA 的设计能安全保存 RAM 中的数据，其原因是即使在关机后 PDA 还能从电池继续使用少量电能。

功能较弱的 PDA，其 RAM 也往往较小。不过很多应用程序需要较多内存，因此大多数的机器的内存也较多。同时，设备通常需要更多资源，具有更多 RAMO 为了提供附加内存，许多 PDA 支持可拆卸闪存媒体扩展卡，便于存储大文件或多媒体内容，如数码照片等。有些 PDA 使用闪存代替 RAM。闪存为非易失存储器，能很好地保存数据和应用程序，即使电池耗尽也不受影响。

（二）PDA 的功能

如今，大部分的 PDA 都带有某些无线和多媒体功能。比较常见（但并不一定是所有的都具有）的功能包括以下几种。

第一，短距离的无线连接使用红外（IrDA）或蓝牙（Blue Tooth）技术。大多数 PDA 具有红外功能，使用它需要视线上无阻碍，通常用于与具有 IrDA 端口的笔记本电脑同步。蓝牙可以以无线方式连接其他蓝牙设备，如耳机和打印机等。蓝牙所采用的是射频技术，不需要视线上无阻碍。

第二，通过 Wi-Fi（无线网络连接）和无线接入点实现互联网和公司网络连接。

第三，支持无线广域网（Wide Area Networks，WAN）；支持为智能手机提供互联网连接的蜂窝数据网。

第四，具有内存卡插槽，可容纳闪存介质，如 Compact Flash、MultiMediaCard 和 Secure Digital 卡（介质卡用作存放文件和应用程序的附加存储器）。

第五，支持 MP3 音频，带有麦克风、扬声器插孔及耳机插孔。

第六，额外特性：高端 PDA 具有多媒体、安全以及扩展等一些低价设备所不具备的功能。

（三）PDA 的行业应用

PDA 的行业应用，即将 PDA 技术与行业应用有机结合起来，为行业用户提供方便、高效的业务移动处理模式。例如，用 PDA 来实现遥控器的集成；航海专业人员可利用 PDA，在航海中进行航海专业计算（如星历计算、天体高度方位计算、潮汐计算，还可显示电子海图等）；在餐饮行业中可以让客户实现无纸化快速点餐；在仓库物流行业中，可随时随地实现产品的出入库管理。

由此可见，在了解不同领域的用户需求后，对 PDA 进行进一步开发和升级，其自身优势和强大的软件支持，可以有的放矢地在功能上有选择性地无限扩展。PDA 的行业应用，不仅使其得到不断完善和成熟，也使各领域中的工作由传统型向智能型转化，为各行业的发展注入新的血液。

二、PDA 在城镇燃气中的应用

燃气作为现代城市必不可少的能源，随着城镇规模的不断扩张，已成为经济发展的重要公用基础设施之一，它直接关系到百姓的日常生活和企业的经济效益。为确保安全平稳供气，使燃气管网及其附属设施在燃气的输送配气中发挥其特定的作用，需要持续加强对燃气管网的总体控制和过程监控，以充分满足燃气用户不同需求为基础，必须加强对管线及其附属设施运行巡检的管理、加强燃气生产作业及应急抢险的管理、加强燃气客户服务的管理。

由于城镇燃气管网是依据城市整体规划布局进行设计施工的，故城镇燃气管网大多是环状及枝状管线，这使管线及其附属设施分布范围较广，几乎遍及城市的各个区域，同时基于燃气易燃易爆的特性，具有一定危害性，因此为了提高安全供气能力，这就要求燃气管理单位在完善管理流程、加强标准化管理的前提下，从实际情况出发，有重点、有步骤地利用现代化科技手段辅助强化过程管控，实现过程数据完整采集，强调数据综合分析，为全面提高城镇燃气管理能力提供支持。

当前我们正处于信息科技不断更新的时代，采用先进的、有效的设备和技术，辅助加强城镇燃气管理就变得极为重要。PDA 作为一种近十年发展起来的手持移动数字终端设备，其本身功能逐步得到加强和完善，并且随着系统开放性的提升与硬件集成度的提高，可实现与 GPS 模块、SIM 卡、RFID 阅读器等设备的集成应用，实现原本在台式电脑上才能完成的基于第三方应用软件的开发，使 PDA 成为实现集无线通信、无线互联、卫星定位、射频识别等功能于一体的多功能个人移动数字终端设备，在各行业中发挥着巨大的作用。

PDA 在城镇燃气管理中的应用，其中也会涉及其他相关技术，这是因为当今的技术应用没有孤立的，都是在相互融合、相互关联、相互集成、相互畅通的环境中发挥着效能。

（一）PDA 在管线及其附属设施运行巡检管理中的应用

燃气管线及其附属设施（包括调压站、调压箱、闸井、凝水器、阴极保护桩等）是城市燃气输送过程中的重要组成部分。设备设施的正常运行，使燃气企业向所有燃气用户提供可靠的燃气供应服务得到保证，并在发生应急情况下具备较强的供气保障手段和能力。而要保证设备设施的正常运行，及时掌握设备设施的运行数据和运行状态是基础。目前燃气行业主要通过专业人员的日常巡检巡视和 SCADA（燃气管网数据采集系统）相结合的方式，对管网及其附属设施实现日常管理和维护。

管线及其附属设施的日常巡检工作主要为：对不同类型的管网或附属设施制订相应的日常巡视保养周期以及巡检保养的具体工作内容，即巡检计划。管网及附属设施日常巡视保养人员应根据巡检计划在规定的巡视周期内完成巡视保养工作，在现场记录管线及附属设施的状态和运行数据。管理者收集现场采集的管线及设施的运行状态和运行数据，安排对管线和设施的维护保养，并对设施状态的变更在台账中予以更新。并通过以上数据的积累和数据挖掘为管线和设施的更新，选型作辅助决策。

1. 当前巡检工作中存在的三个主要问题

①无法客观、方便地掌握巡检人员巡检的到位情况，因而无法有效地保证巡检工

作人员按计划要求、按时间周期对所有的管线或附属设施开展巡视，从而使巡检工作的质量得不到保证、管线状态和设施运行数据的真实性得不到保证。

②管线和附属设施的运行状况、运行参数无法方便、可靠地记录存档（目前很多单位还在以纸质记录的方式记录巡检信息，纸质记录保存不便，如录入电脑存档，又存在数据丢失和误差的问题，并耗工费时）。

③管线和附属设施的运行状况、运行参数等历史数据无法有效地利用，使得后期不便查询，对设备的缺陷分析、设备选型、辅助决策无从实施。

2. 辅助完成燃气管线及附属设施的运行巡检工作

①运行巡检计划管理：按照燃气管网及附属设施的建设年代、压力级制等条件，制订运行巡检计划，根据运行人员的不同管辖范围，将计划按工作日及人员进行分解，并将分解计划利用无线或有线数据传输技术下载到运行人员的 PDA，使运行巡检人员对每日具体工作有较详细了解，从而避免因为任务不清而导致的计划完成不全面的问题。

②运行到位情况查询：利用 PDA 的 GPS 功能，按照提前设置的时间间隔，可随时采集运行巡检人员的经纬坐标，坐标可即时或结束运行后回传至管理系统，系统以坐标采集的时间为次序，将坐标点依次连接成线，此线即为运行人员的运行轨迹，再通过运行轨迹与管网地图的叠加比较，即可实现运行到位情况的查询。

③设备设施台账及状态查询与更新：系统中保存的设备设施台账可按照管辖范围下载到运行巡检人员的 PDA，为运行巡检人员随时提供设备设施具体数据查询，同时运行巡检人员可即时采集巡检过程中设备设施的状态以及维检修记录，实现设备设施全生命周期的历史记录与查询，将运行巡检记录及时回传管理系统，完成系统数据更新与补充完善。

④管网地图的查询与定位：利用 GIS 技术，可在 PDA 上实现管网地图的查询与定位，方便运行巡检人员对管线线位的随时掌握，从而加强管线运行到位率的提高。

⑤异常情况与突发事件的及时上报：在运行巡检过程中发现的异常现象与突发事件，可通过 PDA 端的管网地图确定发生异常与事件的管线位置或区域，利用 GPRS 技术及时将采集到的现场记录与图片上传至管理系统，并由管理人员根据现场发回的数据制订急抢修方案，及时派遣相关人员到场进行处理。

⑥运行巡检报表管理：运行巡检人员将现场采集数据上传至管理系统，结束正常运行巡检工作后，返回单位按照具体要求由系统自动打印输出运行巡检日志及记录报表。

（二）PDA 在燃气生产作业及应急抢险管理中的应用

在城镇燃气管理中，生产作业及应急抢险管理是比较典型的两部分工作内容，关系到要求燃气与城市发展建设保持同步，不断满足居民、公服与企业用户对燃气的需要；关系到当燃气正常供应中发生突发事件时，如何紧急应对采取正确措施，减少或降低可能出现的次生危害。

1. 应用于生产作业及应急抢险管理主要工作

①燃气行业的生产作业主要是指在燃气管道和设备通有可燃气体的情况下进行的有计划的作业，基本包括：带气接切管线，降压、通气、停气，更换设备等。

生产作业包括动火作业和不动火作业。动火作业指需要进行焊接、切割的带气作业，包括降压手工焊接和接切线作业、机械作业和塑料管作业（机械作业又分为开孔作业和封堵作业）；不动火作业包括降压作业、停通气作业、加拆盲板作业、更换设备（如阀门、调长器）作业等。生产作业可根据危险程度和可能造成的风险高低对作业进行分级。生产作业实施前必须编制作业方案，并通过相应的审批手续，在实施过程中必须按照批准后的作业方案进行。因此，加强生产作业的过程管理是安全顺利实施作业的根本保证。

②应急管理就是为了预防、控制及消除紧急状态，减少其对人员伤害、财产损失和环境破坏的程度而进行的计划、组织、指挥、协调和控制的活动，它是一个动态过程，包括预防、准备、响应和恢复四个阶段。

PDA 作为手持移动数字终端设备，其方便灵活的使用方式满足了户外工作对信息化设备的要求，针对不同工作而生产的不同类型的 PDA 满足了多种极端工作环境，如防水型、防腐蚀型、防爆型等。在燃气行业中，结合不同的工作任务可有选择性地选择相应类型的 PDA 设备，以确保工作任务安全地顺利实施。

2. 在燃气的生产作业与应急抢险管理中的主要应用

①现场过程数据采集与记录：利用 PDA 完成现场过程数据的采集与记录，包括文字记录与图片记录。通过 PDA 端预置的管理程序，可对于不同类型的生产作业进行详细的记录，特别是关键环节，如作业准备确认、开始时间、降压时间、燃气浓度值、开孔时间、结束时间、防腐完成情况等。

②作业方案与应急预案的现场查询：将作业方案下载到 PDA，作为现场过程辅助管理的参考依据，并且利用作业方案可对 PDA 端过程管理程序中表单、关键点等内容的组织和预置起到指导和帮助作用。应急抢险过程管理中，可通过 PDA 将应急预案快速调出，结合所提供的管网数据与受影响范围，现场制订应急抢险方案。

③便于现场数据及时回传，有利总体协调与指挥：针对范围广、跨区域的生产作业或应急抢险现场，可能需要多个作业面同时配合完成相关工作，这就要求各个作业

面的有序协同进行。各作业面利用 PDA 可将单点完成情况及时采集和反馈，现场指挥部即可根据反馈数据对各作业面的进度作出总体了解与把握，从而对整体进展作出正确判断、下达正确指令，确保各环节的紧密协调、过程控制的统一有序。

④管网相关数据与历史记录的现场支持：利用 PDA 可以将所有相关业务系统支持的数据集中调入，如 SCADA 工况数据、管网地图、管线及设备设施情况和状态、维检修历史记录、应急抢修记录、受影响用户明细及统计等，为生产作业或应急抢修提供参考数据。

⑤自动生成全过程记录：作业或抢修任务完成后，由 PDA 采集并记录的全过程数据可由管理系统按照要求自动生成全程记录，包括时间节点、各项表单、现场照片与视频、检验检测结果等内容。

第八章 天然气供应安全与应用技术

第一节 天然气供应安全评价

一、天然气泄漏与扩散

天然气泄漏是天然气供应系统中最典型的事故，天然气泄漏后扩散到大气中，在一定的条件下就可能发生火灾或爆炸事故。严重的天然气事故绝大部分情况下都是由天然气泄漏引起的，即使没有造成人员伤亡，也会导致资源浪费和环境污染。

国际管道研究协会（PRCI）对输气管道事故数据进行了分析，总结了造成管道泄漏的根本原因，按其性质和发展特点，可以划分为三种事故类型。

（一）与实践有关的危害

外腐蚀；内腐蚀；应力腐蚀开裂。

（二）固有因素

第一，与管道制造有关的缺陷。这包括：管体焊缝缺陷；管体本身的缺陷。

第二，与焊接、制造有关的缺陷。这包括：管体环焊缝缺陷；制造焊缝缺陷；折皱弯头或弯曲；螺纹磨损、管道破损、管接头损坏。

第三，设备缺陷。这包括：O形垫片损坏；控制泄压设备故障；密封泵填料失效。

第四，其他缺陷。

（三）与时间无关的危害

第一，第三方机械损坏。这包括：甲方、乙方或第三方造成的损坏（瞬间、立即损坏）；以前有损伤的管道（滞后性失效）；故意损坏。

第二，误操作，操作程序不正确。

第三，与自然环境有关的因素等。这包括：天气过冷；雷击；暴雨或洪水；土体移动。

此外，还应考虑多种因素的相互作用。

二、天然气供应事故原因分析

管网的供应事故原因主要包括管道腐蚀、施工违章、材料缺陷和第三方损害等，导致管道破裂的主要因素有第三方破坏、超压、焊接缺陷和腐蚀等。虽然单因素也能造成天然气管道事故，但更多的事故是多种因素联合作用引起的。

（一）第三方损害

第三方损害是指以外力挤压或人为破坏的形式使天然气管道受到损坏，导致天然气泄漏、着火、爆炸等事故。第三方损害与天然气管道的埋设深度、路面活动状况、城市建设活动等有关。

1. 埋设深度

埋设深度是影响天然气管道安全的直接因素，主要表现在地面对其的冲击作用。如穿过或沿公路敷设的天然气管道，在汽车，尤其是重型车辆经过时，对地面存在挤压作用，如果管道埋设较浅或覆土松软，汽车对地面的冲击力将直接作用至管道，每辆车通过时都会对管道形成冲击，汽车通过管道后缓慢回位。如此，在周期性或非周期性的冲击作用下，天然气管道会发生应力蠕变等，时间一长，因叠加效应而导致管道出现裂纹，甚至破裂。另外，穿越河流的天然气管道。如果管道埋设深度小于抛锚深度和挖泥深度，锚和挖掘机与管道碰撞，将损坏管道。管道保护层损坏后，会加速管道的腐蚀破坏。管道上的撞击裂纹会因其他外力而转变成裂缝。

此外，管道靠近表土时，受天气、温度的影响较大，管道的热胀冷缩率较高，容易导致拉应力无法补偿而造成局部管道裂纹。一般情况下，管道埋设得越深，受地面温度和地上交通活动的影响越小，管道周围的温度变化越小，温差基本恒定。当管道覆土大于埋设深度时，管道可以忽略地面活动、地表温度的影响。当管道埋设深度大于最大挖泥深度时，管道不再受河道船只的影响。

2. 地面活动状况

天然气管道受敷设区域的活动，如沿线的建设活动、铁路及公路状况、附近的埋地设施及建筑占压情况等影响而存在安全隐患。在地面活动中，各类建设工程对管道的安全威胁最大，因施工过程中的开挖而造成的管道破裂事故数量也最多，主要是野蛮施工和未知管道布置而造成的。其次是占压，不可否认的是管道项目建成后，由于管理不规范、不到位，可能出现有些企业、私人在天然气管道敷设地面上搭建建筑设施、围墙，以及堆放重型物资等，长期占压会导致地层下沉、错位，从而导致管道变形、裂开。在天然气管道附近进行市政建设活动的频繁程度，也影响着管道的安全，尤其是道路、铁路建设及埋设其他埋地物等。总体说来，在天然气管道附近进行的动土活动越多，造成管道破坏的概率就越高；管道穿越道路越多，沿道路敷设越长，管道受到的冲击、错位的概率也就越高。

3. 安全防护和沿线警示

天然气供应系统容易受外力破坏的地上设施主要是调压装置和阀门室。通常情况下这二者不会被其他物体、车辆所破坏，但如果有些司机违章驾驶，调压装置和阀门室就存在被车辆撞坏的可能性。管道沿线的警示警告标志、指示标志是否清楚，能否为人为活动提供明确管道的具体位置，使之注意，也会影响到管道安全。

（二）天然气管道腐蚀

腐蚀是导致天然气管道穿孔、破裂的重要原因之一。

1. 内腐蚀

内腐蚀包括天然气对管道的纯化学腐蚀和天然气中固体颗粒或管道中的残留物对管道的磨损。

天然气和管道中的颗粒物，如天然气中未被净化的颗粒物、管道焊接过程中遗留在管道内的焊渣等，在高速天然气气流的带动下，会造成管道内壁的磨损，从而使管道受压能力减弱，使天然气泄漏风险增加。因此，天然气特别是高压天然气是否含有固体杂质以及天然气管道清管的效果都将直接影响管道内腐蚀程度。

2. 外腐蚀

外腐蚀与管道埋设的土壤环境密切相关。土壤对管道的腐蚀一般分为自然腐蚀和电腐蚀两类。腐蚀性与土壤的含水率和电阻率有关。电阻率小于 500 $\Omega \cdot cm$ 时，产生的腐蚀电流较小，因而，管道腐蚀速率较低；电阻率大于 10 000 $\Omega \cdot cm$ 时，腐蚀速率最大，对管道的破坏性也最大。

为防止土壤对管道的腐蚀，一般采取涂层保护措施，影响涂层效果的是根据不同地区土壤性质选取的涂料质量及涂层施工质量。通常使用的涂层材料有石油沥青、煤焦油、磁漆、聚乙烯、环氧粉末、聚乙烯三层结构、聚乙烯冷缠胶带等，不同涂层材料的防腐性能有一定的差异。然而，最关键的是涂层的施工质量，首要考虑的是选择有资质的施工单位，并能按照标准要求认真施工。施工单位是否有涂层质量监控保证体系及完善的施工、检验技术，将直接影响涂层的防腐效果。施工技术中的关键是施工人员的技术及资质。要求严格、技术精湛的作业人员能够及时发现管道自身的缺陷，并及时加以修补。

牺牲阳极的阴极保护法是比较有效的埋地管道保护措施。其原理是将较活泼金属或其合金连接在被保护的管道上，形成原电池，较活泼金属或其合金作为腐蚀电池的阳极而被腐蚀，被保护的管道则作为阴极而被保护。然而其保护效果受阳极金属选材和周围其他金属埋地体的影响较大。地下防腐是一个复杂的过程，阳极金属及管道埋地选点非常重要，选点不当，将与其他金属体形成腐蚀电池，失去保护管道的作用。在管道及阳极周围的其他金属埋地体越多，对管道的阴极保护作用也就越小。

另外，天然气管道还会受到所谓的应力腐蚀。应力腐蚀是指埋地管道在管道收缩时产生的拉伸应力、腐蚀环境及缺陷共同作用下产生的断裂破坏。尤其是在管道环境温度变化较大区域，应力腐蚀的破坏作用较大。应力腐蚀将直接导致管道的断裂。因此，应力腐蚀一般也称为应力腐蚀断裂。应力腐蚀是危害最大的腐蚀形态之一。它是一种"灾难性的腐蚀"，例如高压天然气管道断裂，导致大量高压天然气外泄，危害极大。即使在腐蚀性不太严重的环境如含有少量负离子的水、有机溶液、潮湿环境等，也会引起强烈的应力腐蚀。应力腐蚀已成为腐蚀研究的重要方向之一。地下天然气管道敷设一般都不考虑拉伸应力的补偿措施，主要是靠弯角补偿，但弯角焊接处的拉伸应力破坏比直管的严重。

尽管采取了很多措施来保护管道安全，但不能完全根除各种因素对管道的破坏作用，只不过破坏作用有强有弱。破坏作用强，将缩短管道的使用年限；破坏作用弱，管道的使用年限将稍长。考虑各种因素而进行的埋地管道设计，有一个使用寿命的问题。如果超过规定管道使用年限，各种因素对管道的破坏程度增大，管道的安全性将很难估计和保证。

此外，影响天然气管道腐蚀的另一因素是局部更换管道时，新旧管道之间形成的电位差。电位差越大，腐蚀电流也越大，管道腐蚀速率越大。

（三）误操作

误操作包括设计误操作、施工误操作、技术误操作、管理与监督误操作、运行维护与检测误操作等，这些误操作会导致天然气管网运行的安全性降低，风险增加。

1. 设计误操作

设计误操作主要是由设计人员在设计中工作不认真、未积极配合协商、不实事求是，以及技术水平低下、无实际经验等而造成的误操作。对设计误操作控制的关键是能否选择有资质、技术力量雄厚的设计单位，看这个单位有无完善的监督审核体系。一般情况下，好的设计单位，可在人员技术、管理监督、技术审核等方面，减少由设计带来的误操作。如果选择较差的设计单位或质量管理体系不完善的单位，则存在设计误操作的可能性将增大。

2. 施工误操作

施工误操作主要是由未按设计规定的技术要求进行施工造成的误操作，如焊缝有超过规定的缺陷、涂层质量不佳以及下沟回填时将涂层损伤，甚至造成管道本身损伤等。

为减少或避免施工误操作,同样要求施工单位、施工人员应具有相应的资质和技术等级,有完善的施工监督管理体系。

施工安装质量低劣和违章施工等施工误操作引发的事故,表现为施工安装焊接质量低劣,存在未焊透、夹渣、气孔、未熔合等质量缺陷,防腐涂层材料的选择不当,涂层不均匀、不完全,管道缺陷修补不到位,不按设计图纸要求施工,错用材料,临时选配阀门,密封件无损探伤的比例、部位和评判标准不符合有关标准等。

3. 管理与监督误操作

管理与监督误操作是指未按项目的特点及可能出现的事故形式等制定完善的安全管理制度,如在线巡视制度、定期检测制度、检查制度、监督机制等而造成的误操作,包括检测人员不能有效地检测管道出现的各类隐患,阀门长时间未维护导致一旦事故发生就无法动作,由于经济管理等而造成管道年久失修,对各种违反规定的做法没有一套监督考核机制去有效控制等。

(四)设计缺陷

保证天然气管道安全是一个系统性很强的工程,从设计、选材、施工、运行维护及管理,任一环节出了问题,都将为天然气管道安全留下隐患。诸多环节中,设计是最初的,也是最重要的一环。除以上各类危害因素外,设计还需考虑的因素有管道最大承受压力、管内水击因素、设计厚度、选材选型、土层移动、敷设线路选择、施工方案等。

1. 设计压力和水压试验压力

设计压力是天然气管道安全设计的基础数据,也是影响管道安全的首要因素。设计压力受天然气管道沿线使用压力、使用量以及安全条件的限制,通常情况下,实际操作压力小于最高设计压力,且设计压力与操作压力的比值越大,对管道的安全越有利,反之则会增加管道事故的风险。与管道安全有关的另一压力参数为水压试验压力。适当提高水压试验压力,可排除更多存在于焊接、密封和母材中的缺陷。水压试验压力通常取设计压力的1.5倍,当进行水压试验时,试验时间也是影响因素之一,时间越短,发现缺陷和隐患的机会就越小。

2. 气压波动和水击

管道内天然气压力的波动及管道承受外负荷引起的应力变化均可能因应力的交变及循环次数的增长,造成管道缺陷的疲劳裂纹扩展。裂纹扩展到某一临界量,会造成管道的疲劳断裂,形成事故。管道内天然气压力的波动最直接的影响来自分输站和门站的供气,其次是管道上各用气点,尤其是调压站、储配站内压缩机及阀门的影响。后者会形成水击现象,在局部产生高压,压力超过管道的最大承受压力,就会破坏管道。

受管内天然气压力波动影响较大的是紧急弯曲部分，如果对这一部分的应力分析失效，可能导致应力无法补偿而使管道局部出现裂纹。

3. 土层移动

管道处于不稳定的土层中，土壤温度及水分的变化可造成土壤的上凸及下陷，或管道埋设在冰冻线以上，冬季土壤结冰或形成冰柱、土壤膨胀等造成的土层移动，均会对管道造成应力断裂破坏。尤其是在地质层活动，如地震、地质塌陷等频繁的地区，管道的刚度越大，对土层移动就越敏感。因此，设计中应该充分进行实地考察分析，以免后患。

4. 敷设线路选择

天然气管道事故具有很大的社会影响力和危害性，在人口密度、工业密度非常大的城市敷设天然气管道，特别是高压天然气管道，选择合适的敷设路线是非常必要的。天然气管道敷设路线选择应考虑巡线、抢修、维护的便利，以及对居民、地上建筑、工厂、桥梁、公路、铁路等的安全影响，同时也要考虑对天然气管道安全的影响。

5. 选材与选型

设计中最重要的任务之一是管道、设备、仪表、防腐涂层等的选材选型。管道、防腐、焊接、密封等选用材料不当，阀门、管件选型不合理，将直接影响管道的安全性。其中，材料缺陷中相当一部分是制造过程形成的，包括制造质量低劣、管材本身存在原始缺陷、材料和表面加工粗糙、密封性能差等。其根源在于生产企业能否有效地进行质量控制和出厂控制。一般情况下，管道的壁厚应不小于设计厚度，在危险区域还要加厚处理等。设备选型也是影响管道安全的因素之一，如阀门与管道的配合、阀门与自动调节装置的配合等。

6. 施工方案

天然气管道地下敷设施工方案的选择是受敷设管道周围土质情况和地面活动影响的，国内外常采用的方法为有沟直埋、顶管法、定向钻法等三种，但有各自的适用范围。

有沟直埋是管道埋地敷设最常见的敷设方式，施工技术难度小，便于掌握地下信息，直观，但在岩上坚硬的区域开挖工程量大、进度慢，覆土与岩土脱节，岩石碎块会破坏管道的防腐涂层。定向钻法可以弥补有沟直埋带来的危害，也可保证管道周围的强度，保护管道安全。土壤比较松散的区域，有沟直埋很难保证覆土的硬度和强度，但顶管法可弥补这一缺陷。顶管法将松散的土壤向周围挤压，加大管道周围的土壤密度、强度。定向钻法适用的区域有大型河道、铁路、公路等，可避免对重要设施的破坏。对于不同的敷设区域，应合理采取施工方案，如果选择错误，除了会破坏重要设施外，也会给管道的安全带来隐患。施工方案中对不利地段管道的支护是非常必要的，选择合适的支护体和支护范围将直接影响管道的安全。

7.阀门室防爆设计

阀门室是高中压天然气管道上除了各类站之外，唯一能进行人工操作、监护的空间场所，也是高中压天然气管道上重要的安全控制设施。由于阀门是一个活动的设施，容易导致密封失效，因而也是管道上天然气泄漏率较高的地方，阀门室又是一个相对密闭的场所，天然气泄漏后不易扩散，如果设计中未考虑整体防雷防爆及安全防护，将很有可能导致聚积的天然气与空气混合形成爆炸性气体而发生爆炸，直接影响管道安全。此外，阀门调节的弱电控制系统、动力系统与阀门的配合设计也是影响管道安全的因素之一。配合有误，将导致阀门无法关闭或假动作，管道事故得不到及时、有效的控制，从而影响下一管段。

三、天然气供应系统安全评价

城镇天然气输配管网系统由不同压力级制的管网、储配站、调压站等组成。由于城镇天然气管网部分属隐蔽工程以及天然气易燃易爆，并处于一定的压力状态，因此具有较大的危险性。天然气输配管网事故中，运输环节特别是管道的事故频率较高。天然气输配管网具有开放性（敷设在城市的大街小巷）、隐蔽性（埋设地下）、危险性（天然气泄漏后极易造成事故）和持续性（使用时间长）的特点。天然气输配管网敷设时的技术水平和敷设时的施工质量不高，运行管理疏忽，城镇管理不健全，安全意识薄弱等都会导致天然气输配管网运行存在安全风险。据估计，天然气输配管网事故的主要原因是第三方破坏、管道腐蚀、管材缺陷、焊缝缺陷、操作失误、附属设备故障等。其中第三方破坏，如机械施工、碰撞等造成的事故最严重。引起第三方破坏事故的原因中人为因素居多。

严格地说，风险和危险是不同的，危险只是指破坏现象或过程的客观存在性，而风险则不仅意味着事故的客观存在性，而且还包含其发生的渠道和可能性。

为了消除或抑制系统存在的风险，有必要在充分揭示危险的存在及其发生可能性的基础上，进行分析评价，探究其危害后果，提出需采取的技术措施，以及预测采取这些措施后风险得到怎样的抑制或消除。这种评价称为风险评价（risk assessment），也称作安全评价（safety assessment）或危险度评价。风险评价这一现代安全管理的重要手段，可以帮助我们建立一种科学的思维方式，运用系统方法，及时、全面、准确、系统地识别各种危险因素，评价潜在的风险，并采取最佳方案，从而降低风险，以寻求最低的事故率、最少的损失和最优的安全投资效益。

（一）风险概述

1. 风险的定义

对于风险的概念可以从经济学、管理学、保险学等不同的角度去认识。风险常被用于描述人们的财产受损和人员伤亡的危险情景。对风险的定义有多种，在此可以采用的风险定义：风险是损失的可能性。风险具有两个基本特征，即不确定性和损失性。

风险是可以科学度量的。风险可表示为事故发生的可能性（或概率）与事故的后果的乘积。

2. 风险的构成要素

为了进一步理解风险的含义，还必须理解风险的构成要素，即风险因素、风险事件、风险损失，以及它们之间的关系。

风险因素是指能够增加风险事故发生概率的因素，它是风险事故发生的潜在原因，是造成损失的内在原因。

风险事件是直接造成损失或损害的风险条件，是酿成事故和损失的直接原因和条件。风险事件的发生引起损失的可能性转化为现实的损失，它的可能发生或可能不发生是不确定性的外在表现形式。例如因水灾中断交通而引起巨大的经济损失，水灾就称为风险事件。因此，风险事件是损失的媒介，它的偶然性是客观存在的不确定性所决定的。

风险损失是风险的结果，是指非故意的、非计划的和非预期的经济价值的减少。这种损失分为直接损失和间接损失两种：直接损失是指实质性的经济价值的减少，是可以观察、计量和测定的；间接损失是由直接损失引起的破坏事实，一般是指额外的费用损失、收入的减少和责任的追究。例如，机器故障所引起的直接损失是生产线终端产品价值和产出的减少；而因未能按期交货而引起的客户索赔及订单减少，就是间接损失。

风险因素、风险事件和风险损失三者之间是紧密相关的。风险因素引发风险事件，风险事件导致风险损失，总称为风险。

（二）风险评价

风险评价可以定义为，以系统安全为目的，按照系统、科学的程序和方法，对系统中的危险因素、发生事故的可能性及损失与伤害程度进行调查研究，进行定性和定量分析，从而评价系统总体的安全性以及为制定基本预防和防护措施提供科学的依据。它的着眼点是危险因素产生的负效应，主要从损失和伤害的可能性、影响范围、严重程度及应采取的对策等方面进行分析评价。

归纳起来，风险评价主要包括以下内容。

第一，采用系统、科学的程序方法。

第二，对系统的安全性进行预测和分析——辨识危险，先定性、后定量地认识危险。

第三，寻求最佳的对策，控制事故（危险的控制与处理），达到维护系统安全的目的——控制危险性能力的评价。

按照风险评价结果的量化程度，风险评价方法可分为定性风险评价方法和定量风险评价方法。定量评价的过程相对复杂，这需要相关专业人员合作完成；而定性评价则要容易得多，主要实现方式是分析者主观判断，这也符合风险评价的特点。

定义系统是指确定将要进行风险评价的对象。危害识别是指识别系统中的潜在危险因素。危害事件发生的时间、可能性的分析方法大致分为两类：历史数据分析法和系统可靠性分析法。危害事件发生的后果分析通常是指计算事故直接造成的人员和环境的损失，如人员伤亡、经济损失的分析。风险估计是综合危害事件发生的可能性分析和后果分析对风险进行估计。风险评价则是确定对估计得到的风险是否可以被接受，以及有何种对策等进行评价。

进行风险程度定量评价时，可以对风险的相关因素进行赋值，并利用一定的方法实现评价过程。定量风险评价的方法有很多，其中较好的一种是"管道风险指数评价法"，用这种方法进行风险评价时，先对影响天然气管道风险的各种环境条件、人类行为，以及预防措施进行赋值，这些值需要通过一定的事故统计和计算以及相关的专家经验确定，最后通过一定的数学模型求出最终的风险程度。这种方法的优点是，对影响天然气管道的所有风险因素均加以考虑，信息量也非常大，可以最大限度地降低风险损失。

（三）风险评价模型

管道风险指数评价法是一种定量风险评价方法。

首先，将影响管道风险的因素归纳为四类，即第三方损害破坏指数、腐蚀指数、设计指数和误操作指数，然后分别建立第三方损害破坏指数、腐蚀指数、设计指数和误操作指数的评价系统。根据危险无法改变但风险可以化解的理论，对每一指数评价系统按管道危险特性和为降低风险而适当采取的措施进行逐项分类。

每一个指数评价系统下属各分类项的重要程度取决于赋予指数值的大小。每一指数评价系统合计100分，四个指数评价系统总计400分。第三方损害破坏指数评价系统如表8-1所示。

表8-1　第三方损害破坏指数评价系统

序号	分类项名称	赋予指数值/分	实际评价时可赋予指数值范围/分
1	管道最小埋设深度	20	0～20
2	路面活动状况	20	0～20
3	地上设施的安全防护	10	0～10
4	直呼系统	15	0～15
5	安全教育	15	0～15
6	沿线警示	5	0～5
7	在线巡视	15	0～15
	合计	100	0～100

表8-1所示各分类项的赋予指数值所反映的是该分类项相对于其他各项的重要程度。赋予指数值越大意味着越重要。事故发生概率及其危害程度，以及预防措施的有效性均会影响指数值的分配。

表8-1中"实际评价时可赋予指数值范围"一项表示在针对某一管段进行风险评价时，根据实际情况可以赋予的指数值范围，其和越接近100分，说明评价对象受"第三方损害破坏"的影响越小。同理，可以建立腐蚀指数、设计指数和误操作指数评价系统。对某一具体管段或管段系统进行上述四个指数系统的评价，总得分越接近400分，说明评价对象状况越良好，管理越完善、事故发生的可能性越小。

其次，对管道事故潜在的危害程度进行分析，以获得危害性后果系数——泄漏影响系数，在这个过程中需要考虑天然气有害特性、管道运行状况以及管道所处位置等因素。

1. 天然气危害性评价分值

天然气的危害包括急剧危害和长期危害。天然气中的甲烷属"单纯窒息性"气体，浓度高会使人因缺氧而中毒。当空气中的甲烷的体积分数达到25%～30%时，人会出现头昏、呼吸加速、运动失调。另外，天然气中的主要成分甲烷，是一种温室效应气体，温室效应远强于二氧化碳的温室效应，因此具有长期危害。

2. 泄漏分值

天然气泄漏后产生的气体云团遇到火源就会发生火灾和爆炸事故。云团越大，遇到火源的机会就越大，其潜在的破坏性也越大。天然气云团的大小与天然气泄漏速率有关而与泄漏总量无关。例如10 min内500 kg的天然气泄漏量所产生的云团可能比1 h内1 000 kg燃气泄漏量产生的云团大得多。对于相同的泄漏量，相对分子质量小的天然气比相对分子质量大的天然气危害性小。

3. 人口密度分值

在进行事故后果分析中，人的伤亡总是考虑的重点。管道附近的人口密度越大，一旦发生天然气泄漏事故，对附近人口的危害也越大。因此，管道附近的人口密度与事故潜在后果的严重性相关联。地区等级划分的方法是沿管道中心线两侧各 200 m 范围内，将地区任意划分成长度为 2 km 并能包括最大聚居户数的若干地段，再按划分区域内的户数划分等级。在农村人口聚集的村庄、大院、住宅楼，应以每一独立户作为一个供人居住的建筑物计算。

相对来说，管道风险指数评价法简单易懂，其主要缺陷是评分过程带有主观性。在风险评价过程中，当完全凭借某些数据或数据不完整而无法判断风险情况时，特别是在实施风险评价的初期阶段，往往需要利用经验等要素进行主观判断。

（四）风险管理

所谓风险管理就是指通过风险辨识、风险评价、风险对策以及多种管理方法、技术和手段对所设计的风险进行有效的控制，以消除风险因素或减少风险因素的危险性，在事故发生前降低事故发生的概率，在事故发生后将损失减小到最低限度，从而达到降低风险承担主体预期的财产损失的目的，以最小的成本保证系统的安全、可靠的过程。

隐患、风险、事故呈单向线性关系，只要消除隐患和风险其中任一环节就可以阻止事故的发生。但是很多隐患是客观存在的，是不以人的意志为转移的。因此阻止事故发生的关键是对风险进行有效的管理。

风险管理一般应遵循以下两个原则。

1. 风险最小化原则

这个原则的实质是通过科学的管理将各个方面工程建设的风险降到最低，将工程的实际投资控制在计划投资范围内，实际工期不超过计划工期，工程达到预期目标。

2. 风险的公平分配原则

这个原则的实质是对于无法避免的风险，在风险承担上应注意公平分配，根据参与各方承担能力大小，在经济、可行性上分摊风险。不公平的风险分摊容易导致更严重的后果。

风险控制是风险管理过程中的重要阶段，也是整个风险管理成败的关键所在。风险控制的目的在于改变生产单位所承受的风险程度，其主要功能是帮助生产单位避免风险，预防损失，当损失无法避免的时候，降低损失的程度及不良影响。

（五）天然气输配系统风险评价基本过程

作为天然气供应系统的一部分，天然气输配系统的风险评价基本过程一般应包括系统划分和管道分段、基础数据收集、风险辨识、风险评价、风险可接受性判断、检查和检测、维护与改造对策、风险再评价等阶段。

1. 系统划分和管道分段

天然气输配系统都是在不断的建设过程中规模不断扩大的。输配系统的不同部分风险差别极大，因而首先就要对系统进行分类和分段，将天然气输配系统划分成不同的子系统，如管道系统、调压装置、站场、监控系统等，并确定哪些系统需要进行风险评价。管道系统是连续系统，也需要根据其本身性质和环境状况的不同划分成不同的管段，使得每一段具有相似的风险，管段的平均长度应根据计划投入的精力而定，管段划分越细，风险评价工作量越大，风险评价的结果一般而言也更为准确。一条管道或一个区域管网，其潜在危险性沿管道的不同段不会是相同的。如果按一定管道长度或者一定管网区域划分，则体现不出管段所处环境、管道年龄等特点，且不论评价成本是否会降低，但评价准确性一定会下降。

根据城市天然气输配管网的特点，只检查每一条管道来进行风险评价是不切实际的，一般情况下可以参照建筑物密度、土壤腐蚀性、不同压力级制、不同管材等特征进行管段划分。

2. 基础数据收集

天然气输配系统风险评价必须有足够的基础数据，其中最基本的数据就是评价对象自身的属性数据（如材料、管径、壁厚、压力、防腐层类型等）和环境参数（如土壤类型、周边封闭空间的分布、重要建筑物的距离等）。

3. 风险辨识

采取系统的方法，对管道潜在的危险因素进行识别。风险辨识可能需要进行管道巡线检查或借助某些仪器进行检测。

4. 风险可接受性判断

在定性风险评价或半定量、定量风险评价之后都可以对天然气输配系统的风险可接受性进行评判，评判标准应由天然气公司根据其安全投入计划、安全目标而定，对于不同风险可接受性的管道或设备，天然气公司应采取不同的反应，如某公司制定的风险可接受性标准如表 8-2 所示。

表8-2　天然气输配系统风险可接受性标准

等级	可接受性	需要的措施
低	可忽略风险	无须增加措施
较低	可接受风险	日常巡线监视
中	可容忍风险	增加巡线频率，注意监控
较高	有条件的可容忍风险	增加巡线频率，严密监控，必要时实时验证、检查、检测
高	不能容忍风险	立即对管道进行验证、检查、检测，并严密监控，尽快改造
很高	无法接受风险	立即进行验证、检查、检测，核实后立即改造

5. 检查和检测

根据风险评价的结果，首先应安排对高风险管段或设备进行检查、监控，若日常巡线方法不能发现问题，则需要进行检测（如打孔测漏、防腐层质量检测等）。若检测正常，则将检测结果纳入风险再评价中，从而降低管道风险水平；若检测发现情况更为严重，则需要调高其风险水平。

6. 维护与改造对策

若经检查和检测，发现管道或设备确实存在问题，则应制订维护与改造对策，并评价维护与改造的成本与所获收益（如管道可持续的寿命）是否值得。若效益大于成本，应进行维护与改造，否则可考虑废弃该管道或设备。

7. 风险再评价

经过检查、检测、维护与改造后，应对该管道或设备进行风险再评价，不断循环。

对天然气输配系统进行科学、合理的风险评价具有以下作用和意义。

①对天然气输配系统的不同管段等提供定性或定量的风险指标，并进行风险指标的大小排序，从而确定天然气输配系统的薄弱环节，为天然气输配系统的维护管理提供轻重缓急的顺序，最优地安排人力、物力和财力，确保安全的最大化和成本的最低化。

②定量风险评价还能确定天然气输配系统各管段的安全风险期望值，天然气经营企业可根据确切的风险期望值制订安全投入计划，确定维护的方法和频率，从而做到既安全又不浪费。

③定量的后果评价能够确定天然气泄漏、爆炸的危害范围，可为抢险、应急疏散等提供决策依据。

④风险评价能找到风险的主要因素，从而做到有针对性地预防和维护。

⑤风险评价是完整性管理的核心内容，完整性管理是当今世界工业先进的管理理念和方法，它包含了设计、施工、维护、检测等整个寿命过程的最优方案。

四、天然气站场安全评价

（一）天然气站场危险性因素

城市天然气站场作为城市天然气输配系统的关键环节，具备天然气的储配、调度分流、工艺处理等功能。同时，这里是天然气输入和输出的场所，聚集了巨大的能量。城市天然气站场的重大危险事故基本上可以归结为巨大能量的意外释放，站场输配系统中聚集的能量越大，系统的潜在危险性越大。站场危险性因素从来源上主要分为内在危险因素和外来危险因素。

内在危险因素指可能导致事故发生的天然气站场本身的因素，主要有如下因素。

第一，设备、设施的缺陷（强度不够，稳定性差，密封不良，应力集中，控制器缺陷等）。

第二，站场整体布局缺陷（站场选址不佳，站区布局分布设计不合理等）。

第三，设备失效（压力容器失效，法兰螺栓失效，电气控制失效等）。

第四，电危害。

第五，噪声危害。

第六，站场易燃易爆性。

外来危险因素指可能导致事故的发生的外部因素，主要有如下因素。

第一，人员行为性错误（指挥失误，误操作，从事禁忌作业，处理不当，监护失效等）。

第二，外来冲击（起重吊装，外来车辆，电塔，台风，泥石流，山体滑坡，地震，运动物体危害等）。

第三，明火。

第四，电化学侵蚀，酸雨腐蚀等。

天然气输气站场的安全状态一般指的是站场不会发生人员伤亡、财产损失、环境破坏等事故或者使工作人员产生职业病的状态。从理论上来说，危险是无法改变的，但风险可以通过人为的努力改变，人的合理行为一定程度上可以降低事故发生的概率，或者在事故发生后，可以降低损失的程度。采取的措施越多、越合理，风险系数就越小，但投入的资金也会越大，一般的做法是把风险控制在一定水平，并不断优化，最终寻找到最佳的投资方案。

（二）天然气站场危险性评价方法

站场危险性评价以站场安全为目的，应用安全系统工程原理和工程方法，对站场输配系统中固有或潜在的危险进行定性或定量分析，综合评定站场系统的安全可靠性，为制订防治措施和安全管理方案提供依据。

站场危险性评价方法有很多种，根据评价程度可以分为定量评价和定性评价等两类。定性评价将危险度分为 4 级，事故发生的可能性分为 6 级。定量评价有概率危险性评价、生产作业条件危险性评价、火灾爆炸指数法等。天然气站场一旦发生事故，极有可能造成严重的人员伤亡和财产损失，因此选择概率危险性评价和生产作业条件危险性评价是比较适合的。

第二节　天然气供应节能技术

一、天然气压力能回收利用

（一）天然气㶲和压力能

长输天然气大多采用高压管道输送方式，输送的高压天然气经调压站将压力降至中压标准进入城市天然气管网，再借助调压箱或调压柜将压力降低至低压，再供用户使用。

在给定的输气量下，采用高输气压力可以减小管径，从而节省管材和施工费用，同时小管径条件下可以增大壁厚，提高管道的安全性。

高压天然气在输送过程中经过节流阀或做等熵膨胀后，压力和温度均会降低。如果能准确地分析在这个过程中高压天然气的能量变化状况，就能利用这部分可观的能量。㶲是热力学中用于评价能量品位的参数，是热力学系统从给定状态到与周围介质平衡过程中可做的最大功。㶲在孤立系统中不会增加，只会在自发过程中减少。在㶲值为最小数值时，孤立系统为平衡状态，因此在自发过程中，㶲还能成为自发过程中方向性和是否处于平衡状态的评判判据。这称为孤立系统㶲减原理。利用㶲减原理可分析高压天然气情况，进而评价天然气管网可利用的压力。

环境温度、系统压力等因素的变化都将对天然气㶲产生影响。随着高压天然气输气压力的增大，天然气㶲将增大；同样，随着排出压力的减小，可被利用的天然气㶲也将增大。一般从参数特征表述，将高压天然气㶲的利用称为压力能利用。这部分能量的利用在国内尚未引起足够的重视。如果能采用适当的方式回收利用，将能在很大程度上提高能源利用率和天然气管网运行的经济性。随着天然气应用力度的逐渐增加，天然气管网的发展，高压天然气能量回收利用技术具有广阔的发展空间及现实意义。

（二）天然气能量利用的基本方式

对天然气蕴含的巨大能量的利用可借助多种热力机械做功回收以及相应的低温制冷方式回收，如透平膨胀机、节流阀、气波制冷机、涡流管等。

1.透平膨胀机制冷

透平膨胀机是液化天然气生产工艺的主要设备。透平膨胀机主要利用高压气体膨胀降压时向外输出机械功而使得温度降低以获得冷能，是一种有效的冷能回收设备。当天然气负荷比较稳定时，透平膨胀机利用天然气压力制冷的效率可达到

70% ~ 80%。

在利用透平膨胀机调压时，高压天然气的膨胀降压过程可以归纳为：高压天然气进入静喷嘴环流道内流动时，压力降低，速度提高；在其射入动叶栅流道后流出时，出入口动量矩的改变使气流对叶栅做功，气流的流速降低，动能下降，滞止焓降低，从而达到对外输出机械功和制冷的目的。

2. 气波制冷机制冷

压缩气体经喷管膨胀，流速增大而压力降低。这种高速气流随气体分配器的转动而间歇地射入各振荡管内，与管内原有气体形成一接触面，并在接触面的前方出现一道与射流同方向运动的激波。激波扫过之处的气体被压缩，温度升高，高温气体通过管壁向环境散热。在充气阶段，激波对罐内气体做功所需的能量主要由高压气源提供，此时接触面后的气体只是经过等熵膨胀获得高速，温度亦降低，但未对外做功；如果膨胀过程为正常过程，则对理想气体而言，气体的滞止温度不变。射气停止后，工作管开口截面与低温配气管相连通并开始排气膨胀。在排气阶段，激波继续对气体做功，所需的能量由进入管内的射流提供，气体对外做功，滞止温度下降，从而实现制冷。

气波制冷机实质上是一种激波机器，冷效应主要依赖气波在振荡管内的运动来实现。激波对气体产生制热作用，而膨胀波则对气体产生制冷作用。各种波在气波振荡管内相互作用，使振荡管产生冷、热效应，并直接决定气波制冷机的制冷效果。

3. 涡流管制冷

压缩空气喷射进涡流管的涡流室后，气流以高达 1 000 000 r/min 的速度旋转着流向涡流管热气端出口，一部分气流通过控制阀流出，剩余的气体被阻挡，在原气流内圈以同样的转速反向旋转，并流向涡流管冷气端。

根据角动量守恒原理，内侧涡流体的角速度高于外侧涡流体的角速度，两个涡流体之间的摩擦力使气体还原为同一角速度运动，就像固体旋转一样。这样就导致内层减速和外层加速，内层损失了部分动能，温度下降，外层接受内层能量，温度上升。其结果是，一股高压气流经涡流管加压处理后，将会在管中心产生一股很冷的冷气流，在外侧产生一股很热的热气流。在此过程中，内环冷气流从左侧流出，外环热气流从右侧流出，即形成了涡流管的热气端和冷气端。

冷气流的温度及流量大小可通过调节涡流管热气端阀门控制。涡流管热气端出气比例越高，则涡流管冷气端气流的温度就越低，流量也相应越小。

（三）天然气压力能利用系统

1. 联合循环发电压力能利用

在天然气管网压力能利用的联合循环发电流程中，首先，高压天然气通过透平膨胀机膨胀做功，并带动压气机工作，减少燃气轮机消耗在压气机上的功，从而增大对外输出功，增加发电量；其次，膨胀后的低温天然气用于燃气轮机的进气冷却，增加燃气轮机的处理和发电量；然后，温度依然很低的天然气通往冷凝器，从而降低气体的饱和压力，提高冷凝器真空值，这样可以提高机组效率；最后，温度依然较低的天然气通过排烟余热回收器，利用回收的排烟余热加热，以较高的温度进入燃烧室。这个联合循环发电系统不仅可以避免高压天然气管道压力能的浪费，还能提高蒸汽联合循环的循环效率，在很大程度上提高了能源的综合利用效率。

该联合循环发电系统用于建设调峰发电厂是实际可行的高压天然气压力能利用方式。在这种系统中同时有多种燃料发电进行调峰。在用电高峰时多用天然气发电，用电低峰时少用甚至不用天然气。

在城市天然气系统中选择适合利用天然气压力能的部位，是将天然气压力能转化为实际应用的重要问题。例如，天然气管网中的调压站，由于布局分散，不利于建设大型电力回收系统，且发电时要求天然气压力和流量相对稳定，而天然气的使用存在着严重的季节、昼夜，以及小时的不均匀性，无法满足该设备的稳定运行的要求，因此在调压站中，高压天然气压力能用于发电存在着较大的困难。针对所存在的问题可以考虑，在中小型调压站中，采用微型透平发电装置实现小区或某一楼宇供电，满足局部供电需求。

2. 天然气门站压力能利用

传统冷库制冷采用电压缩氨膨胀制冷，需要消耗大量的电力。以氨为制冷剂，1 kW 的电力可制得大约 2 kW 的冷能，将天然气压力能用于冷库可大大降低冷库的运行成本。

冷能获取部分：在门站内，建设有压力能、冷能转换及相关的换热设备、工艺管道等，气波制冷机既是压力能、冷能转换设备，又执行调压功能。

冷能利用部分：在门站外，通过两条冷媒管道与门站设备相连。

有一种利用高压天然气膨胀制冷的脱水工艺，用气波制冷机作为高压天然气的降压设备，用获得的冷能直接为天然气制冷，天然气经分离脱水提纯后再继续外输，经此处理后不仅不会再出现冻堵阻塞现象，而且提高了天然气的纯度和质量。再通过两级预冷分离和甲醛滴注等方式，最终实现天然气脱水。

3. 天然气制冷综合压力能利用

天然气调压站在实际调峰时，为了不使降压后的天然气温度过低，在天然气膨胀前要先将其预热。将膨胀后的低温天然气冷能进行回收用于不同冷能用户，具有一定的实用性。但高压天然气压力能用于制冷时多数只利用了膨胀制得的能量；且采用气波制冷机，制冷效率较低。

　　为进一步提高压力能回收利用率，在利用膨胀后的低温天然气冷能的同时，利用透平膨胀机输出功驱动压缩机做功，节省了压缩机电耗。

　　该工艺包含天然气压力能制冷和冷能利用两个单元。其中压力能制冷又分为两种方式，即利用冷媒回收高压管道天然气膨胀后的低温冷能，同时将透平膨胀机输出功用于压缩制冷系统中，压缩后的气态冷媒经冷凝后进入冷媒储罐备用。冷能利用单元是指将上述过程所制得的冷能充分用于冷库、冷水空调或其他冷产业。该工艺是在利用高压管道天然气压力能制冷的普遍方式基础上加入了透平膨胀机输出功回收环节，并将其与传统的电压缩制冷系统联合，节省了压缩机功耗；同时，工艺中高、低压天然气调峰罐的使用，起到了稳定天然气气流的作用，保证了透平膨胀机输出功的稳定性。

　　4. 天然气水合物储气调峰压力能利用

　　将膨胀后低温天然气的冷能用于液化天然气或者生产天然气水合物（NGH），以此方式进行调峰：高压天然气在调压过程中会发生很大的温降。天然气水合物一般在低温、高压的条件下液化生成，其生成过程是放热反应。将高压天然气降压过程与天然气水合物的生成工艺有机地结合起来，一个制冷，一个放热，不但使高压管网天然气的压力能得以有效回收和利用，而且可为换热器提供冷却介质，将生成水合物时产生的反应热迅速移除，从而提高天然气水合物的生成速率和储气量。

　　5. 天然气压力能副产液化天然气

　　利用透平膨胀机的制冷特性来生产液化天然气，在国内外都有实例，生产的液化天然气可以用作调峰储备，也可以用作汽车燃料。液化天然气产量与可获得的压差（透平膨胀机进口压力与出口压力的差值）直接相关。压差越大，天然气液化率越高，通常条件下可达 10% ~ 30%。

　　6. 其他利用技术

　　（1）用于天然气化工行业

　　如对合成氨装置进行改进，将原料气分为两股，一股用作生产，另一股经膨胀制冷，用于净化处理原料气或氨合成工序中氨的分离。

　　（2）用于城市冷库

　　回收压力能制冷作为冷库的冷源。

二、天然气冷能回收利用

　　液化天然气是天然气经过脱酸、脱水处理，通过低温工艺冷冻液化而成的低温（-162℃）液体混合物。每生产 1 t 液化天然气，耗电功率约为 850 kW·h，而在 LNG 终端站或 LNG 气化站中，一般又需将液化天然气汽化输送。液化天然气汽化时放出很大的冷能，其值大约为 830 kJ/kg（包括液态天然气从储存温度上升到环境温度的显热）。若采用气化器，这一部分冷能通常在气化器中随海水或空气被舍弃，造成能源的浪费。为此，通过特定的工艺技术利用液化天然气冷能，可以达到节省能源、提高经济效益的目的。近年来我国的科研工作者也开发了一系列工艺流程利用液化天然气冷能，主要分两种途径：一种是建设大型空分装置，例如液化天然气冷能的三塔空分流程装置，在生产高纯度液氧和液氮产品的同时，为富氧燃烧装置提供大量低功耗的高压氧气，将液化天然气冷能用于分离空气中的氧气，得到的液氧用于燃烧烟气中二氧化碳，能实现电厂中的低成本碳捕获；另一种是液化天然气与绿色制冷剂换热，制冷剂再进一步合成气精制过程中的冷媒。同时国外也已对液化天然气冷能的应用展开了广泛研究，并在低温发电、空气液化及冷冻食品等方面得到实用，经济效益和社会效益非常明显。

（一）液化天然气冷能利用的㶲

LNG 是低温液体混合物，与外界环境存在着温度差和压力差。LNG 通过一系列可逆过程，由初态最终到达与环境平衡的终态，在这一过程中可以通过系统稳定流动能量方程计算出 LNG 的最大有用功。采用㶲的概念可以对 LNG 的冷能进行评价，冷能㶲反映了 LNG 中能量发生和传递的趋势，揭示了系统内部能量的大小、成因以及分布情况，为合理利用冷能提供了依据。

（二）液化天然气发电

要提高液化天然气发电系统的整体效率，必须考虑液化天然气冷能的利用，否则，发电系统与利用普通天然气的系统无异。

液化天然气冷能的应用要根据液化天然气的具体用途，结合特定的工艺流程有效回收液化天然气冷能。概括地说，液化天然气冷能利用主要有：第一，直接膨胀发电；第二，降低蒸汽动力循环的冷凝温度；第三，降低气体动力循环中的吸气温度；第四，以液化天然气的低温利用低位热源。

1. 天然气直接膨胀发电

在系统中液化天然气由泵进行加压，经加热汽化，进入透平发电机组发电。从液化天然气储罐来的液化天然气经低温泵加压后，在蒸发器受热汽化为高压天然气，然后直接驱动透平膨胀机，带动发电机发电。

这一方法的特点是原理简单，但是效率不高，发电功率较小，在系统中增加了一套透平膨胀机设备，而且如果单独使用这一方法，则液化天然气的冷能不能得到充分利用。因此，这一方法通常与其他液化天然气冷能利用的方法联合使用。若天然气最终不是用于发电，则可考虑利用此系统回收部分冷能。采用天然气直接膨胀方式可回收能量的大小取决于膨胀前后气体压力比，如气体供给压力要求低于 3 MPa，则循环回收能量的经济性较好，实际应用中为增加系统回收效率，还可采用多级透平膨胀机回收能量。

2. 液化天然气的气体动力循环

气体动力循环有多种形式，按其工作方式不同，可分为燃气轮机循环、往复式内燃机循环和斯特林外燃机循环、喷气式发动机循环等。

（三）液化天然气冷能用于空气分离

由于空分装置中所需达到的温度比液化天然气温度还低，因此，液化天然气的冷能能得到最佳利用。如果说在发电装置中利用液化天然气冷能是可能最大规模实现冷能利用的方式，则在空分装置中利用液化天然气冷能应该是技术上最合理的方式。利用液化天然气的冷能冷却空气，不但能大幅度降低能耗，而且能简化空分流程，减少建设费用。同时，液化天然气汽化的费用也可能降低。

空分装置利用液化天然气冷能的流程可以有多种方式。目前主要有三种方式：液化天然气冷却循环氮气；液化天然气冷却循环空气；与空分装置联合运行的液化天然气发电系统。

（四）液化天然气冷能用于食品冷冻

传统的冷库都采用多级压缩制冷装置维持冷库的低温，电耗很大。如果采用液化天然气冷能作为冷库的冷源，将冷媒冷却到 -65℃，然后通过冷媒循环冷却冷库，可以很容易地将冷库温度维持在 -50 ~ -55℃，电耗降低 65%。考虑到液化天然气基地一般都设在港口附近，一是方便船运，二是通常的汽化都是靠与海水的热交换实现的，大型的冷库基本上也都设在港口附近，以方便远洋捕获的鱼类的冷冻加工。因此，在液化天然气终端站的旁边建低温冷库，可以利用液化天然气的冷能冷冻食品。将液化天然气与冷库冷媒在低温换热器中进行热交换，冷却后的冷媒经管道进入冷冻库、冷藏库，通过冷却盘管释放冷能，实现对食品的冷冻和冷藏。这种冷库不仅不用制冷机，节约了大量的初投资和运行费用，还可以节约大量的电能。与传统低温冷库相比，采用液化天然气冷能的冷库具有占地面积小、投资费用低、温度梯度分明、维护方便等优点。

利用液化天然气冷能的冷库流程，按冷媒运行时是否有相变分为两种：冷媒无相变的流程与冷媒发生相变的流程。前者指整个运行过程中，冷媒保持液态不变，冷能靠冷媒的显热来提供；后者指冷媒在冷库的冷风机内蒸发，主要靠汽化吸热来提供冷能。

（五）液化天然气冷能用于低温粉碎

大多数物质在一定温度下会失去延展性，突变为脆性。低温工艺可以利用物质的低温脆性，进行低温破碎和粉碎。低温破碎和粉碎具有以下特点。

第一，室温下具有延展性和弹性的物质低温下变得很脆，可以很容易被粉碎。

第二，低温粉碎后的微粒有极佳的尺寸分布和流动特性。

第三，食品和调料的味道和香味没有损失。

基于以上特点，低温破碎轮胎等废料的资源回收系统和食品、塑料的低温粉碎系统已投入使用。而利用液化天然气冷能空分产品低温粉碎轮胎和塑料，可节约传统工艺的制冷能耗，节能效果显著，成为发达国家发展最快的废旧橡胶综合利用技术之一。同时，低温粉碎的市场和政策环境良好，适用于对橡胶、塑料及铜、铝、锌等金属工业和民用废弃物的资源进行回收再利用，对充分利用再生资源、摆脱自然资源匮乏、减少环境污染、改善人们的生存环境具有重要意义，是经济效益和环境效益相结合的重点利用方向。

（六）液化天然气冷能用于制取液态二氧化碳和干冰

液态二氧化碳是二氧化碳气体经压缩、提纯、液化得到的。传统的液化工艺将二氧化碳压缩至 2.5 ~ 3.0 MPa，再利用制冷设备冷却和液化。而利用液化天然气的冷能，则很容易获得冷却和液化二氧化碳所需要的低温，从而将液化装置的工作压力降至 0.9 MPa 左右。与传统的液化工艺相比，制冷设备的负荷大为减小，电耗也降低为原来的 30% ~ 40%。

利用液化天然气冷能制取二氧化碳液体和干冰最大的弊端是液化二氧化碳所需的温度（-60 ~ -50℃）与液化天然气冷能品位（-162℃）相差太大，冷能回收率低，只适合与其他回收利用项目联合使用。此外，其生产装置需要选择建设在排放大量气态二氧化碳的工厂附近，确保原料供应充足。如果 LNG 接收站周边建设有钢厂和火电厂等二氧化碳集中排放源，可以考虑建设干冰或二氧化碳液体生产项目。

（七）液化天然气冷能用于海水淡化

利用冷冻法进行海水淡化具有其他海水淡化工艺不具备的优点。

第一，用蒸馏法得到的几乎是蒸馏水，即所谓的纯水。用冷冻法时除了重离子被沉淀外，一些人体需要的有益微量元素仍然保留在水中。

第二，水的汽化热在 100℃时为 2 257.2 kJ/kg，水的融化热仅为 334.4 kJ/kg，冷冻法与其他淡化方法相比能耗较低。

第三，冷冻法是在低温条件下操作，设备的腐蚀和结垢问题相对缓和。

第四，不需对海水进行预处理，降低了成本。

第五，特别适用于低附加值的产业，如农业灌溉等。

目前将冷冻法与其他方法相结合，不仅可以减少浓盐水排放带来的环境污染问题，而且可以综合利用海水资源，开发副产品，如蒸馏—冷冻、反渗透—冷冻、太阳能—冷冻等。

利用液化天然气冷能，把液态海水固化，先驱除海水中的大量盐分，然后再经过反渗透法得到淡水，这种方法可以比上面的方法节约 40% 左右的能源。综合考虑各种因素，冷冻法在经济上和技术上都具有一定的优势。此外，以上方法的组合也日益受到重视。在实际选用中，究竟哪种方法最好，也不是绝对的，要根据规模大小、能源费用、海水水质、气候条件，以及技术与安全性等实际条件而定。

实际上，一个大型的海水淡化项目往往是一个非常复杂的系统工程。就主要工艺过程来说，包括海水预处理、淡化（脱盐）、淡化水后处理等。其中，预处理是指在海水进入起淡化功能的装置之前对其所作的必要处理，如杀除海生物、降低浊度、除掉悬浮物（反渗透法）或脱气（对蒸馏法）、添加必要的药剂等。淡化（脱盐）则是指除掉海水中的盐分，是整个淡化系统的核心部分。这一过程除要求高效脱盐外，往往需要解决设备的防腐与防垢问题，有些工艺中还要求有相应的能量回收措施。后处理则是指对不同淡化方法的产品水，针对不同的用户要求所进行的水质调控和储运等。海水淡化过程无论采用哪种淡化方法，都存在着能量的优化利用与回收、设备防腐和防垢，以及浓盐水的正确排放等问题。

三、天然气放散及控制

随着国内天然气置换热潮的到来，城市燃气正在经历由人工煤气、液化石油气向天然气置换的过程。而管网放散在这一置换工程中占据着重要地位，它关系到整个置换工程的进度与安全。同时，天然气的放散问题也关系到天然气的利用效率。良好的放散控制也对天然气节能有所帮助。

（一）放散方法和地点选择

天然气放散是指在管道投入运行或置换改造时利用放散设备排空管内的空气、原有天然气，防止在管道内形成爆炸性的混合气体的技术。天然气放散通常采用的方法有直接放散法、燃烧放散法、吸收法等。

放散地点的选择直接关系到放散的安全。对不同的管道进行放散时要因地制宜，选择合适的放散地点。

对于市政管道，放散地点一般设在管道上的凝液缸、阀门井、放散井等处。放散时要远离高压电线、公共建筑、民宅以及行人密集的路口等。对于庭院管道，放散地点通常设在上升立管阀门下端的放散阀、阀门井、凝液缸、放散井等处，也可选择地面表箱的放散阀处。对于楼栋内管道，通常利用天面的放散阀，以及下降立管的排液阀等直接放散。户内管道的天然气比较少，可用软管引至户外直接放散或直接利用燃具进行燃烧放散。放散要尽量选择在夜间或来往人员较少的时段，以减少放散的不安全因素。

同时，为安全起见，放散点应配备必要的防护用品及消防器材，尤其是对于中压管道，应在放散区域设防护栏，禁止行人围观，避免发生意外。

（二）放散设备的探讨

明火放散的火焰很高，给人造成一种内心的恐惧感，也具有相当的危险性，故最好选择一种燃烧器或者火炬放散设备来进行燃烧放散。简单的做法是将放散管的末端锤扁，这样可以加大阻力，减小气流速度，从而降低放散火焰高度，此时放散火焰高度最高可达 4 ~ 5 m，稳定后约为 3 m。该做法简单，但火焰高，较为危险。也可自制简易的燃烧器来进行燃烧放散。这种简易燃烧器是用内径为 φ5 mm，长约 70 cm 的钢管制成的，其上开有 20 ~ 30 个直径为 5 ~ 6 mm 的小孔。简易燃烧器中的燃烧火焰高度大大减小，燃烧也比较均匀。另外也可以采用专门的设备来进行燃烧放散，但这样放散的投资将会增加。

（三）放散所需的时间

在整个置换工程中，管网置换与燃具置换需要紧密配合，而放散时间是管网置换时间的重要组成部分，对放散时间进行估算有利于置换工作的合理安排，加快置换速度。燃烧放散时间与燃烧器的种类有密切的关系，准确的理论计算很难实现。

第三节　天然气的工业应用

一、天然气锅炉供气系统

（一）天然气锅炉简介

在政策的强力推动下，越来越多的燃煤锅炉被天然气锅炉替代，以天然气等清洁燃料为主的环保型供热系统在城市集中供热系统中获得了广泛的应用，燃气锅炉在本身清洁高效的基础上也在向小型化、轻量化、高效率、低污染、提高组装化程度和自动化程度的方向发展。特别是，新型燃烧技术和强化传热技术使燃气锅炉的体积比以前大为减小，锅壳式蒸汽锅炉的热效率已高达 92% ~ 93%。其经济性、安全性、可使用性具体表现在以下几个方面。

第一，效率高。环保型燃气锅炉，特别是蒸汽锅炉，由于采用了低阻力型火管传热技术和低阻力高扩展受热面的紧凑型尾部受热面，其排烟温度基本上和大容量的工业锅炉的相同，可达 130 ~ 140℃。

第二，结构简单。燃气锅炉采用了简单结构的受热面。例如，锅壳式锅炉采用了单波形炉胆和双波形炉胆燃烧、强化型传热低阻力火管，以及低阻型扩展尾部受热面，除此之外，还可根据具体要求配备低温（< 250℃）过热器受热面；而水管式锅炉采用了膜式壁型炉膛、紧凑的对流受热面，可配备引风装置，除此之外，还可根据具体要求配备高温（≥ 250℃）过热器受热面。

第三，使用简易配套的辅机。给水泵、鼓风机和其他一些辅机要和锅炉本体一起装配，且保证运输的可靠性。

第四，全智能化自动控制并配有多级保护系统。不仅配有完善的全自动燃烧控制装置，更配有多级安全保护系统，具有锅炉缺水、超压、超温、熄火保护、点火程序控制及声、光、电报警等功能。

第五，配备燃烧器（送风机）和烟道消声系统，降低锅炉运行的噪声。

第六，装备自动加药装置，水处理装置。

第七，配备其他监测和限制装置，至少应保证锅炉 24 h 无监督安全运行。

（二）供气系统的设计

天然气供气系统是天然气锅炉房的重要组成部分，在设计时必须给予足够的重视。天然气供气系统设计的合理性，不仅与保证安全可靠运行的关系极大，而且对供气系统的投资和运行的经济性也有很大影响。

锅炉房供气系统，一般由供气管道进口装置、锅炉房内燃气配管系统以及吹扫和放散管道等组成。

供气管道进口装置有以下设计要求。

第一，锅炉房燃气管道宜采用单母管；常年不间断供热时，宜采用双母管。采用双母管时，每一母管的流量宜按锅炉房最大计算耗气量的 75% 计算。

第二，当调压装置进气压力在 0.3 MPa 以上，而调压比又较大时，管道可能会产生很大的噪声。为避免噪声沿管道传送到锅炉房，调压装置后宜有 10 ~ 15 m 的一段管道埋地敷设。

第三，在燃气母管进口处应装设总关闭阀，并装设在安全和便于操作的地方。当燃气质量不能保证时，应在调压装置前或在燃气母管的总关闭阀前设置除尘器、油水分离器和排水管。

第四，燃气管道上应装设放散管、取样口和吹扫口。

第五，引入管与锅炉间供气干管的连接，可采用端部连接或中间连接方式。当锅炉房内锅炉台数为 4 台以上时，为使各锅炉供气压力相近，燃气最好采用在干管中间接入的方式引入。

锅炉房内燃气配管系统有以下设计要求。

第一，为保证锅炉安全可靠运行，要求供气管路和管路上安装的附件连接严密可靠，能承受最高使用压力，在设计燃气配管系统时应考虑便于管路的检修和维护。

第二，管件及附件不得装设在高温或有危险的地方。

第三，燃气配管系统使用的阀门应选用明杆阀或阀杆带有刻度的阀门，以便操作人员能识别阀门的开关状态。

第四，当锅炉房安装的锅炉台数较多时，供气干管可按需要用阀门隔成数段，每段供应 2 ~ 3 台锅炉。

第五，在通向每台锅炉的支管上，应装设关闭阀门和快速切断阀（可根据情况采用电磁阀或手动阀）、流量调节阀和压力表等。

第六，在支管至燃烧器前的配管上应装关闭阀，阀后串联 2 只切断阀，并应在两阀之间设置放散管（放散管可采用手动阀或电磁阀来调节）。靠近燃烧器的 1 只安全切断阀的安装位置，至燃烧器的间距尽可能缩短，以减少管段内燃气渗入炉膛的量。当采用电磁阀来切断时，不宜设置旁通管，以免操作失误造成事故。

锅炉房供气系统必须设置吹扫和放散管道，这是因为燃气管道在停止运行进行维修时，为了检查工作安全，需要把管道内的燃气吹扫干净。天然气管道在较长时间停止工作后投入运行时，为防止燃气—空气混合物进入炉膛引起爆炸，先要进行吹扫，使可燃混合气体排入大气中。

燃气管道在安装结束后，油漆防腐工程施工前，必须进行吹扫和试压工作，清扫和试压合格后，燃气管道系统才能投入运转。

燃气管道清扫完毕后，应进行强度试验和密闭性试验，试验工作可全线同时进行，也可分段进行，试压介质一般用压缩空气。

（三）锅炉房常用天然气供气系统

由于天然气锅炉的应用日益广泛，对燃气锅炉安全可靠运行的要求也越来越高。供气系统的设计在自控方面有很大发展，燃气锅炉的自动控制和自动保护程度大大提高，均已实行程序控制，供气系统都配备了相应的自控装置和报警设备。

二、天然气工业炉供气系统

天然气工业炉主要由炉膛、燃气燃烧装置、余热利用装置、烟气排出装置、炉门提升装置、金属框架、各种测量仪表、机械传动装置及自动检测与自动控制系统等部分组成。

（一）炉膛内热工作过程

工作炉的热工作过程的好坏，受核心部位炉膛影响很大，因为物料的干燥、加热及熔炼等过程都是在炉膛内完成的。因此，应了解工作炉的热工作过程，在一定的工艺条件之下，增强传热，以提高生产率。

炉膛内各种热交换是很复杂的，在换热过程中炉气是热源体，而低温物料是受热体。燃料燃烧所产生的热量，被炉气带入炉膛。其中部分热量传给被加热物料，部分热量通过炉体散失到炉外，还有部分热量通过温度降低后的炉气排出炉膛。

此外，炉壁也参加热交换，但在热交换中只起着热量传递的中间体作用，即炉气通过两种途径以辐射传热的方式将热量传给物料，一种是炉气→物料，另一种是炉气→炉壁→物料。除此之外，炉气还以对流的方式向物料传递热量。

在生产实践中，根据工艺的需要，可在不同的工作炉上采用各种不同的措施，使炉膛的辐射热交换带有不同的特点。概括起来，可有以下三种情况。

1. 炉膛内炉气均匀分布

这时炉气向单位面积炉壁和物料的辐射热量相等，称为均匀辐射传热。

2. 高温炉气在物料表面附近

这时炉气向单位面积物料的辐射热量大于向单位面积炉壁的辐射热量，称为直接定向辐射传热。

3. 高温炉气在炉壁附近

这时炉气向单位面积炉壁的辐射热量大于向单位面积物料的辐射热量，称为间接定向辐射传热。

（二）炉内气流组织

为了强化炉内传热、控制炉压以及降低炉气温差，必须了解气体在炉内的流动规律，并按工作炉的工作需要，加以合理组织。为此，应熟悉气体浮力及重力压头、气体与固体之间的摩擦力、气体的黏性以及气体的热辐射等基本规律。

气体流动的方向和速度取决于压力差、重力差、阻力及惯性力。在有射流作用的炉膛内，若重力差可以忽略，则炉气流动的方向和速度主要取决于压力差、惯性力和阻力。

影响炉气循环的主要因素如下。

1. 限制空间的尺寸

主要是炉膛与射流喷口横截面积之比。显然，若比值很大，则炉膛将失去限制作用，射流相当于自由射流，不产生回流；相反，若比值很小，则循环路程上的阻力很大，循环气体也将很少。在极端情况下，甚至会变成管内的气体流动，也没有回流。

2. 排烟口与射流喷入口的相对位置

射流喷入口与排烟口布置在同侧，将使循环气流加剧，因为同侧排烟在回流的循环路程上阻力最小。

3. 射流的相交情况

射流的喷出动量、射流与壁面的夹角以及多股射流的相交情况，这些因素对循环气流的影响，需按具体情况进行具体分析和实验才能判定。

炉气循环越强烈，炉膛内上下温差越小。因此某些低温干燥炉及热处理炉为使炉内呈均匀气温，经常采用炉气再循环的方法。

三、天然气发电系统

燃气轮机是一种以空气及天然气为工质的旋转式热力发动机，其结构与喷气式发动机一致，也类似蒸汽轮机。

燃气轮机驱动系统由三部分组成：燃气轮机、压缩机、燃烧室。其工作原理为：叶轮式压缩机从外部吸收空气，将其压缩后送入燃烧室，同时燃料也喷入燃烧室与高温的压缩空气混合，在定压下燃烧。生成的高温高压烟气进入燃气轮机膨胀做功，推动动力叶片高速旋转，乏气排入大气中或再加利用。

燃气轮机所排出的高温高压烟气可进入余热锅炉产生蒸汽或热水，用于供热、提供生活热水或驱动蒸汽吸收式制冷机供冷，也可以直接进入排气补燃型吸收机用于制冷、供热和提供生活热水。

目前应用燃气轮机的发电系统主要有以下几种形式。

（一）简单循环发电

由燃气轮机和发电机独立组成的循环系统，也称为开式循环系统。其优点是装机快、启停灵活，多用于电网调峰和交通、工业动力系统。目前效率最高的开式循环系统是通用电气（GE）公司的 LM6000 轻型燃气轮机，效率达到 43%。

（二）前置循环热电联产

由燃气轮机、发电机与余热锅炉共同组成的循环系统，它将燃气轮机排出的高温烟气通过余热锅炉回收，转换为蒸汽或热水加以利用，主要用于热电联产，也有的将余热锅炉的蒸汽回注入燃气轮机以提高燃气轮机的效率。前置循环热电联产的总效率一般均超过 80%。为提高供热的灵活性，大多前置循环热电联产机组采用余热锅炉补燃技术，补燃后的总效率超过 90%。整套系统的核心设备只有燃气轮机与余热锅炉，由于其省略了蒸汽轮机，因此称为前置循环系统。余热锅炉不需要生产能够推动蒸汽轮机的高品位蒸汽，因此系统投资较低。为了提高其供能可靠性以及热、电、天然气的调节能力，在实际运行过程中往往加入蒸汽回注、补燃等技术。

（三）联合循环发电或热电联产

燃气轮机、发电机、余热锅炉与蒸汽轮机或供热式蒸汽轮机（抽汽式或背压式）共同组成的循环系统，它将燃气轮机排出的做功后的高温乏烟气通过余热锅炉回收转换为蒸汽，再将蒸汽注入蒸汽轮机以发电，或将部分发电做功后的乏汽用于供热。其形式有燃气轮机、蒸汽轮机同轴推动一台发电机的单轴联合循环系统，也有燃气轮机、蒸汽轮机各自推动各自发电机的多轴联合循环系统，主要用于发电和热电联产，发电时效率最高的联合循环系统是 GE 公司的 HA 燃气轮机联合循环电厂，效率达到 62.2%。余热锅炉除了提供余热用于供暖、提供热水外，还向蒸汽轮机提供中温中压以上的蒸汽，再推动蒸汽轮机发电，并将做功后的乏烟气用于供热。这种系统发电率高，有效能量转换率高，因此经济效益较好。后置蒸汽轮机可以是抽汽凝气式，也可以是背压式，但背压式蒸汽轮机使用条件较高，不利于电网、热网及天然气管网的调节，除非是企业自备的热电厂，用气用电稳定。一般的燃气—蒸汽联合循环电厂往往采用两套以上的燃气轮机和余热锅炉拖带 1 台或 2 台抽汽凝气式蒸汽轮机，或使用余热锅炉补燃，以及双燃料系统来提高对电网、热网及天然气管网的调节能力和供能可靠性。

（四）核燃联合循环

由燃气轮机、余热锅炉、核反应堆、蒸汽轮机共同组成的发电循环系统，通过燃气轮机排出的烟气在热核反应堆输出蒸汽，并提高核反应堆蒸汽的温度、压力，以提高蒸汽轮机效率，降低蒸汽轮机部分的工程造价。该系统目前仍处于尝试阶段。

（五）燃气烟气联合循环

由燃气轮机和烟气轮机组成的循环系统，利用燃气轮机排放烟气中的剩余压力和热焓进一步推动烟气轮机发电。该系统可完全不用水，但烟气轮机造价较高，还未能广泛使用。

（六）燃气热泵联合循环

由燃气轮机和烟气热泵，或燃气轮机、烟气轮机和烟气热泵，或燃气轮机、余热锅炉、蒸汽热泵，或燃气轮机、余热锅炉、蒸汽轮机和蒸汽（烟气）热泵组成的循环系统。该系统在燃气轮机、烟气轮机、余热锅炉、蒸汽轮机等设备完成能量利用循环后，进一步利用热泵对烟气、蒸汽、热水和冷却水中的余热进行深度回收利用，或将动力直接用于推动热泵。该系统可用于热电联产、热电冷联产、热冷联产、电冷联产、直接供热或直接制冷等方向，热效率极高，是未来能源利用的主要趋势之一。

四、天然气化工工业

天然气化工工业是化学工业的分支之一，是以天然气为原料生产化工产品的工业。天然气通过净化分离和裂解、蒸汽转化、氧化、氯化、硫化、硝化、脱氢等反应可制成合成氨、甲醇及其加工产品（甲醛、醋酸等）、乙烯、乙炔、二氯甲烷、四氯化碳、二硫化碳、硝基甲烷等，也可以通过绝热转化或高温裂解制氢。由于天然气与石油同属埋藏于地下的烃类资源，有时为共生矿藏，其加工工艺及产品有密切的关系，因此也可将天然气化工工业归属于石油化工工业。天然气化工工业一般包括天然气的净化分离、化学加工（所含甲烷、乙烷、丙烷等烷烃的加工利用）。天然气化工工业的应用主要有以下三条途径。

第一，制备合成气，由合成气制备大量的化学产品（甲醇、合成氨等）。

第二，直接用来生产各种化工产品，例如甲醛、甲醇、氢氰酸、各种卤代甲烷、芳烃等。

第三，部分氧化制乙烯、乙炔、氢气等。

中国天然气主要用于生产氮肥，其次是生产甲醇、甲醛、乙炔、二氯甲烷、四氯化碳、二硫化碳、硝基甲烷、氢氰酸和炭黑以及提取氮气。20世纪70年代以来，已兴建多座以天然气和油田伴生气为原料的大型合成氨厂，以及一批中、小型合成氨厂，在全国合成氨生产原料结构中，天然气所占的比例约为30%；同时还兴建了天然气制乙炔工厂，以制造维尼纶和醋酸乙烯酯，乙炔尾气用于生产甲醇。采用天然气热氯化法生产二氯甲烷，作为溶剂供感光材料工业使用。

天然气化工工业已成为世界化学工业的主要支柱，目前世界上80%的合成氨、90%的甲醇都以天然气为原料。天然气在化工原料中的应用有以下几方面。

第一，合成氨是生产氮肥不可替代的主要原料。石油价格的居高不下，导致重油价格上升，以天然气为原料的化肥比以重油为原料的化肥在成本上有明显的优势，因此，气头化肥成为化肥生产的重点。由于技术的进步，油头改气头化肥的生产已经相对成熟。

第二，甲醇是碳化学的关键产品，又是重要的化工原料，同时还是未来清洁能源之一，既广泛用于生产塑料、合成纤维、合成胶、染料、涂料、香料、饲料、医药、农药等，还可与汽油掺和或代替汽油作为动力燃料。

第三，天然气化工工业的发展还可以和氯碱工业发展相结合。我国氯碱工业的主要氯产品聚氯乙烯（PVC）总产量已突破200万t，其中50%以上仍采用电石法制取，乙烯法制取的PVC受原料乙烯来源限制只占30%~35%，进口氯乙烯单体（VCM）

或二氯乙烷（EDC）制取的 PVC 现占总量的 15%～20%。电石法环境污染严重，受环保政策限制，而用天然气生产乙炔再加工成 PVC 的方法，与电石法生产成本基本持平，但环保优势突出。

第四，随着近年国际天然气合成油技术以及相关技术的突破，天然气制合成油已具有竞争力，天然气制成的合成油不含芳烃、重金属、硫等环境污染物，是环保型优质燃料，有十分广阔的消费市场。

第五，在天然气制氢方面，中国科学院大连化学物理研究所提出的天然气绝热转化制氢工艺采用廉价的空气做氧源，设计的含有氧分布器的反应器可解决催化剂床层热点问题及能量的合理分配，催化材料的反应稳定性也因床层热点降低而得到较大提高。该技术最突出的特色是大部分原料反应本质为部分氧化反应，控速步骤已成为快速部分氧化反应，较大幅度地提高了天然气制氢装置的生产能力。

除此之外，一些新技术如等离子体技术等也开始应用在天然气化工工业领域中。等离子体技术是实现 C-H 键活化的一种新技术，而实现甲烷中 C-H 键的选择性活化和控制反应进行的程度是甲烷直接化学利用的关键。C-H 键的常用活化方法有常规催化活化、光催化活化和电化学催化活化等，与常用活化方法相比，等离子体技术是一种有效的分子活化技术，它具有足够的能量使反应分子激发、离解或电离、形成高活化状态的反应物。

五、天然气用于交通运输

（一）天然气汽车

天然气汽车是指以天然气作为燃料产生动力的汽车，目前天然气汽车的主要应用方式为在汽车上装备天然气储罐，以压缩天然气（CNG）的形式储存，压力一般为 20 MPa 左右。车用天然气可用未处理天然气经过脱水、脱硫净化处理后，经多级加压制得。天然气汽车具有以下特点。

第一，燃烧稳定，不会产生爆震，并且冷热启动方便。

第二，压缩天然气储运、减压、燃烧都在严格的密封状态下进行，不易发生泄漏。另外天然气储罐经过各种特殊的破坏性试验，安全可靠。

第三，压缩天然气燃烧安全，积碳少，能减少气阻和爆震，有利于延长发动机各部件的使用寿命，减少维修保养次数，大幅度降低维修保养成本。

第四，可减少发动机的润滑油消耗量。

第五，与使用汽油相比，可大幅度减少一氧化碳、二氧化硫、二氧化碳等的排放，并且没有苯、铅等致癌和有毒物质，有效避免危害人体健康。

天然气汽车可由普通汽油车进行改装，在保留原车供油系统的情况下增加一套车用压缩天然气转换装置即可。改装部分由以下 3 个系统组成。

第一，天然气系统。它主要由充气阀、高压截止阀、天然气储罐、高压管线、高压接头、压力表、压力传感器及气量显示器等组成。

第二，燃气供给系统。它主要由燃气高压电磁阀、三级组合式减压阀、混合器等组成。

第三，油气燃料转换系统。它主要由三位油气转换开关、点火时间转换器、汽油电磁阀等组成。

天然气储罐的罐口处安装有易熔塞和爆破片两种防爆泄压装置。当储罐温度超过 100℃或压力超过 26 MPa 时，防爆泄压装置会自动破裂泄压。减压阀上设有安全阀。天然气储罐及高压管线安装时，均有防震胶垫，用卡箍牢固。因此，该系统在使用中是安全可靠的。

汽车以压缩天然气作燃料时，天然气经三级减压后，通过混合器与空气混合，进入气缸，压缩天然气由额定进气气压减为负压，其真空度为 49 ~ 69 kPa。减压阀与混合器配合可满足发动机不同工况下混合气体的浓度要求，减压阀总成设有怠速阀，用于供给发动机怠速用气；压缩机减压过程要膨胀做功，从外部吸热，因此在减压阀上还设有利用发动机循环水的加温装置。为提高汽车的操作性能，驾驶室设置有油气燃料转换开关，用来统一控制油气电磁阀及点火时间转换器；点火时间转换器由电路系统自动转换两种燃料的不同点火提前角；仪表板上气量显示器的 5 个红绿灯显示储罐的储气量；燃料转换开关上还设有供发动机用气的供气按钮。因此，该系统功能齐全，操作非常方便。当燃料转换开关置于天然气位置时，电磁阀打开，汽油阀关闭。储罐中的天然气流经总气阀、滤清器、电磁阀，进入减压器，经多级减压至负压，再通过动力阀进入混合器，并与空气滤清器中来的空气混合点燃，推动发动机曲轴转动。

混合器可在减压器的调节下，根据发动机不同工况下产生的不同真空度，自动调节供气量，使天然气与空气均匀混合，满足发动机的要求。由燃料转换开关通过控制汽油电磁阀和燃气电磁阀的开关，实现供油供气选择。

天然气汽车的工作原理与汽（柴）油汽车的工作原理一致。简言之，天然气在四冲程发动机的气缸中与空气混合，通过火花塞点火，推动活塞上下移动。尽管天然气与汽（柴）油相比，可燃性和点火温度存在一些差别，但天然气汽车采用的是与汽（柴）油汽车基本一致的运行方式。

与利用汽油和柴油作为燃料的汽车相比，天然气汽车具有以下优势或特点。

1. 天然气汽车是清洁燃料汽车

天然气汽车的排放污染大大低于以汽油和柴油为燃料的汽车，尾气中不含硫化物和铅，一氧化碳减少 80%，碳氢化合物减少 60%，氮氧化合物减少 70%。因此，许多国家已将发展天然气汽车作为减轻大气污染的重要手段。

2. 天然气汽车有显著的经济效益

使用天然气可显著降低汽车的营运成本,天然气的价格比汽油和柴油的价格低得多,燃料费用一般节省 50% 左右,使营运成本大幅降低。由于油气差价的存在,改车费用可在一年之内收回。同时维修费用也得到相应节省。发动机在用天然气作燃料后,运行平稳、噪声低、不积碳。使用天然气能延长发动机使用寿命,不需要经常更换润滑油和火花塞,可节约 50% 以上的维修费用。

3. 与汽油和柴油相比,天然气本身是比较安全的燃料

这表现在:①燃点高,天然气燃点在 650℃ 以上,比汽油燃点(427℃)高出 223℃,所以与汽油相比不易点燃;②密度低,天然气与空气的相对密度为 0.48,泄漏气体很快在空气中散发,很难形成遇火燃烧的浓度;③辛烷值高,天然气辛烷值可达 130,比目前的汽油和柴油辛烷值高得多,抗爆性能好;④爆炸极限窄,仅为 5% ~ 15%,在自然环境下,形成这一条件十分困难;⑤释放过程是一个吸热过程,当压缩天然气从容器或管路中泄出时,泄孔周围会迅速形成一个低温区,使天然气燃烧困难。

4. 天然气汽车所用的配件比汽油和柴油汽车的要求更高

国家颁布了严格的天然气汽车技术标准,从加气站设计、储罐生产、改车部件制造到安装调试等,每个环节都形成了严格的技术标准,在设计上考虑了严密的安全保障措施。对高压系统使用的零部件,其安全系数均选用 1.5 ~ 4;在减压调节器、储罐上安装有安全阀;在控制系统中,安装有紧急断气装置。储罐出厂前要进行特殊检验,常规检验后还需充气进行火烧、爆炸、坠落、枪击等试验,合格后,方能出厂使用。天然气汽车发展至今,从未出现过因天然气爆炸、燃烧而导致车毁人亡的事故,这说明天然气汽车是十分安全可靠的。

(二)天然气船舶

天然气船舶是指以天然气作为驱动发动机燃料的船舶,而船载天然气的形式通常又为液化天然气(LNG),因此天然气船舶也称为 LNG 动力船。我国近海、内河航运资源丰富,拥有大、小天然河流五千多条,总长约 43 万 km,液化天然气的水上应用对减少大气污染、保护水域环境,具有十分深远的现实意义。天然气船舶的推广和实施将促进国家清洁能源政策的落实和环境优化治理。目前天然气船舶正受到越来越多的关注,随着大气污染和水污染防治工作的不断深化,我国推广天然气船舶工作有了实质性的进展,试点、示范工作积极推进,相关政策、标准、规范等正陆续出台,并已设定排放控制区。

与将柴油等其他燃料作为发动机燃料的船舶相比,天然气船舶具有以下优势。

第一，燃料成本低，液化天然气的市场价格远低于普通燃油，使用液化天然气作为燃料可以大大减少运行成本。

第二，船用天然气发动机与燃油发动机相比，其运行时长明显长得多，因此可以说船用天然气发动机具有较高的保值率，使用寿命更长。

液化天然气作为船用燃料所需的基础设施投资是其作为船用燃料的最大局限，这些基础设施包括为数众多的 LNG 加注站、LNG 接受站、LNG 浮式仓储以及相关的管线、槽车等。液化天然气作为船用燃料要大规模使用，必须有一条完善的物流链作为基础，而建设完善的物流链的巨大投资，则是供应商面临的最大问题。在液化天然气作为船用燃料没有大规模运用前，液化天然气供应的物流链很难大规模出现，而液化天然气供应的物流链的缺失又抑制了液化天然气作为船用燃料的发展。除此之外，液化天然气的储存问题也是以天然气作为发动机燃料的另一难题。

参考文献

[1] 彭星煜，葛枫，周德志．油气管道工程技术 [M].北京：石油工业出版社，2022.

[2] 鲁小辉，李军，李家宁．油气管道地质灾害现场抢险技术 [M].北京：中国石化出版社，2022.

[3] 申得济．油气管道第三方施工预防预警技术研究与实践 [M].东营：中国石油大学出版社，2022.

[4] 詹胜文，王学军，刘广仁．特长距离高水压油气管道盾构隧道设计与施工 [M].北京：中国石化出版社，2022.

[5] 李自立．城市燃气运行与维护 [M].北京：北京理工大学出版社，2022.

[6] 谭羽非，付明，王雪梅．城市燃气管网泄漏扩散机理与安全监测技术 [M].哈尔滨：哈尔滨工业大学出版社，2022.

[7] 黄冬虹．燃气计量检测技术与应用 [M].北京：机械工业出版社，2022.

[8] 袁梦琦，侯龙飞，付明．城市燃气管网燃爆风险防控技术 [M].北京：科学出版社，2021.

[9] 胡军，郝林，申得济．油气输送管道完整性管理 [M].北京：石油工业出版社，2021.

[10] 杨凯，吕淑然，庞磊．城市燃气管道泄漏致灾机理及灾害控制 [M].北京：化学工业出版社，2020.

[11] 李庆林．城镇燃气管道安全运行与维护第 2 版 [M].北京：机械工业出版社，2020.

[12] 阳志亮．燃气供应系统的安全运行与管理 [M].中国财富出版社，2020.

[13] 陆阳，赵红岩，王维超．天然气数字管道技术与应用 [M].长春：吉林科学技术出版社，2020.

[14] 高顺利，徐文东，李夏喜．天然气管网压力能利用技术 [M].北京：化学工业出版社，2020.

[15] 俞建胜，彭星煜，何莎．油气管道安全检测与评价 [M].北京：石油工业出版社，

2020.

[16] 郭臣 . 油气长输管道抢修技术培训教程 [M]. 东营：中国石油大学出版社，2020.

[17] 康建国 . 城市燃气管道管理理论与实践 [M]. 北京：石油工业出版社，2019.

[18] 张引弟 . 燃气燃烧及输配测试技术 [M]. 东营：中国石油大学出版社，2019.

[19] 王卫国 . 天然气管道建设与运行技术 [M]. 北京：石油工业出版社，2019.

[20] 彭星煜，梁光川，朱进 . 油气管道运行与管理 [M]. 北京：石油工业出版社，2019.

[21] 徐莹，姜涛，毕国军 . 油气管道减阻技术 [M]. 北京：中国建筑工业出版社，2019.

[22] 潘国耀 . 油气管道地质灾害防治与监测技术 [M]. 北京：科学出版社，2019.

[23] 王武昌，李玉星 . 油气管道水合物安全流动技术 [M]. 东营：中国石油大学出版社，2019.

[24] 候庆民 . 天然气管道泄漏检测及扩散研究 [M]. 北京：中国建筑工业出版社，2018.

[25] 尹成先，付安庆，李时宣 . 石油天然气工业管道及装置腐蚀与控制 [M]. 北京：科学出版社，2018.

[26] 全恺，黄坤 . 天然气长输管道施工技术 [M]. 北京：中国石化出版社，2018.

[27] 梁金禄，石海信，陈雄 . 天然气管道泄漏防护监测检测技术 [M]. 北京：中国商业出版社，2018.

[28] 黄隆康，王钰，何长乐 . 石油工程与天然气管道运行维护技术 [M]. 北京：中国建材工业出版社，2018.

[29] 管延文，蔡磊，李帆 . 城市天然气工程第 2 版 [M]. 武汉：华中科技大学出版社，2018.

[30] 牟乃夏 . 城市管网地理信息系统的数据模型与数据集成机理研究 [M]. 北京：测绘出版社，2018.

[31] 夏云生 . 油气管道施工及保护 [M]. 北京：中国石化出版社，2018.

[32] 辛艳萍，彭朋，史培玉 . 油气管道输送第 2 版 [M]. 北京：石油工业出版社，2018.

[33] 邓少旭，支景波，高莎莎 . 油气管道安全与风险评估 [M]. 北京：中国石化出版社，2018.

[34] 郑洪龙，程万洲 . 油气管道站场完整性管理 [M]. 北京：石油工业出版社，2018.

[35]陈朋超，戴联双，赵晓利.油气管道清管技术与应用[M].北京：石油工业出版社，2018.

[36] 董绍华，帅健，张来斌.油气管道完整性检测评价技术[M].北京：石油工业出版社，2018.

[37] 石仁委.油气管道腐蚀失效预测与完整性评价[M].北京：中国石化出版社，2018.

[38] 黄春芳，任东江，陈晓红.天然气管道输送技术第2版[M].北京：中国石化出版社，2017.

[39] 姜勇.城市天然气管道网络SCADA系统应用技术研究[M].长春：吉林人民出版社，2016.

[40] 李长俊，黄泽俊.天然气管道输送第3版[M].北京：石油工业出版社，2016.